普通高等教育“十二五”规划教材

R 与 ASReml-R 统计分析教程

林元震　陈晓阳　主编

中 国 林 业 出 版 社

内 容 简 介

R语言以其免费开源且强大统计与绘图的功能，已成为数据挖掘应用中最受欢迎的编程语言之一，也是大数据时代中的重要统计软件之一。本书面向农林业试验，系统介绍了R及ASReml-R在农林业试验数据分析及绘图中的应用，全书共分6章，内容包括R语言简介、数据集创建、数据操作、常用统计分析、统计图形绘制以及ASReml-R包与遗传参数估算。本书内容新颖，适用面广，可操作性强。此外，章节合理，结构清晰，行文规范，适合于R统计分析和生物统计的课程讲授。

本书适用于农林资源类、植物生产类、生物科学类、园艺学类、金融学类等专业本科生的统计分析教材，也可供相关专业的研究生和科研工作人员参考使用。

图书在版编目（CIP）数据

R与ASReml-R统计分析教程／林元震，陈晓阳主编．—北京：中国林业出版社，2014.1（2015.8重印）
ISBN 978-7-5038-7375-1

Ⅰ．①R…　Ⅱ．①林…②陈…　Ⅲ．①统计分析　Ⅳ．①O212.1

中国版本图书馆CIP数据核字（2014）第019702号

中国林业出版社·教育出版分社

策划编辑：肖基浒　　**责任编辑：**张东晓

电话：83143560　　**传真：**83143516

出版发行　中国林业出版社（100009　北京市西城区德内大街刘海胡同7号）
E-mail：jiaocaipublic@163.com　　电话：（010）83143500
http：//lycb.forestry.gov.cn

经　销　新华书店
印　刷　中国农业出版社印刷厂
版　次　2014年3月第1版
印　次　2015年8月第2次印刷
开　本　850mm×1168mm　1/16
印　张　17.75
字　数　421千字
定　价　45.00元

《R与ASReml-R统计分析教程》
编 委 会

Preface

I was extremely pleased to receive this new book of *R&ASReml-R Statistical Analysis Tutorial* by Lin Yuanzhen and Chen Xiaoyang, and the book describes data analyses and graphic facilities for agriculture and forestry experiments in Chinese.

First encountered ASReml in a 1999 Melbourne workshop conducted by Dr. Arthur Gilmour for forest geneticists. At that time I was programming using SAS to analyze disconnected half-diallel mating design with many missing mating cells. At the workshop I learned that ASReml only needed one line to overlay the mating design matrix for the incomplete diallel mating structure in contrast to several dozens or even hundreds of lines in SAS to do the same job before Proc glimmix implemented. However, one main issue with the ASReml was the lack of a comprehensive data management system. Therefore SAS and ASReml was a perfect combination for my analyses for forest genetic trials at that time. In 2008, I was in sabbatical leave in France, and noticed that many colleagues including my host in INRA were using R packages for their data management, analyses and plot of sophisticated graphics. I learned that R was free software with a versatile capability of data management, statistical analyses and graphics, and was getting popularity by each day in research community. One particular advantage in R is user-developed or contributed packages that were developed from different projects and for various needs of analyses, including packages for population, quantitative genetics, bioinformatics, and recently, for genome-wide association, and genomic selection. ASReml was also adapted into the R system by developing an ASReml-R package. The fact that a recent ASReml-R workshop by Dr. Brian Cullis using ASReml-R package in Vancouver, Canada in association with IUFRO Forest Genetics (2013) conference is an excellent example to the expanded interest in agriculture and forestry community to use the R and ASReml packages. This demonstrates that the R and ASReml packages could be a great combination for many data analyses in agriculture and forestry research community.

Working in forest genetics and tree breeding, I and my students benefited greatly from using the R and ASReml packages in genetic analyses involving multiple-generations, mixed mating structure, multiple-sites and multiple-traits with heterogeneous genetic and residual variances, and with spatial patterns of variation, etc. I sincerely wish students and practitioners use this book as a starting document to get into the beautiful world of the R and ASReml.

Harry Wu（吴夏明）

Senior Principal Research Scientist, CSIRO, Australia.

Professor and Chair of Forest Genetics and Tree Breeding, Swedish University of Agriculture Sciences, Sweden

注：吴夏明教授是国际知名的林木遗传育种专家，现是澳大利亚 CSIRO Plant Industry 首席科学家、瑞典农业大学教授、国际林联(IUFRO)南方松工作分会主任、澳大利亚林学会林木遗传分会主任和我国多家大学特聘教授，在林木数量遗传学以及分子遗传学和数量遗传学相结合的领域内做出了许多原创和公认的卓越贡献。

序

很高兴收到林元震等人主编的新书《R 与 ASReml-R 统计分析教程》，该书以中文介绍农林试验的数据分析与图形绘制。

我最早接触 ASReml 软件是 1999 年由亚瑟·吉尔摩博士在墨尔本为林业遗传研究人员讲授的 ASReml 课程培训。当时，我正用 SAS 编程来分析不连续半双列杂交试验。在那次培训上，我知道了 ASReml 软件只需一行代码即可囊括不完全双列交配设计的矩阵结构，而 SAS 则需要几十行甚至上百行代码，那时 SAS 的 Proc glimmix 程序还不可用。然而，ASReml 的主要问题在于缺乏一个综合的数据处理系统。因此，我联合使用 SAS 和 ASReml 来分析林业遗传试验。2008 年，我在法国学术休假时，注意到许多同行，包括在法国农科院(INRA)上班的房东，正在使用 R 软件来管理数据、分析数据以及绘制复杂图形。我这才知道 R 是免费软件，并且具有数据处理、统计分析以及图形绘制的强大功能。R 软件的一个突出优点是来自不同领域的用户可自由开发、共享程序包，以满足不同数据分析的需求。这些程序包已涵盖了群体遗传学、数量遗传学、生物信息学，以及最近的基因组关联分析与基因组选择等研究领域。ASReml 软件也已开发出适合 R 环境的程序包 ASReml-R。最近的一次 ASReml-R 培训在加拿大的温哥华举办，由布雷·卡尔斯博士讲授，该培训与 2013 年国际林联(IUFRO)林木遗传学大会联合进行。此次 ASReml-R 培训非常成功，并激起了与会人员对使用 R 及 ASReml 包来分析农林试验数据的广泛兴趣。这说明了 R 与 ASReml 包可以成为一个强大的组合，用于农林业研究领域的数据分析。

在林木遗传育种的工作中，我和我的学生们非常受益于 R 与 ASReml 包在遗传试验分析中的使用，这包括了多世代材料试验、混合交配设计试验、多地点试验和多性状分析，涉及了异质的遗传方差和残差结构，以及变异的空间模型等。我衷心地希望学生们和研究人员能将此书作为进入 R 与 ASReml 优美世界的入门书籍。

吴夏明

澳大利亚联邦科学与工业研究组织(CSIRO)首席科学家

瑞典农业大学林木遗传育种系主任、教授

注：此序为吴夏明教授所作序的中文版，由林元震博士翻译，如有不当之处，敬请读者批评指正。

前 言

2012 年 3 月 22 日，美国奥巴马政府宣布投资 2 亿美元启动“大数据研究和发展计划”，旨在增强收集海量数据、分析萃取信息的能力，加快科学研究的步伐，加强美国国家安全，并引发教育与学习方式的变革。这暗示着大数据时代的春天来了！

虽然 R 语言开发于 20 世纪 90 年代初，还是一门很年轻的语言，但是越来越多人喜欢使用 R 语言，尤其是大数据产品销售商，如数据仓库与 Hadoop 数据过滤器。部分原因在于，R 作为开源语言吸引了大量的统计学家与定量分析师，由这些精英们构成的 R 社区能够引领 R 语言开发。这也使得 R 语言具备解决大数据时代统计需求的能力和潜力。2012 年，英国 KDNuggets 网站做了一个“数据挖掘与分析工具”的调查，结果显示，R 语言超越了 SQL 和 Java，在最受欢迎的数据挖掘应用编程语言排行榜中排名第一。R 语言在数据挖掘和可视化应用领域的快速崛起意味着 R 语言已经为大数据时代做好准备。

与其他 R 语言的书籍一样，阅读本书的读者，不需要具备统计编程或 R 语言知识背景，读者只要有数据处理和可视化的需求，即可在本书中获取相关的方法、代码和结果。R 语言的书籍虽已出版不少，但未见有针对农林领域的 R 工具书，因此本书特面向农林业试验，介绍 R 及 ASReml-R 在农林业试验数据分析及绘图中的应用，并且所用方法、代码同样适用于其他领域。

本书的第 1 ~ 3 章简单介绍 R 语言、数据创建和数据操作，主要是让读者了解 R 语言的特点，并熟悉数据录入与数据操作，为后续的数据分析及图形绘制打好基础。

第 4 章较全面、系统地演示了数据处理中常用的各种统计分析，包括描述性统计分析、方差分析、协方差分析、t 检验、卡方检验、线性回归、相关分析、主成分和因子分析以及聚类分析，其中，还专门介绍了常用试验设计和数据分析。

第 5 章介绍了 R 语言的基础绘图和高级绘图，基础绘图包括条形图、直方图、散点图、热图、等高图等常见图形，以及 R 语言高级绘图包 lattice 和 ggplot2 的数据可视化方法。本章主要是让读者了解 R 语言在绘图方面的优势和强大功能。

第 6 章特别展示了遗传评估软件 ASReml-R 包在农林业遗传测定中的应用。ASReml 是当前国际上遗传测定评估方面的知名软件，国内尚未见有书籍介绍，因此本书专门设置此章，主要以林业试验数据为对象，演示 ASReml-R 包的基本语法及其常用模型在农林业遗传测定中的应用，内容涉及子代测定、无性系测定，并介绍了遗传力、育种值、遗传相关等遗传参数的估算方法。尤其介绍了空间分析和多地点分析（G × E），其他类似软件目前还尚未能分析。我们希望此章对从事林木遗传改良的研究人员能有一定的参考价值。

附录部分介绍了一些优秀的 R 语言和 ASReml 软件相关网站，我们相信，这些网站将有助于读者进一步深入学习 R 语言和 ASReml 软件。**此外，本书所有的代码和数据以及本书彩图，也将无偿地存放在网盘 http://yzhlin-asreml. ys168. com/，供读者免费下载、自由使用。**

最后，笔者要衷心感谢澳大利亚联邦科学与工业研究组织植物所（CSIRO Plant Industry）的合作导师吴夏明教授（Professor Wu Harry）和 Ivković Miloš 博士，是他们把我带入了 R 语言和 ASReml 软件的殿堂，并教会我使用它们处理与分析科研试验数据，为自己今后的科研教学工作增添一种强大的新工具。同时，也要特别感谢 ASReml 软件开发者 Arthur Gilmour 对笔者在遗传参数估算问题上给予的耐心和详细解答。

吴夏明教授是国际著名林木遗传育种学家，也是 R 与 ASReml 软件的资深用户，特别感谢他百忙之中欣然为本书作序。同时，还感谢中国科学院植物研究所赖江山博士审阅本书，并给予不少宝贵意见。

由于编者的知识水平有限，书中难免存在疏漏和不足之处，欢迎读者批评指正。对本书如有任何意见或建议，请发邮件至：yzhlinscau@163. com。

林元震

2013 年 10 月

目录

第1章 R语言简介

1.1 R语言

R既是软件，也是语言，在GNU协议General Public Licence下免费发行，是1995年由新西兰奥克兰大学统计系的Ross Ihaka和Robert Gentleman基于S语言基础上共同开发的一种统计软件。现在由R开发核心小组（R Development Core Team）负责维护与更新，并将全球优秀的统计应用程序包免费提供给大家使用、共享。

R是一套由数据操作、计算和图形展示功能整合而成的软件系统，包括：

①有效的数据存储和处理功能；

②一套完整的数组（特别是矩阵）计算操作模块；

③拥有完整体系的数据分析工具；

④为数据分析和显示提供强大的图形功能；

⑤一套完善、简单、有效的编程语言（包括条件、循环、自定义函数和输入输出功能等）。

1.2 R的特点

为何现在越来越多的人开始学习和使用R，笔者认为R有以下几大显著的优点：

(1) 免费且开源

目前市面上有许多流行的统计和制图软件，如Microsoft Excel、SAS、SPSS、MiniTab以及Original等，但这些软件多属商业软件，并且费用昂贵。然而R是一个免费且开源的统计分析软件，对于教学工作来说，这无疑是一个极大的优点。

(2) 运算快且功能强大

R可以作为一台高级科学计算器，不需要编译即可执行代码。

(3) 操作系统依赖性低

R可以运行于UNIX、Linux、Windows和Mac各大操作系统上。

(4) 帮助功能完善

R嵌入了一个非常实用的帮助系统，软件自带的pdf或html帮助文件可以随时通过主菜单打开浏览或打印。通过help命令可随时了解R所提供的各类函数的使用方法和例子。

(5) 作图功能强大

其内嵌的作图函数能将产生的图片展示在一个独立的窗口中，并能将之保存为各种格式的图形文件(如 jpg，png，bmp，ps，pdf，tiff，metafile，svg)。

(6) 统计分析能力突出

R 内嵌了许多实用的统计分析函数，统计分析的结果可直接显示出来，也可保存到文件中，用于进一步的分析。此外，R 还囊括了其他软件尚不可用的、先进的统计计算例程。有关统计新方法的更新速度是以周来计算的。

(7) 兼容性强

许多常用的统计分析软件(如 SPSS，SAS，Stata 及 Excel)的数据文件都可以读入 R，并作进一步的分析。

(8) 较强大的拓展与开发能力

R 是开发新的交互式数据分析方法一个非常好的工具。R 开发周期短，有大量的程序包(packages)可以使用。当然读者也可以编制自己的函数来扩展现有的 R 语言，或制作相对独立的统计分析包。

1.3 R 的资源

R 的核心开发与维护小组通过 R 的主页，即 R 工程网站(http://www.r-project.org)，及时发布有关信息，包括 R 的简介、R 的更新及程序包信息、R 常用手册、已经出版的关于 R 的图书、R 通信和会议信息等。

R 的 CRAN 社区(http://cran.r-project.org/web/packages/)是获得软件(及源代码)和资源的主要场所，通过它或其镜像站点就可以下载 R 的最新版本以及大量的统计程序包(packages)。R 的最新版本为 3.0.2。截至 2013 年 10 月 16 日，在 CRAN 社区上可使用的程序包就有 4920 个，而且还在不停地增加和更新。

1.4 R 的安装与运行

1.4.1 R 软件的安装、启动与关闭

1.4.1.1 R 的安装

从 CRAN 社区下载最新的 R 安装程序，运行安装文件，缺省的安装目录为C:\Program Files\R\R-×.×.×，其中×.×.×为版本号。虽然从 2.2.0 版本以后可以选择中文作为基本语言，但建议还是以英文为安装语言，主要是为了避免其他扩展的程序包在中文环境下使用出现问题。

1.4.1.2 R 的启动

安装完成后点击桌面上 R 快捷图标就可启动 R 的交互式用户窗口(R－GUI)。R 是按照问答的方式运行的，即读者在命令提示符“>”后键入命令并回车，R 就完成一些操作。例如输入命令：

```
> plot(rnorm(1000))
```

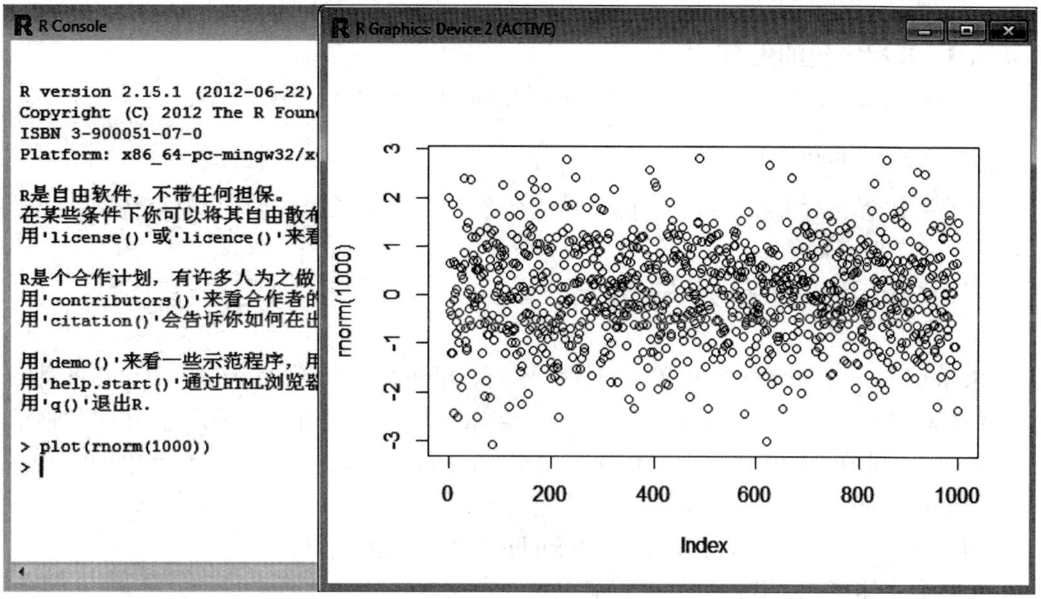

图 1-1　R 的启动

就可得到图 1-1。

1.4.1.3　R 的关闭

在命令行键入 q( )或直接关闭 R - GUI 窗口。退出时可选择保存工作空间，缺省文件名为 R 安装目录的 bin 子目录下的 R. RData。以后可通过命令 load( )或通过菜单“文件”下的“载入工作空间”加载，从而继续前一次的工作。

1.4.2　R 程序包的安装与使用

1.4.2.1　R 程序包的安装

(1) 菜单方式

在联网的条件下，按菜单栏【程序包】下拉选择【安装程序包】，选择所需的程序包进行实时安装。

(2) 命令方式

在联网的条件下，在命令提示符后键入：

```
> install.packages( "PKname" )
```

完成程序包 PKname 的安装。

(3) 本地安装

从 CRAN 社区下载需要的程序包，按菜单栏【程序包】下拉选择【从本机 zip 文件安装程序包】选定本机上的程序包(zip 文件)进行安装。

1.4.2.2　R 程序包的使用

除 R 的标准程序包(如 base 包)外，新安装的程序包(如 lattice)在使用前必须先载入，比如要使用 lattice，则需输入如下代码：

```
>library(lattice)
```

1.4.2.3 R 程序包的更新

对本机已安装的所有 R 程序包进行实时更新的代码如下：

```
>update.packages()
```

注意：R 命令对大小写敏感，因此使用命令方式安装和载入程序包时应特别注意。

1.5 Rstudio 的安装与运行

RStudio 是一个非常优秀的 R 语言操作界面。RStudio 与 R 语言相似，可以在各种操作系统(Windows，Mac 或者 Linux)中运行。RStudio 可以让 R 语言代码更直观明了地运行。RStudio 同样是免费和开源的，可以在网站上自由下载与使用(http://www.rstudio.com/ide/download/)。

为何通过 RStudio 来运行 R 程序？RStudio 有以下几大优点：

①代码字体高亮，代码完整性智能识别、自动缩进；

②可直接执行 R 程序代码；

③可运行多个 R 程序；

④可直接浏览工作表和数据；

⑤可随意缩放绘制的图形，并且有多种输出格式；

⑥整合 R 帮助和 R 使用文档；

⑦可查看 R 命令的运行记录。

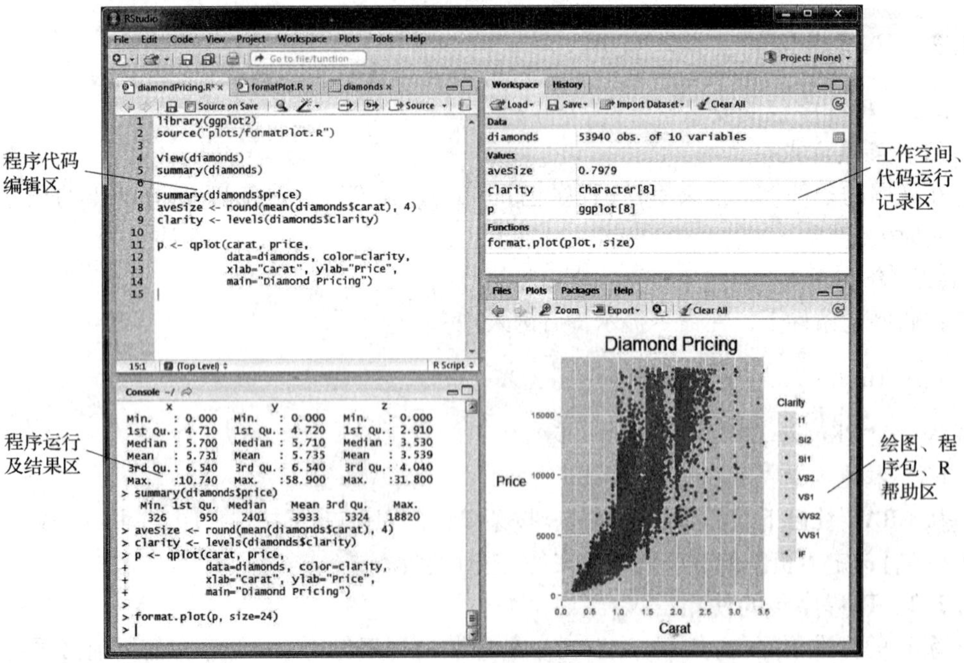

图 1-2　Rstudio 主界面

Rstudio 主界面总共有 4 个工作区域(图 1-2)：左上区是编写代码区；左下区是程序运行和结果输出区；右上区是工作空间和代码运行记录区；右下区是绘图输出、程序包目录和 R 帮助区。其中，右下区有 4 个主要的功能：Files 是查看当前 workspace 下的文件；Plots 是展示 R 绘制的图形；Packages 是系统已安装的所有程序包，并且可勾选载入内存；Help 则是帮助文档。

(1) 左上代码编辑区

Rstudio 具有代码高亮的功能，只是高亮的颜色有点少。点击工具栏上的 File，选择 New，总共可以看到 4 种格式的文件，选择 R Script，就能建立一个 R 语言的新代码文件。如图 1-3 所示，写好代码之后，直接点击右上角的 Run 就可运行当前行，如果先用鼠标在代码上选好要运行的部分，比如前面的五行，然后再点 Run，就能一下运行这五行代码。点击 Run 右边的按钮 Re - Run，则是重复运行上次代码。

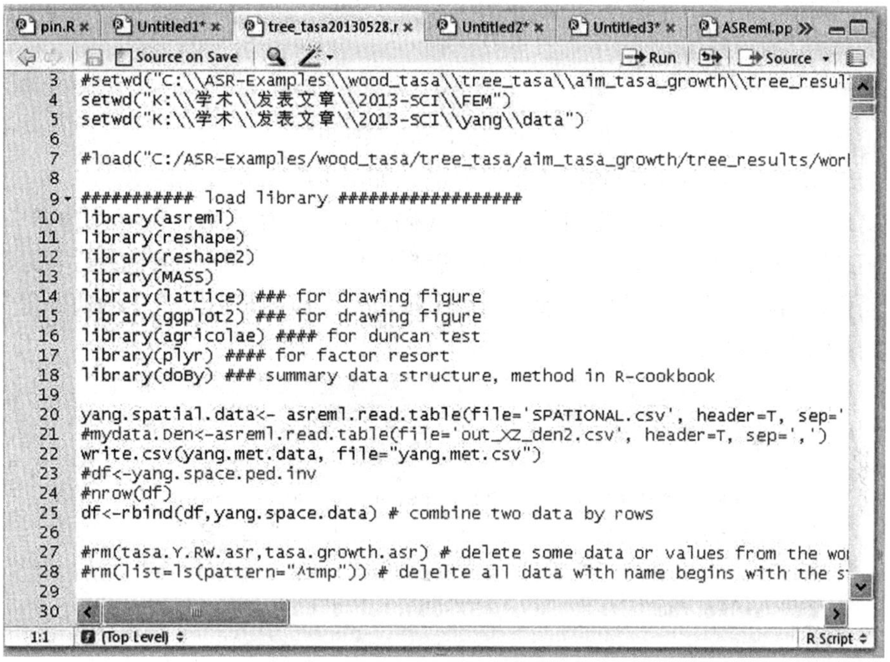

图 1-3 代码编辑区

(2) 左下程序运行和结果输出区

如图 1-4 所示，该区可以看到程序包的载入、代码运行以及运行结果等。运行的代码均以蓝色字体并以“ > ”开头标记，而运行的结果则是黑色字体。

(3) 右上工作空间和代码历史记录区

界面工具栏 Workspace 下的最左边按钮 Load，可以切换工作区，如图 1-5 所示，每个工作区都会有一个隐藏文件 . RData；旁边的按钮 Save，可以保存当前工作区；按钮 import dataset 则可导入数据作为数据集；最右边的按钮 Clear all，可将当前工作区的 Value 和 Function 全部清除。RStudio 不会自动更新这个工作区的值，因此，建议读者每次运行新代码前，应先彻底清除工作区残留的旧数据。

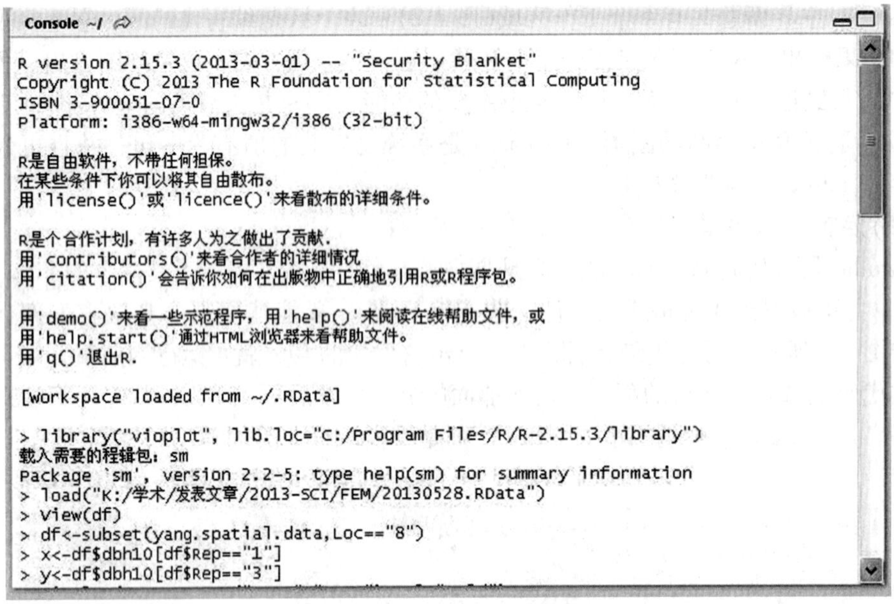

图 1-4　代码运行和结果输出区

点击 History，则可以切换到历史记录界面，如图 1-6 所示。

历史记录区的这些代码是之前运行过的代码，可以保存下来，也可以选择一部分，然后按 To Console 或者 To Source，前者是将选择的代码送到左下区运行，后者是将代码送到左上代码编辑区的光标位置。最右的 2 个按钮，左边的是清除选中的代码部分，右边的则是清除全部代码。

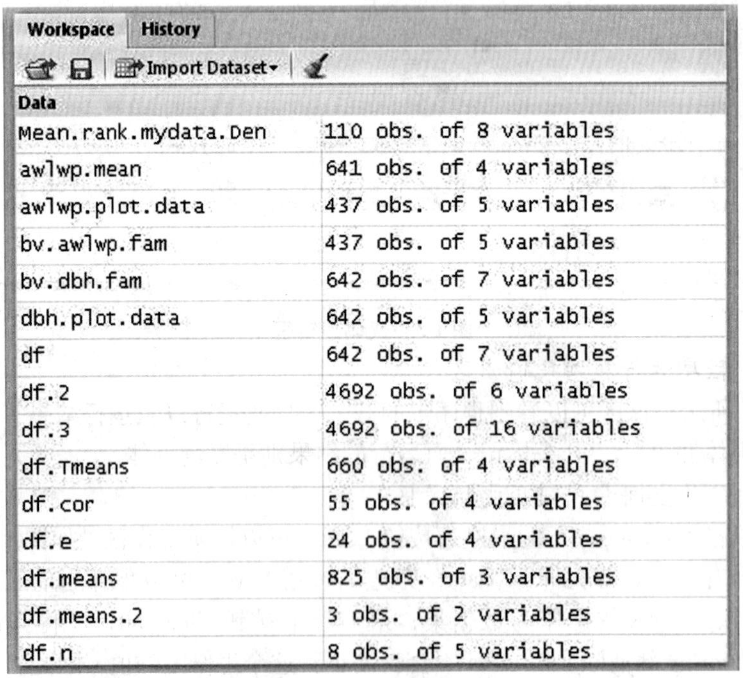

图 1-5　工作空间

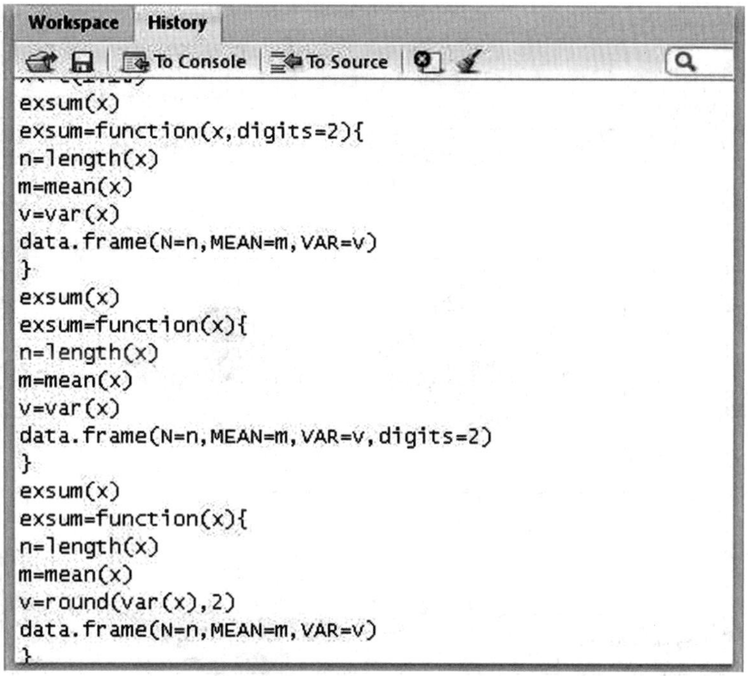

图 1-6　代码历史记录区

(4)右下绘图输出、程序包目录和 R 帮助区

图 1-7 是 Files 的界面，显示工作区内的文件，按钮 New Folder 是新建文件，按钮 Delete 是删除文件，按钮 Rename 是重命名文件。当然上述操作须先选定目标文件。按钮 More 则提供了其他功能。

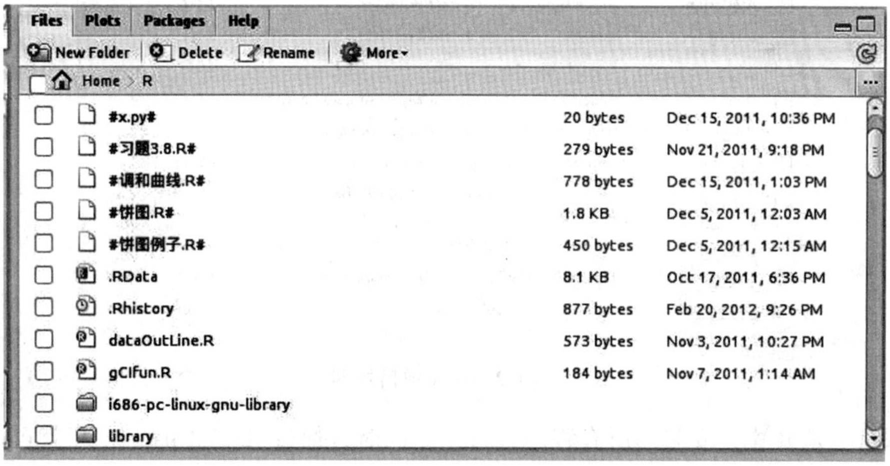

图 1-7　当前 workspace 所在的文件夹

图形输出区的工具栏有一个按钮 Zoom，可以放大图片，按钮 Export 则可导出为图形格式或者 PDF 文件，也可复制到剪切板上。导出为图形的界面如图 1-8 所示，image format 处可以选择图形的格式，一般选择 png，Directory 可以选择保存的文件夹，File name 可以输入图形的名字，Width 和 Height 可以设定图形的宽高。

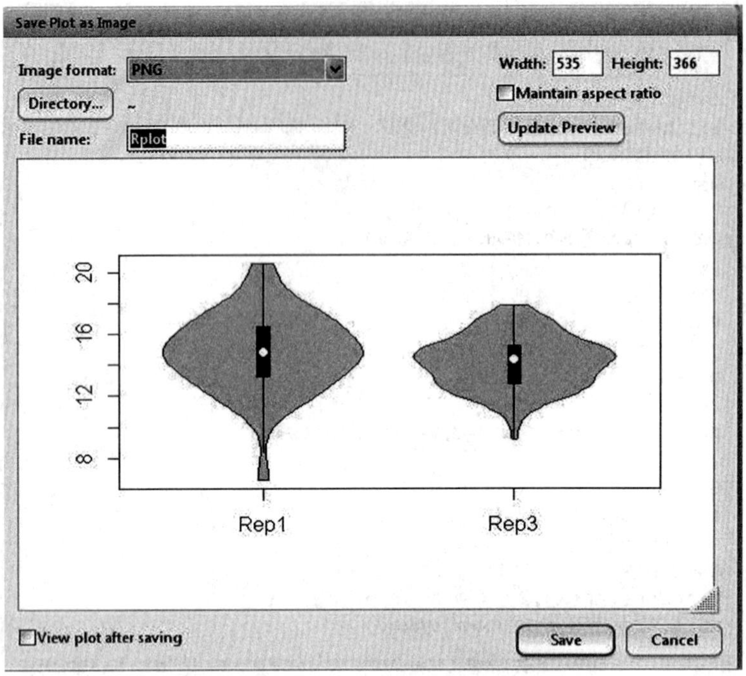

图 1-8　图形输出区

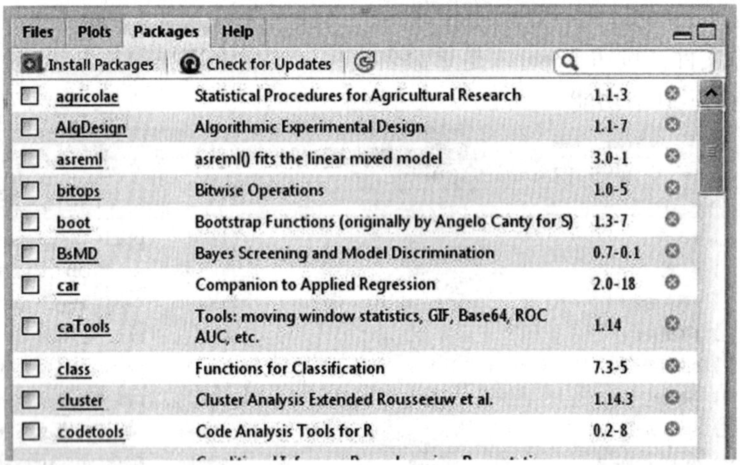

图 1-9　程序包目录区

图 1-9 是 R 中已安装的所有程序包目录。同时，通过“install packages”就可以安装新的程序包，也可以升级各个程序包。此外，点击程序包名字的链接，就能看到该程序包的帮助文档或使用手册。

关于 Help 界面就不详细介绍了，它可以很方便地通过搜索关键词来获得帮助。

有关 R 语言的更多介绍，请查看 R 自带的使用手册，或者浏览 R 的工程网站。

第2章　数据集创建

R与其他统计软件一样，对于任何数据分析前，首先要创建含有研究信息的数据集。

与其他语言不同，R中没有标量，它通过使用各种类型的向量来存储数据。常用的数据类型(class)如表2-1所示。

表2-1　常用数据类型

类型	说明
字符(character)	字符向量
数字(numeric)	实数向量
整数(integer)	整数向量
逻辑(logical)	逻辑向量
复数(complex)	复数向量
列表(list)	对象向量
因子(factor)	标记样本

无论是什么类型的数据，缺失数据都可用NA(Not Available)来表示；对很大的数值则可用指数形式。

R中的数据结构，包括向量、矩阵、数组、数据框和列表。多样化的数据结构使得R具有极其灵活的数据处理能力。下文将讲述如何构建各种数据结构。

2.1　数据的创建

2.1.1　向量的建立

向量(vector)是用于存储数值型、字符型或逻辑型数据的一维数组。例如：

```
a <-c(1, 2, 5, 3, 6, -2, 4)   # 数值型向量
b <-c("one", "two", "three")   # 字符型向量
c <-c(TRUE, TRUE, TRUE, FALSE, TRUE, FALSE)  # 逻辑型向量
```

注意：单个向量中的数据必须是相同的类型或模式(数值型、字符型或逻辑型)。

向量中元素的访问，在R中很方便，如下所示：

```
> a <-c(1, 2, 5, 3, 6, -2, 4) # 数值型向量创建
> a[3] # 向量 a 中第 3 个数据
[1] 5

> a[c(1, 3, 5)] # 向量 a 中第 1、3、5 个数据
[1] 1 5 6

> a[2:6] # 向量 a 中第 2 到第 6 个数据
[1]  2  5  3  6 -2
```

```
> a[a>3] # 向量 a 中数值大于 3 的所有数据
[1] 5 6 4

> a[-1] # 去掉第 1 个值
[1]  2  5  3  6 -2  4

> a[-1:-3] # 去掉前 3 个值
[1]  3  6 -2  4

##### 创建重复的向量 ######
> z <-rep( 2:5, 2 ) # 等价于 rep(2:5, times=2)
[1] 2 3 4 5 2 3 4 5

> z <-rep( 2:5, rep(2, 4))
> z
[1] 2 2 3 3 4 4 5 5

> z <-rep( 1:3, times=4, each=2 )
> z
[1] 1 1 2 2 3 3 1 1 2 2 3 3 1 1 2 2 3 3 1 1 2 2 3 3

> Z <-paste( c("X","Y"), 1:10, sep="" )
> Z
[1] "X1"  "Y2"  "X3"  "Y4"  "X5"  "Y6"  "X7"  "Y8"  "X9"  "Y10"

> rep(factor(LETTERS[1:3]), 5)
[1] A B C A B C A B C A B C A B C
    Levels: A B C
```

2.1.2 数组的建立

数组(array)是一个 $K(K \geqslant 1)$ 维的数据表。R 中数组由函数 array( )建立，其一般格式为：

```
array(vector, dim, dimnames)
```

其中，vector 为用于构建数组的向量；dim 为数组的维数向量(为数值型向量)；dimnames 为由各维的名称构成的向量(为字符型向量)。例如：

```
> dim1 <-c("A1", "A2")
> dim2 <-c("B1", "B2", "B3")
> dim3 <-c("C1", "C2", "C3", "C4")
> z <-array(1:24, c(2, 3, 4), dimnames=list(dim1, dim2, dim3))  #2×3×4 的数组
> z
, , C1
```

```
   B1 B2 B3
A1  1  3  5
A2  2  4  6
, , C2
   B1 B2 B3
A1  7  9 11
A2  8 10 12
, , C3
   B1 B2 B3
A1 13 15 17
A2 14 16 18
, , C4
   B1 B2 B3
A1 19 21 23
A2 20 22 24
```

数组中选取元素的方法同下述的矩阵。

2.1.3　矩阵的建立

矩阵(matrix)是一个二维数组，在 R 中最为常用的是使用命令 matrix( )建立矩阵，例如：

```
> X <-matrix(1:4, nrow =2, ncol =2)  # 创建一个 2×2 的矩阵
        [,1] [,2]
   [1,]    1    3
   [2,]    2    4
> X <-diag(3) # 生成单位阵
        [,1] [,2] [,3]
   [1,]    1    0    0
   [2,]    0    1    0
   [3,]    0    0    1
```

数组与矩阵的下标(index)与子集(元素)的提取同向量的下标一样，矩阵与数组的下标可以使用正整数、负整数和逻辑表达式。例如，$X[i, j]$指矩阵中第 i 行、第 j 列的元素，$X[i,]$指第 i 行的所有元素，$X[\ , j]$指第 j 列的所有元素。具体例子如下：

```
   > x <-matrix(1:6, 2, 3)
   > x
        [,1] [,2] [,3]
   [1,]    1    3    5
   [2,]    2    4    6
```

```
>x[2,2] # 第 2 行、第 2 列的元素
[1] 4
>x[2, ] # 第 2 行的所有元素
[1] 2 4 6
>x[ ,2] # 第 2 列的所有元素
[1] 3 4
> x[2, c(2, 3)] # 第 2 行中第 2、3 列的元素
[1] 4 6
```

2.1.4 数据框的建立

数据框(data frame)与矩阵类似，但当数据为多种类型时，矩阵就难以创建，而数据框就是合适的选择。数据框使用函数 data.frame()创建：

```
mydata <-data.frame(col1, col2, col3, …)
```

其中的列向量 col1，col2，col3，…可以是任何数据类型。例如：

```
> patientID <-c(1, 2, 3, 4)
> age <-c(25, 34, 28, 52)
> diabetes <-c("Type1", "Type2", "Type1", "Type1")
> status <-c("Poor", "Improved", "Excellent", "Poor")
> patientdata <-data.frame(patientID, age, diabetes, status)
> patientdata
  patientID age diabetes    status
1         1  25    Type1      Poor
2         2  34    Type2  Improved
3         3  28    Type1 Excellent
4         4  52    Type1      Poor
```

注意：每一列数据的类型必须相同，但多个类型的不同列可以组成一个数据框。

数据框中元素的访问，如下所示：

```
> patientdata[1:2] # 第 1、2 列的所有元素
  patientID age
1         1  25
2         2  34
3         3  28
4         4  52
>patientdata[c("diabetes", "status")] # 列名为"diabetes", "status"的所有元素
  diabetes    status
1    Type1      Poor
2    Type2  Improved
```

```
3     Type1 Excellent
4     Type1      Poor
>patientdata$age #“$”符合用于选取一个指定的变量。
[1] 25 34 28 52
```

2.1.5 列表的建立

列表(list)是 R 数据类型中最为复杂的一种数据结构。对于复杂的数据分析，有时仅有向量与数据框还不够，往往需要生成包含不同类型的对象。列表就是包含任何类型的对象，可以是若干向量、矩阵、数据框，甚至其他列表的组合。列表通过函数 list( ) 来创建：

```
mylist <-list(object1, object2, …)
```

其中的对象 object1，object2，…可以是向量、矩阵、数据框或列表的任何一种结构。例如：

```
> g <-"My First List"
> h <-c(25, 26, 18, 39)
> j <-matrix(1:10, nrow=5)
> k <-c("one", "two", "three")
> mylist <-list(title=g, ages=h, j, k)  #创建列表
> mylist #输出列表
$title   #第 1 个对象
[1] "My First List"

$ages  #第 2 个对象
[1] 25 26 18 39

[[3]]   #第 3 个对象
     [,1] [,2]
[1,]    1    6
[2,]    2    7
[3,]    3    8
[4,]    4    9
[5,]    5   10

[[4]] #第 4 个对象
[1] "one"   "two"   "three"
```

2.1.6 因子的建立

因子(factor)是一种向量对象，它给自己的组件指定了一个离散的分类(分组)，它的组件由其他等长的向量组成。R 提供了有序因子和无序因子。通俗点说，因子就是将对象的值分成不同的组(levels)。

用函数 factor( )创建一个因子，levels 按序(字母序或数值序)排列。例如：

```
#为 province 创建因子
>province <-c("四川","湖南","江苏","四川","四川","四川","湖南","江苏","湖南","江苏")
>pf <-factor(province)  #创建 province 的因子 pf
>pf
[1]四川 湖南 江苏 四川 四川 四川 湖南 江苏 湖南 江苏
  Levels:湖南 江苏 四川
```

函数 levels( )可以用来观察因子中有多少不同的 levels。函数 tappley( )可以依据参数一对因子各水平进行参数三指定的函数计算。而函数 ordered( )可以创建有序因子。例如：

```
>score <-c(95,86,84,92,84,79,86,99,85,90)
> smeans <-tapply(score,pf,mean)
> smeans
   湖南     江苏     四川
85.66667 91.00000 87.50000
>tapply(score,pf,length)
湖南 江苏 四川
 3   3   4
>ordered(province)
[1]四川 湖南 江苏 四川 四川 四川 湖南 江苏 湖南 江苏
Levels:湖南 < 江苏 < 四川
```

2.1.7 对象的模式和属性

2.1.7.1 固有属性：模式和长度

对象(object)是 R 所进行操作的实体，对象可以是向量或列表等。对象的模式可以用函数 mode(object)查看，其值包括数值型(numeric)、复数型(complex)、字符型(character)、逻辑型(logical)、列表(list)、函数(function)、表达式(expression)等。

对象的另一固有属性是长度，可以用 length(object)查看。而函数 attribute(object)可以查看更深入的属性。

在多数情况下，R 可以完成各种模式的转换。R 中有很多形式为 as. something( )的函数，可以完成数据集从一个模式向另一个模式的转化，或者是令对象取得它当前模式不具有的某些属性。

2.1.7.2 属性的获取

函数 attributes(object)将给出当前对象所具有的所有非基本属性(模式和长度属于基本属性)的一个列表。

函数 attr(object, name)可以被用来选取一个指定的属性。当函数 attr( )用在赋值语句左侧时，既是将对象与一种新的属性关联，也是对原有属性的更改。例如：

```
> attr(z,"dim") <-c(10,10)    # 将 z 作为一个 10 × 10 的矩阵看待
```

2.1.7.3 对象的类别

对象的一个特别属性：类别，用来指定对象在 R 语言中的风格。比如，对象类别是数据框(data. frame)时，则会以特定方式处理。

```
unclass()可以去除对象的类别
summary()可以查看对象的基本信息(min, max, mean)
```

2.2 数据的输入

熟悉了 R 中的各种数据结构后，就可导入数据到 R 中，进行数据分析。R 中导入数据的方法很灵活、多样化，可以从键盘、文本文件、Excel、SAS、SPSS 以及 SQL、Acess 等数据库中导入数据。本书推荐从 csv 文件中导入数据，csv 文件可由 Excel 创建。

2.2.1 键盘输入

R 中的函数 edit()会自动调用一个手动输入或修改数据的文本编辑器。例如，创建一个名为 mydata 的数据框，含有 3 个变量：age(数值型)、gender(字符型)和 weight(数值型)。其代码如下：

```
mydata <-data. frame( age = numeric(0),
                      gender = character(0), weight = numeric(0) )   # 创建 mydata
mydata <-edit(mydata)   # 输入或修改 mydata 中的数据
```

2.2.2 使用 scan()函数

函数 scan()中的参数比较多，其中最关键的参数是 what，用来指定从文件中读出的变量模式的列表。模式可以是数值、字符或复数。函数 scan()一个最普遍的应用是读入大矩阵。例如：

```
# D:\data\md. dat      # 假设 md. dat 文件含有以下的数据
#M 65 168
#M 70 172
#F 54 156
#F 58 163

### 利用 scan()函数创建数据集,并指定第 1 个是字符型变量,后 2 个是数值型变量
mydata <-scan( file = "D:\data\md. dat", what = list("", 0, 0 ) )
```

```
### 利用 scan()函数读取大矩阵
A <-matrix( scan("matrix.dat", n =200 ×2000), 200, 2000, byrow = T )  # 读取速度快
A <-as.matrix( read.table ("matrix.dat") )  # 读取速度慢
```

2.2.3 导入 csv 文件

函数 read.table()可读入带分隔符的文件，并将其保存为一个数据框。其使用格式如下：

```
mydata <-read.table(file, header = logical_value,sep = "delimiter", row.names =
                    "name")
```

其中，file 为带分隔符的 ASCII 文件；header 为文件中首行是否包含变量名的逻辑值(TRUE 或 FALSE，可简写为 T 或 F)；sep 为分隔符；row.names 为可选参数，用于指定一个或多个表示行标识符的变量。

函数 read.table()导入数据后，会将字符型变量自动转换为因子，而含有数值的默认为数值型变量。这在农林试验数据中，会造成一定的问题，比如重复(rep)是一个因子，虽然它含有 1，2，3，…等数值。为了避免该问题的出现，建议使用 ASReml 程序包中自带的 asreml.read.table()，该函数将对词首大写字母命名的变量自动视为因子，此外的变量名以小写字母命名即可。当一个数据框中含有很多数值型的因子变量时，asreml.read.table()函数的优势就显而易见。其使用方法也很简单，与函数 read.table()相似，代码如下：

```
setwd( "D:/Rdata" ) # 设定工作路径
library(asreml) # 须先载入 asreml 程序包
mydata <-asreml.read.table( file = "dbh.csv", header = T, sep = "," )
```

2.2.4 导入 Excel 数据

Excel 数据导入要用到 RODBC 扩展包。首先要安装和装载 RODBC 包，然后输入数据文件的绝对路径(注意是用"/"或者"\\"，而不是" \ ")来定义连接，再用数据抓取命令获取所需要的标签页数据(Sheet1)。

```
library(RODBC)
channel <-odbcConnectExcel( "d:/test.xls" )
mydata <-sqlFetch( channel, "Sheet1" )
```

这样就可以将 Excel 数据导入 R 的 mydata 变量中。如果是 Excel 2007 格式数据则要换一个函数，具体如下：

```
channel <-odbcConnectExcel2007( "d:/test.xlsx" )
mydata <-sqlFetch( channel, "Sheet1" )
```

2.2.5 导入 SAS 数据

函数 read. xport( )读入 SAS 传输格式(XPORT)的文件，并且返回一个数据框的列表。如果系统中安装了 SAS，函数 read. ssd( )可用来创建和运行已保存为 SAS 永久数据集(. ssd 或 . sas7bdat)的 SAS 脚本，随后调用 read. xport( )去读取结果文件。

```
library(foreign)
mydata <-read.sas ( "d:/test.ssd" )
```

此外，Hmisc 包有个类似的函数 sas. get( )，也可以读入 SAS 脚本。

```
library(Hmisc)
data <-sas.get ( "D:/test.ssd" )
```

2.2.6 导入 SPSS 数据

导入 SPSS 的 sav 格式数据则要用到 foreign 扩展包，加载后直接用函数 read. spss( )读取 sav 文件。

```
library(foreign)
mydata <-read.spss ( "d:/test.sav" )
```

上面的函数 read. spss( )在多数情况下无法将 sav 文件中的附加信息导入进来，例如数据的 label，因此建议用 Hmisc 程序包的 spss. get( )函数，效果会更好一些。

```
library(Hmisc)
mydata <-spss.get ( "D:/test.sav" )
```

2.2.7 其他方式导入

此外，还可从 Stata、netCDF、HDF5、XML 等文件中导入数据，当然还需要安装对应的程序包，本书不做介绍，相关内容请参考书籍《R 语言实战》(Robert I. Kabacoff 著，高涛等译，人民邮电出版社)。

2.3 数据的存储

对于文件读取和写入的工作，R 使用工作目录来完成。如果一个文件不在工作目录里则必须给出它的路径。可以使用命令 getwd( )(获得工作目录)来找到目录，使用命令 setwd("D:/Rdata")或 setwd("D:\\Rdata")，将当前的工作目录改变为 D:\Rdata。

R 软件中，通过函数 write. table( )或 save( )在文件中写入一个对象，一般是写成一个数据框，也可以是其他类型的对象(向量、矩阵、数组、列表等)。现以数据框 df 为例：

```
>df <-data.frame ( obs =c(1, 2, 3), treat =c("A", "B", "A"), weight =c(2.3, NA, 9) )
```

（1）保存为 txt 文件

```
> write.table(df, file = "D:/Rdata/fg.txt", row.names = F, quote = F)
```

其中，row. names = F 表示行名不写入文件；quote = F 表示变量名不放在双引号中。

（2）保存为 csv 文件

```
> write.csv(df, file = " D:/Rdata /fg.csv")
```

（3）保存为 R 格式文件

```
> save(df, file = " D:/Rdata /fg.Rdata")
```

此外，经过一段时间的分析后，常需要将工作空间的映像保存起来，其命令为：

```
> save.image()
```

这个操作也可通过菜单栏【文件】下的【保存工作空间】来完成。

▶▶▶第 3 章　数据操作

有了数据后，多数情况下，并不能直接进行数据的分析，而是需要进行进一步的数据转换或操作。

3.1　变量的创建与删除

假设有一个名为 mydata 的数据框，有 2 个变量 $x1$ 和 $x2$，现创建一个变量 sum 来存储 $x1$ 和 $x2$ 的和，另一个变量 mean 来存储平均值。代码如下：

```
mydata <-data.frame( x1 =c(2, 2, 6, 4),
                      x2 =c(3, 4, 2, 8) )

# 方法一
mydata $ sum <-mydata $ x1 + mydata $ x2
mydata $ mean <-(mydata $ x1 + mydata $ x2)/2

# 方法二
mydata <-transform( mydata,
                      sum = x1 + x2,
                      mean = (x1 + x2)/2 )

# 变量删除
mydata $ mean <-NULL
```

3.2　变量的重命名

如果要修改某个或某些变量名，可以调用编辑器或使用函数的方式修改。

(1)调用编辑器重命名

```
fix(df)
```

(2)使用函数 names( )重命名

```
names(df)
names(df)[2:4] <-c("A", "B", "C")
```

3.3 缺失值的处理

在 R 中，缺失值以符号 NA 表示。不可能出现的值以 NaN（Not a Number，非数值）表示。函数 is. na( )可检测缺失值是否存在。

对于 R，如果数据集含有 NA，那么对数据集进行算术表达式和函数的计算，将返回 NA，但多数函数都有 na. rm = T 的选项，去除 NA 后再进行计算。例如：

```
x <-c(1:3, 5,7, NA, 9)
sum(x) # 结果为 NA
sum( x, na. rm = T ) # 结果为 27
```

如果一个数据集比较复杂，就可通过函数 oa. omit( )移除所有含有 NA 数据的行。

有时在决定如何处理 NA 数据前，先了解哪些变量有缺失值、数量有多少、以什么组合形式等信息非常有用。对于大型数据集，可以通过程序包 VIM 的 matrixplot( ) 函数把缺失值的情况可视化。以 ASReml 自带的数据集 nin89 为例，分析代码如下：

```
library( asreml )
data( nin89 )
library( VIM )
matrixplot( nin89 )
```

生成的图形如图 3-1 所示：

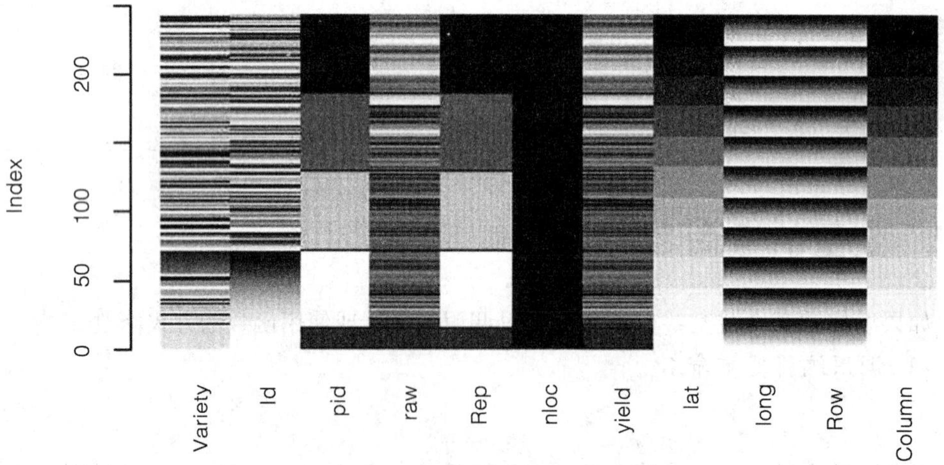

图 3-1　nin89 数据集按行展示真实值和缺失值的矩阵图

matrixplot ( ) 函数对数值型数据 yield 转化到[0, 1]区间，并用灰度来表示大小：浅色表示值小，深色表示值大。缺失值默认是红色。除了 matrixplot( ) 函数外，程序包 VIM 中还有许多函数可以绘制数据缺失值的分布图形。

3.4　数据类型的转换

R 对于含有数值的变量默认为数值型变量。比如农林试验中，Rep 重复是一个因子，它含有 1，2，3，…等数值，R 会将 Rep 默认为数值型变量。这时，就需要按表 3-1 中的 as. factor( ) 函数把 Rep 的属性从数值型转为因子。

表 3-1　数据类型判断与转换函数

判断 is. datatype( )	转换 as. datatype( )	类型
is. numeric( )	as. numeric( )	数值型
is. character( )	as. character( )	字符型
is. vector( )	as. vector( )	向量
is. matrix( )	as. matrix( )	矩阵
is. data. frame( )	as. data. frame( )	数据框
is. factor( )	as. factor( )	因子
is. logical( )	as. logical( )	逻辑型

表 3-1 中，is. datatype( ) 函数的返回值为 TRUE 或 FALSE，而 as. datatype( ) 函数则将对象转换为对应的类型。

例如：

```
Rep <-c(1:6)                      # Rep 赋值
is.numeric(Rep)                   # 数值型判断:真
is.factor(Rep)                    # 因子判断:假
Rep <-as.factor(Rep)              # 转换为因子
is.factor(Rep)                    # 因子判断:真
```

3.5　数据的排序

有时，通过数据排序后可以获得更多的信息。现假设有数据集 df，想按 Spacing、Fam、rank 先后依次排序，R 自带的 order( ) 函数或 plyr 程序包的 arrange( ) 函数排序都可实现。虽然两种方法结果一样，但使用 plyr 程序包的 arrange( ) 函数，代码更为简洁。

程序代码如下：

```
# 按 Spacing、Fam、rank 先后依次排序
# R 自带的 order()排序
df <-df[order(df$Spacing, df$Fam, df$rank.dj), ]

# plyr 程序包的 arrange()函数排序
library(plyr)
df <-arrange(df, Spacing, Fam, rank.dj)
```

具体示例如下：

```
# 创建数据框
df <-data.frame(id=1:4,
            weight=c(20, 27, 24, 22),
            size=c("small", "large", "medium", "large"))
# id weight   size
#  1     20  small
#  2     27  large
#  3     24 medium
#  4     22  large

library(plyr)

# 按重量(weight)由小到大排序,2 种方法。
arrange(df, weight)          # plyr 包的 arrange()函数
df[ order(df $ weight), ]    # R 自带的 order()函数
# id weight   size
#  1     20  small
#  4     22  large
#  3     24 medium
#  2     27  large

# 先按尺码(size),再按重量(weight),由小到大排序,2 种方法。
arrange(df, size, weight)          # plyr 包的 arrange()函数
df[ order(df $ size, df $ weight), ]    # R 自带的 order()函数
# id weight   size
#  4     22  large
#  2     27  large
#  3     24 medium
#  1     20  small

# 先按尺码(size)升序,再按重量(weight)降序排列,2 种方法。
arrange(df, size, -weight)          # plyr 包的 arrange()函数
df[ order(df $ size, -df $ weight), ]    # R 自带的 order()函数
# id weight   size
#  2     27  large
#  4     22  large
#  3     24 medium
#  1     20  small
```

3.6 数据集的合并

有时数据分散在多个文件中，需要合并为一个数据集，则可以通过列合并或行合并

的方式。例如有 2 个数据集 dataA、dataB，合并为 1 个数据集 total。

3.6.1　列合并

列合并，通过 merge( ) 函数实现、dataA、dataB 至少需要一个或多个共有变量。

```
total <-merge(dataA, dataB, by="ID") # 共有变量: ID
total <-merge(dataA, dataB, by=c("ID", "Country") # 共有变量: ID、Country
```

如果不需要一个公共索引而直接列合并两个数据框，则使用 cbind( ) 函数：total <-cbind(dataA, dataB)，但注意：dataA 与 dataB 需含有一样的行数，而且以相同顺序排序。

具体示例如下：

```
# 创建数据框 dataA
dataA <-read.table( header=T, text='
   storyid  title
    1       lions
    2       tigers
    3       bears
')

# 创建数据框 dataB
dataB <-read.table( header=T, text='
     subject storyid rating
          1       1    6.7
          1       2    4.5
          1       3    3.7
          2       2    3.3
          2       3    4.1
          2       1    5.2
')

# 合并数据框 dataA, dataB
merge(dataA, dataB, "storyid")
#  storyid subject rating  title
#      1       1    6.7  lions
#      1       2    5.2  lions
#      2       1    4.5 tigers
#      2       2    3.3 tigers
#      3       1    3.7  bears
#      3       2    4.1  bears

# 当 dataA、dataB 的共有变量名称不同时,按下述的命令进行合并。
Colnames(dataA)[ ,1] <-c("Id") # 将 dataA 的 stroyid 重命名为 id
merge(x=dataA, y=dataB, by.x="id", by.y="storyid")
```

3.6.2 行合并

行合并，通过 rbind( )函数实现，其使用格式如下：

```
total <-rbind(dataA, dataB)
```

注意：dataA 与 dataB 需含有一样的变量，但排列的顺序可以不同。如果 dataA 的变量比 dataB 多时，合并前需做以下的处理：

①删除 dataA 中的多余变量；

②或在 dataB 创建变量并将其值设为 NA。

具体示例如下：

```
dfA <-data.frame( Subject = c(1, 1, 2, 2), Response = c("X", "X", "X", "X") )
# Subject Response
#       1        X
#       1        X
#       2        X
#       2        X

dfB <-data.frame( Subject = c(1, 2, 3), Response = c("X", "Y", "X") )
# Subject Response
#       1        X
#       2        Y
#       3        X

dfC <-data.frame( Subject = c(1, 2, 3), Response = c("Z", "Y", "Z") )
# Subject Response
#       1        Z
#       2        Y
#       3        Z

dfA $ Coder <-"A"
dfB $ Coder <-"B"
dfC $ Coder <-"C"

#### 通过行合并命令整合 dfA、dfB 和 dfC
df <-rbind(dfA, dfB, dfC)       # Stick them together
df <-df[ ,c(3, 1, 2)]          # Reorder the columns to look nice
# Coder Subject Response
#    A       1        X
#    A       1        X
#    A       2        X
#    A       2        X
#    B       1        X
```

```
#    B    2    Y
#    B    3    X
#    C    1    Z
#    C    2    Y
#    C    3    Z
```

3.7　数据子集的提取

3.7.1　根据位置选取子集

使用方法如下：

df[m1,]	表示返回第 m_1 行的数据
df[c(m1,m2,...,mj),]	表示返回由第 $m_1,m_2,...,m_j$ 行组成的数据框
df[,n1]	表示返回第 n_1 列的数据
df[,c(n1,n2,...,nk)]	表示返回由第 $n_1,n_2,...,n_k$ 列组成的数据框

具体示例如下：

```
### 创建数据框
df <-read.table(header=T, text='
subject sex size
       1   M    7
       2   F    6
       3   F    9
       4   M   11
')

### 以行取子集
df[1, ]
#  subject sex size
#        1   M    7

df[c(1,3), ]
#  subject sex size
#        1   M    7
#        3   F    9

### 以列取子集
df[ ,1]
#1 2 3 4
```

```
df[ ,c(1,3)]
#  subject size
#       1    7
#       2    6
#       3    9
#       4   11

### 以行列组合取子集
df[c(1,3), c(1,3)]
#  subject size
#       1    7
#       3    9
```

3.7.2 根据列名选取子集

使用方法如下：

df[, "$name_1$"] 表示返回列名为 $name_1$ 的数据。

df[, c("$name_1$", "$name_2$", ... , "$name_k$")] 表示返回由多个列(名)组成的数据框。

具体示例如下：

```
df[ ,"size"]  ## 返回数据
# 7  6  9  11

df[ "size"]  ## 返回数据框,注意与 df[ ,"size"]的区别
#  size
#    7
#    6
#    9
#   11

df[ ,c("size","sex")]
#  size sex
#    7   M
#    6   F
#    9   F
#   11   M
```

3.7.3 使用 subset( ) 函数

subset( ) 函数是选取数据框子集最常用的方法，其使用方法如下：

subset(df, select = c($name_1$, $name_2$, ... , $name_k$)) 表示返回由多个列组成的数据框

具体示例如下：

```
subset(df, select = subject)
#  subject
#       1
#       2
#       3
#       4

subset(df, subject < 3)
#  subject sex size
#       1   M    7
#       2   F    6

subset(df, subject < 3, select =-subject) ## subset(df, subject < 3, select = c(sex,size)) 结果一样
#  sex size
#   M    7
#   F    6

subset(df, subject < 3 & sex = = "M")
#  subject sex size
#       1   M    7

subset(df, log2(size) >3 )
#  subject sex size
#       3   F    9
#       4   M   11
```

3.8　数据的整合与重构

从不同途径得到的数据格式一般是多种多样的，很多数据需要经过整理才能进行后续有效地分析，数据变换不仅是为了改善数据的外观，也是进行一些统计分析和作图前必要的步骤。数据整合和数据汇总往往密不可分，也是 R 语言中数据处理的内容之一。

3.8.1　数据转置

使用 t( ) 函数即可对一个矩阵或数据框实现行和列数据的转置。转置后，行列名也将相互变换。

具体示例如下：

```
df <-matrix( c(37, 150, 49, 100, 23, 57), nr =2,
             dimnames = list( c("D", "UD"),
                              c( "A", "B", "C" )))
t. df <-t(df)
```

```
df
#      A   B  C
# D   37   49 23
# UD 150 100 57

t. df
#    D  UD
# A 37 150
# B 49 100
# C 23  57
```

3.8.2 数据整合

使用 aggregate( )函数即可实现数据的整合，其使用格式如下：

```
aggregate(df, by, FUN)
```

其中，df 为数据框；by 为变量名组成的列表；FUN 为函数，用以计算观测值。

具体示例如下：

```
library(asreml)
data(oats)
df <-oats[ ,c(1,6)]
dstat <-function(x) { if( is. numeric(x) ) { c(mean =mean(x), sd=sd(x)) }else
{ NA }} # 自定义函数
agg. df <-aggregate( df, by=list(df $ Blocks), FUN =dstat )

####### 运行结果 #######
agg. df
# Group. 1 Blocks yield. mean  yield. sd
#       1      NA  135. 33333  22. 83671
#       2      NA   98. 16667  24. 01830
#       3      NA  107. 25000  26. 95156
#       4      NA   90. 91667  20. 44264
#       5      NA   95. 91667  24. 79537
#       6      NA   96. 25000  20. 62269
```

3.8.3 使用 reshape2 包

reshape2 包是由 Hardley Wickham 开发的用于数据重构和整合的程序包。reshape2 包是 reshape 包的升级版，功能更为全面和强大。其核心是 2 个函数：melt 和 cast（数据框是 dcast，矩阵是 acast）。melt 函数对数据集进行融合，cast 函数则对数据集进行重构。具体示例如下：

```
library(reshape2)  # 载入 reshape2 包

##### 创建数据集 #####
set.seed(1234)
df <-array( sample(8), dim=c(2, 2, 2) )
df <-melt( df, varnames=c("A","B","C"), value.name="ht1" )
df$ht2 <-sample( 1:10, 8 )

#### 数据融合 ####
df <-melt( df, id=c( "A", "B", " C ") )
#   A B C variable value
#   1 1 1      ht1     1
#   2 1 1      ht1     5
#   1 2 1      ht1     4
#   2 2 1      ht1     6
#   1 1 2      ht1     7
#   2 1 2      ht1     2
#   1 2 2      ht1     8
#   2 2 2      ht1     3
#   1 1 1      ht2     7
#   2 1 1      ht2     6
#   1 2 1      ht2     7
#   2 2 1      ht2     6
#   1 1 2      ht2     3
#   2 1 2      ht2    10
#   1 2 2      ht2     3
#   2 2 2      ht2     9

#### 数据重构 ####
dcast(df, A ~ variable, mean)
#  A  ht1  ht2
#   1  5   5.00
#   2  4   7.75

dcast(df, A + B ~ variable)
#  A  B ht1  ht2
# 1   1   2   2
# 1   2   2   2
# 2   1   2   2
# 2   2   2   2


##### 其他命令 #####
#dcast(df, A + B ~ variable, mean)
#dcast(df, A + variable ~ B)
#dcast(df, A ~ variable + B)
```

3.9 处理数据常用的函数

表 3-2 和表 3-3 列出了 R 语言中常见数据处理的各种数学和统计函数，除此之外，还有概率函数和字符处理函数等。更多的函数和用法，请查阅《R 语言实战》。

表 3-2 数学函数

函数	功能	例子
abs(*x*)	绝对值	abs(-4) -> 4
sqrt(*x*)	平方根	Sqrt(36) -> 6
ceiling(*x*)	不小于 *x* 的最小整数	ceiling(5.75) -> 6
floor(*x*)	不大于 *x* 的最大整数	floor(5.75) -> 5
trunk(*x*)	取整数	trunk(5.75) -> 5
round(*x*, digits = *n*)	保留 *n* 位小数	round(5.894, digits =2)-> 5.89
signif(*x*, digits = *n*)	保留 *n* 位有效数字	signif(5.894, digits =2) -> 5.9
cos(*x*), sin(*x*), tan(*x*)	余弦、正弦、正切	cos(2) -> -0.416
acos(*x*), asin(*x*), atan(*x*)	反余弦、反正弦、反正切	acos(-0.416) -> 2
cosh(*x*), sinh(*x*), tanh(*x*)	双曲余弦、双曲正弦、双曲正切	cosh(2) -> 3.627
log(*x*, base = *n*)	以 *n* 为底的对数	log(10, base =5) -> 1.43
log(*x*)	自然对数	log(10) -> 2.3026
log10(*x*)	常用对数	log10(10) -> 1
exp(*x*)	指数函数	exp(2.3026) -> 10

表 3-3 统计函数

函数	功能	例子
mean(*x*)	平均值	mean(*x*) -> 2.5
median(*x*)	中位数	median(*x*) -> 2.5
sd(*x*)	标准差	sd(*x*) -> 1.29
var(*x*)	方差	var(*x*) -> 1.67
mad(*x*)	绝对中位差	mad(*x*) -> 1.48
range(*x*)	值域	range(*x*) ->c (1, 4)
sum(*x*)	求和	sum(*x*) -> 10
min(*x*)	最小值	min(*x*) -> 1
max(*x*)	最大值	max(*x*) -> 4
scale(*x*, center = T, scale = T)	对数据集 *x* 中心化或标准化	

3.10 数据探索

3.10.1 数据结构查看

首先，了解数据的尺寸和结构：

```
dim(iris)              # 了解数据集的维度,有多少行多少列
names(iris)            # 数据有哪些列
str(iris)              # 数据的结构如何
attributes(iris)       # 数据的列名、行名和数据结构
```

然后，查看数据集前几行和后几行：

```
iris[1:5, ]            # 查看数据的前 5 行
head(iris)             # 查看数据的前 6 行
tail(iris)             # 查看数据的最后 6 行
iris[1:10, "Sepal.Length"]  # Sepal.Length 变量的前 10 个取值
iris$Sepal.Length[1:10]     # 用另外一种形式取值
```

3.10.2 查看单个变量

```
summary(iris) # 查看数据集中所有变量的关键数据:最小值、25% 分位数、中位数、均值、75% 分
                位数、最大值
quantile(iris$Sepal.Length) # 单个变量的 1% 、25% 、50% 、75% 、100% 分位数
quantile(iris$Sepal.Length, c(0.1, 0.3, 0.65)) # 指定分位点对应的分位数
mean(),median(),range() # 返回均值、中位数和数据的范围
```

对于连续变量：

```
var()                              # 返回变量的方差
hist(iris$Sepal.Length)            # 画出变量的直方图,查看变量的分布情况
plot(density(iris$Sepal.Length))   # 画出变量的核密度图
```

对于类别变量：

```
table(iris$Species)                # 统计每个类别的频数
pie(table(iris$Species))           # 画出每个类别比例的饼图
barplot(table(iris$Species))       # 画出每个类别频数的柱状图
```

3.10.3 查看多个变量

首先，查看变量之间的相关性：

```
cov(iris[ , 1:4]) # 计算变量之间的协方差矩阵
cor(iris[ , 1:4]) # 计算变量之间的相关系数矩阵
```

然后，研究在不同的目标变量水平下，某变量的基本情况：

```
# 对于 Sepal.Length 变量,在每个 Species 水平上执行 summary 计算
aggregate(Sepal.Length ~ Spacies, summary, data = iris)
# 针对每个 Species 水平绘制 Sepal.Length 的盒形图
boxplot(Sepal.Length ~ Species, data = iris)
# 针对每个 Species 水平绘制 2 个变量的散点图,并用颜色和点状区分
with(iris, plot(Sepal.Length, Sepal.Width, col = Species, pch = as.numeric(Spe-
cies)))
# 绘制任意 2 个矩阵之间的散点图,以发现变量之间的相关性
pairs(iris)
```

3.10.4 其他查看方法

```
# 三维散点图
library(scatterplot3d)
scatterplot3d(iris $ Petal.Width, iris $ Sepal.Length, iris $ Sepal.Width)
# 构造相似性矩阵,用热图可视化样本之间的相似性
distMatrix <-as.matrix(dist(iris[ ,1:4]))
heatmap(distMatrix)
# 以 Sepal.Length 和 Sepal.Width 为横纵坐标,分水平,以 Petal.Width 大小为颜色,探索数
据之间的关系
library(lattice)
levelplot(Petal.Width ~ Sepal.Length * Sepal.Width, iris, cuts = 9,
          col.regions = grey.colors(10) [10:1])
# 以等高线的形式探索数据的关系
library(lattice)
filled.contour(volcano, color = terrain.colors, asp = 1,
               plot.axes = contour(volcano, add = T))
# 平面坐标可视化,研究不同类别变量之间的差异
library(MASS)
parcoord(iris[1:4], col = iris $ Species)
还可用另外一个函数实现:
library(lattice)
parallelplot( ~ iris[1:4] | Species, data = Iris)
根据 Species 的不同类别,绘制 Sepal.Length 和 Sepal.Width 的散点图
library(ggplot2)
qplot(Sepal.Length, Sepal.Width, data = iris, facets = Species ~.)
```

3.10.5 保存统计图形

(1)保存为 pdf 文件

```
# save as a PDF file
pdf("myPlot.pdf")
x <-1:50
plot(x, log(x))
dev.off()
```

(2)保存为 ps 文件

```
# Save as a postscript file
postscript("myPlot2.ps")
x <--20:20
plot(x, x^2)
dev.off()
```

(3)保存为图形文件

```
# Save as afigure file
png("myPlot3.png")
x <-5:20
plot(x,sin(x))
dev.off()
```

3.11 循环控制和条件操作

R 是一种表达式语言，也就是说其命令类型只有函数或表达式，并由它们返回一个结果。

语句组由花括号“{ }”确定，此时结果是该语句组中最后一个语句的返回值。

3.11.1 条件语句

(1) if/else 语句

if/else 语句用来进行条件控制，以执行不同的语句。其使用格式如下：

```
if (conditon) { expr1 } else { expr2 }
```

如果 condition 条件为真，则执行 expr1，否则执行 expr2。举个简单的例子，要找出100 以内的质数，分析代码如下：

```
x <-1:100
y <-rep(T, 100)
for ( i in 3:100 ) {
    if ( all( i %% (2:(i-1)) ! = 0 )){
                y <-TRUE
              } else { y <-FALSE
                    }
}
print(x[y])
```

在上面例子里，all( )函数的作用是判断一个逻辑序列是否全为真，%%的作用是返回余数。在 if/else 语句中，一个容易出现的问题就是 else 没有放在“}”的后面，这样执行代码就会出错。

此外，操作符 && 和 | | 经常被用于条件部分。

& 和 | ，与 && 和 | | 的区别在于：& 和 | 按照逐个元素的方式进行计算，而 && 和 | | 则对向量的第 1 个元素进行运算，只有在必需的时候才对第 2 个参数进行运算。

（2）ifelse 语句

ifelse 语句是 if/else 结构的向量版本，其使用格式为：

```
ifelse (condition, a, b)
```

ifelse 语句的执行规则是：如果 condition[i]为真，则执行 a[i]元素；反之对应的是 b[i]元素。根据这个原则，函数返回一个由 a，b 中相应元素组成的向量，向量长度与其最长的参数相同。

3.11.2 循环语句

（1）for 循环

R 中最基本的循环是 for 循环，其使用格式如下：

```
for (n in x){ expr }
```

其中，*n* 为循环变量；*x* 通常为一个序列。每次循环时，*n* 从 *x* 中按顺序取值，并代入到后面的 expr 语句中进行运算。以计算 30 个 Fibonacci 数为例，代码如下：

```
x <-c(1, 1)
for ( i in 3:30 ) {
       x <-x[i -1] + x[i -2]
  }
```

（2）while 循环

当不能确定循环次数时，则用 while 循环语句。其使用格式如下：

```
while (condition) { expr }
```

在 condition 条件为真时，执行大括号内的 expr 语句。同样以计算 30 个 Fibonacci 数为例，代码如下：

```
x <-c(1, 1)
i <-3
while (i < = 30) {
        x <-x[i -1] + x[i -2]
        i <-i +1
  }
```

3.12　自编函数

R 的突出优点之一就是用户可以自行编制函数。自编函数格式一般如下：

```
name <-function(arg_1, arg_2, ...){ expr }
```

其中，expr 为一个 R 表达式(通常是表达式语句组)，并使用参数 arg_ i 来计算出一个数值，表达式的值就是函数的返回值。函数调用的形式通常都是 name(expr1，expr2，…)。

示例：编写一个程序脚本，将其命名为 exsum( ) 函数，并调用计算。具体代码如下：

```
######## 自编函数 exsum() ########
exsum <-function(x){
                    n = length(x)
                    m = mean(x)
                    v = round(var(x), 2)
                    data.frame( N = n, MEAN = m, VAR = v )
                }
######## 调用自编函数 exsum() ########
x <-c(1:10)
exsum(x)
# N MEAN VAR
# 10 5.5   9.17
```

▶▶▶第 4 章　常用统计分析

在第 2 章、第 3 章中，已展示了如何创建数据集以及进行数据的转换，现在就可通过数据的统计分析，来探索数据背后所包含的故事，目的是回答以下问题：

① 各品种小麦的产量如何？其分布是什么样的(均值、标准差、中位数、值域等)？

② 施肥后，大麦的产量做何变化？何种施肥条件是最佳方式？

③ 2 片试验林造林 5 年后，树高之间是否有差异？

④ 采用不同杀虫剂来控制烟蚜，毒杀效果是否一致？

⑤ 小麦单位面积产量与单位面积穗数、每穗粒数、千粒重之间是什么关系？

⑥ 欲研究激素 NAA、IBA 对植物组培苗生根的影响，采用何种试验设计以及如何筛选最优配方？

⑦ 假设某试验数据中有 50 多个变量，如何了解这些变量的交互关系？

……

4.1　描述性统计分析

描述性统计(descriptive statistics)就是把数据集所包含的信息加以简要地概况，如计算数据的数字特征、制作频数表和频数图，用所获得的统计量和图表来描述数据集所反映的特征和规律，使研究的问题更加简单、直观。

描述性统计主要包括反映数据集中趋势的特征值(比如平均数、中位数、众数、分位数)、数据离散程度的特征值(比如方差、标准差、值域、变异系数)和数据分布形态的特征值(比如偏度、峰度)。

R 中关于描述性统计的方法比较多，现以 ASReml 包所带的数据集 oats 为例：

```
library(asreml)
data(oats)
```

4.1.1　使用 summary( ) 函数

```
>summary (oats)
Blocks   Nitrogen   Subplots        Variety   Wplots     yield
1:12   0_cwt    :18   1:18     Golden_rain :24   1:24    Min.      : 53.0
2:12   0.2_cwt  :18   2:18     Marvellous  :24   2:24    1st Qu.   : 86.0
3:12   0.4_cwt  :18   3:18     Victory     :24   3:24    Median    :102.5
4:12   0.6_cwt  :18   4:18                               Mean      :104.0
5:12                                                     3rd Qu.   :121.2
6:12                                                     Max.      :174.0
```

summary( )函数提供了数值型向量(本例中的 yield 变量)的最小值(min)、最大值(max)、上四分位数(1st Qu)、下四分位数(3st Qu)、中位数(median)和平均值(mean)，以及因子向量和逻辑型向量的频数统计。因为 ASReml 程序包里的数据集将词首大写字母的变量默认为因子，所以 Blocks、Nitrogen、Subplots、Variety、Wplots 均为因子向量，summary( )函数就显示了因子下每个水平的数量，而 yield 为数值型向量，就显示最小值等统计量。但 summary( )函数没有提供偏度和峰度的计算结果，偏度和峰度可以通过程序包 pastecs、pasych 来计算。

4.1.2 使用 stat. desc( )函数

```
library(pastecs); options( digits =2 )
> stat. desc( oats $ yield, norm = T )
     nbr. val       nbr. null      nbr. na        min        max      range
        72.00            0.00         0.00      53.00     174.00     121.00
          sum          median         mean   SE. mean CI. mean. 0. 95    var
      7486.00          102.50       103.97       3.19       6.36     732.20
     std. dev       coef. var     skewness   skew. 2SE   kurtosis   kurt. 2SE
        27.06            0.26         0.26       0.47      -0.46      -0.41
  normtest. W     normtest. p
         0.98            0.48
```

stat. desc( )函数在程序包 pastecs 中，使用前需安装程序包 pastecs。stat. desc( )函数计算了 yield 变量的总观察数(nbr. val)、空值数(nbr. null)、缺失值数(nbr. na)、最小值(min)、最大值(max)、值域(range)、总和(sum)、中位数(median)、平均值(mean)、平均数的标准误(SE. mean)、平均值置信度为 95% 的置信区(CI. mean. 0. 95)、方差(var)、标准差(std. dev)、变异系数(coef. var)、偏度(skeness)、偏度误差(skew. 2SE)、峰度(kurtosis)和峰度误差(kurt. 2SE)以及 Shapiro-Wilk 正态检验结果：W 值(normtest. W)和 p 值(normtest. p)。

4.1.3 使用 describe( )函数

```
library(psych)
> describe(oats $ yield)
   var  n mean   sd median trimmed  mad min max range skew kurtosis   se
1    1 72  104 27.1    102     103 27.4  53 174   121 0.26    -0.46 3.19
```

describe( )函数在程序包 psych 中，使用前需安装程序包 psych。如上所示，describe( )函数计算了非缺失值的数量(n)、平均数(mean)、标准差(sd)、中位数(median)、截尾均值(trimmed)、绝对中位差(mad)、最小值(min)、最大值(max)、值域(range)、偏度(skew)、峰度(kurtosis)和平均值的标准误(se)。

4.2 频数表分析

频数表(frequency table)分析是对数据集按数据范围分成若干区间，即分成若干组，求出每组组中值，各组数据用组中值代替，计算各组数据的频数，并作出频数表。

对一组数据进行分组时，组数可以用 Sturges 公式来确定：$k = 1 + 3.22 \times \lg N$。式中，$k$ 是组数，N 是数据的总个数。

现仍以 asreml 程序包自带的 oats 数据集为例，计算频数并绘制频数分布图。

```
library(asreml)
data(oats)
A <-table( cut(oats $ yield, breaks = 40  + 20 *  (0:7)) ) #计算频数
round( prop.table(A) *  100, 2 ) # 计算频数比例
```

频数计算结果如下：

```
 (40,60]   (60,80]  (80,100] (100,120] (120,140] (140,160] (160,180]
      2        12        21        17        13         5         2
```

频数比例如下：

```
 (40,60]   (60,80]  (80,100] (100,120] (120,140] (140,160] (160,180]
   2.78     16.67     29.17     23.61     18.06      6.94      2.78
```

上述的频数结果，还可以画成图形，代码如下：

```
hist(oats $ yield, breaks =7, xlim = c(40, 180),
        xlab = "yeild", main = "Frequency chart of yield")
```

频数分布图如图 4-1 所示：

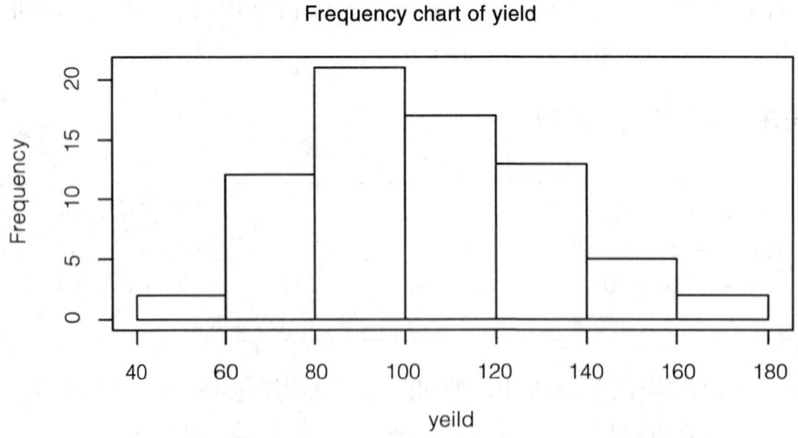

图 4-1　燕麦产量的频数分布图

4.3　方差分析

方差分析(analysis of variance, ANOVA)是试验数据分析中的常用统计方法之一，1923 年由英国统计学家 Fisher 提出。方差分析是一种在若干组能相互比较的试验数据中，把产生变异的原因加以区分的方法与技术，其主要用途是研究外界因素或试验条件的改变对试验结果影响是否显著。

根据研究因素的个数可分为单因素方差分析(one-way ANAOVA)、双因素方差分析(two-way ANAOVA)或多元方差分析(MANOVA)。方差分析的基本模型是线性模型，并假设因变量是线性、独立、正态和等方差的。方差分析是根据平方和的加和原理，利用 *F* 检验，判断试验因素对试验结果的影响是否显著。

在 R 中，基础包中的 aov( )函数，即可进行方差分析，常见的模型见表 4-1。

表 4-1　常见方差分析的模型

类型	模型
单因素 ANOVA	$y \sim A$
单因素 + 单协变量 ANOVA	$y \sim x + A$
双因素 ANOVA	$y \sim A \cdot B$
双因素 + 双协变量 ANOVA	$y \sim x_1 + x_2 + A \cdot B$
随机区组 + 单因素 ANOVA	$y \sim \mathrm{R} + A$
单因素组内 ANOVA	$y \sim A$ + Error(subject/A)

注：*y* 是因变量，*x* 是协变量，*A*、*B* 是因子，R 是区组因子。

4.3.1　单因素方差分析

单因素方差分析：只考察一个因素对试验结果的影响。

【例 4.3.1】有一水稻施肥的盆栽试验，设置了 5 个处理：A1 和 A2 分别施用两种不同工艺流程的氨水，A3 施碳酸氢铵，A4 施尿素，A5 为对照。每个处理各 4 盆，随机置于同一试验大棚。水稻稻谷产量见表 4-2。现分析不同施肥处理下，水稻稻谷产量之间是否有显著差异。

表 4-2　水稻施肥盆栽试验的产量结果　　单位：g

处理	产量			
A1	24	30	28	26
A2	27	24	21	26
A3	31	28	25	30
A4	32	33	33	28
A5	21	22	16	21

分析代码如下：

```
######### 代码清单 4.3.1 #########

#### 建立数据集 df ####
yield <-scan()
24 30 28 26
27 24 21 26
31 28 25 30
32 33 33 28
21 22 16 21

Treat <-rep(paste("A", 1:5, sep = ""), rep(4, 5))
df <-data.frame(Treat, yield)

##### 方差分析 #####
fit <-aov(yield ~ Treat, data = df)
summary(fit)
```

运行结果如下：

```
> summary(fit)
            Df Sum Sq Mean Sq F value    Pr(>F)
Treat        4  301.2   75.30   11.18 0.000209 ***
Residuals   15  101.0    6.73
---
Signif. codes:  0 '***' 0.001 '**' 0.01 '*' 0.05 '.' 0.1 ' ' 1
```

把运行结果整理成方差分析表，如下表 4-3。

表 4-3　方差分析表

变异来源	自由度 df	平方和 SS	均方 MS	*F* 值	*p* 值
处理间	4	301.2	75.30	11.18	0.0000209 ***
处理内	15	101.0	6.73		
总变异	19	402.2			

注：显著水平，*：0.05，**：0.01，***：0.001，下表同。

方差分析结果表明，对处理(treat)的 F 检验是极显著的($p<0.001$)，说明不同施肥处理对水稻稻谷产量有显著差异。

当 F 检验显著或极显著时，就有必要进行处理平均数两两之间的比较，以判断不同处理平均数之间的差异显著性。这种多个平均数两两间的相互比较称为多重比较(multiple comparison)。

R 中多重比较的比较方法很多，方法也很简单，只需在方差分析 ANOVA 过程的基础上，进一步进行多重比较。下文将分别介绍 Tukey 和 duncan 方法。

(1) Tukey 方法

```
######### Tukey HSD 方法 ##########
> TukeyHSD(fit)
  Tukey multiple comparisons of means
    95%  family-wise confidence level
Fit: aov( formula = yield ~ Treat, data = df )

 $Treat
               diff          lwr          upr        p adj
A2 - A1        -2.5    -8.165872     3.165872    0.6589099
A3 - A1         1.5    -4.165872     7.165872    0.9211412
A4 - A1         4.5    -1.165872    10.165872    0.1546704
A5 - A1        -7.0   -12.665872    -1.334128    0.0124631
A3 - A2         4.0    -1.665872     9.665872    0.2393068
A4 - A2         7.0     1.334128    12.665872    0.0124631
A5 - A2        -4.5   -10.165872     1.165872    0.1546704
A4 - A3         3.0    -2.665872     8.665872    0.4992588
A5 - A3        -8.5   -14.165872    -2.834128    0.0025622
A5 - A4       -11.5   -17.165872    -5.834128    0.0001268
```

由上述结果可以看出，A2 和 A1 之间的平均值差异不显著($p = 0.659$)，而 A5 和 A4 之间的差异非常显著($p < 0.001$)。

为了更直观地查看成对比较之间的差异，R 中还可绘制成图。

绘图代码如下：

```
par( las = 1 )  # 旋转轴标签
par( mar = c(5, 8, 4, 2) )  # 设置左边界的面积
plot( TukeyHSD(fit) )
```

如图 4-2 所示，图形中置信区间包含 0 的成对比较就说明组间差异不显著($p > 0.05$)。

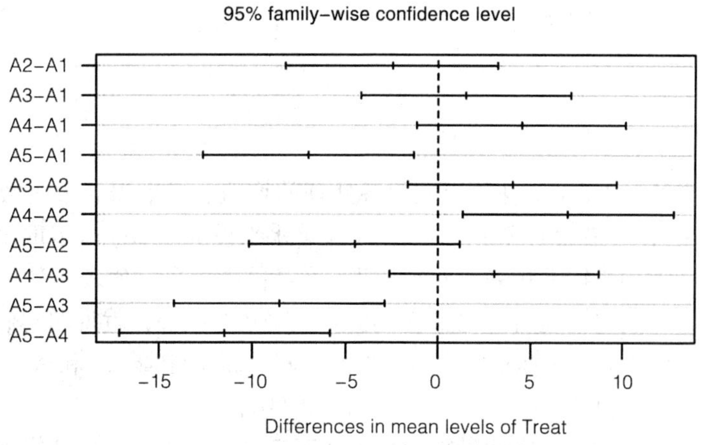

图 4-2 Tukey HSD 均值成对比较图

(2) duncan 方法

duncan 法，也称为新复极差法。

```
##### ducan 方法 ####
library( agricolae )
duncan.test( fit, "Treat", alpha = 0.05 )
```

运行结果如下：

```
> duncan.test( fit, "Treat", alpha = 0.05 )

Study:
Duncan's new multiple range test for yield

Mean Square Error:  6.733333

Treat,  means

   yield  std.err replication
A1  27.0 1.290994           4
A2  24.5 1.322876           4
A3  28.5 1.322876           4
A4  31.5 1.190238           4
A5  20.0 1.354006           4

alpha: 0.05 ; Df Error: 15
Critical Range
  2        3        4        5
3.910886 4.099664 4.216980 4.296902

Means with the same letter are not significantly different.

Groups, Treatments and means
a        A4        31.5
ab       A3        28.5
b        A1        27
b        A2        24.5
c        A5        20
```

如上述结果所示，ducan 法可以获得各处理的均值、标准误、重复数以及临界极差值(critical range)，与最后的多重比较结果(显著水平设为 0.05)。多重比较结果，是将各处理平均数由大到小往下排列，groups 里含有相同的字母，代表两种处理间的平均值差异不显著，否则就差异显著。比如 A4 和 A3 都含有字母 a，就说明它们之间差异不显著；而 A4 标记字母 a，A5 标记字母 c，两种不同，就意味着 A4 和 A5 之间差异显著。此外，还可任意设置显著水平 a 值，如 0.01、0.001。

在上述方差分析中，是在假设因变量服从正态分布、等方差的前提下进行的。那么是否如此呢？可以使用 Q－Q 图来检验正态性假设。

Q－Q 图绘制代码如下：

```
library( car )
fit <-lm( yield ~ Treat, data = df )
qqPlot( fit, main = "Q - Q Plot", labels = F )
```

运行结果如下：

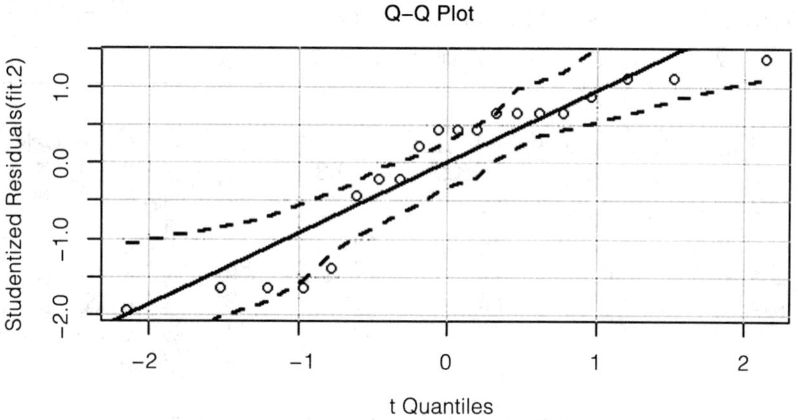

图 4-3　正态性检验的 Q－Q 图

从图 4-3 中可以看出，大部分数据都落在 95% 的置信区间范围内，说明满足正态性假设。

下面利用 Bartlett 检验来做方差齐性检验。代码如下：

```
> bartlett.test(yield ~ Treat, data = df)

        Bartlett test of homogeneity of variances

data:   yield by Treat
Bartlett's K - squared = 0.0513, df = 4, p - value = 0.9997
```

从上述结果可知，Bartlett 检验表明 5 组的方差没有显著差异(p =0.9997)。

```
library(car)
fit <-aov(yield ~ Treat, data = df)

>outlierTest(fit)    ### 运行结果
No Studentized residuals with Bonferonni p < 0.05
Largest |rstudent|:
   rstudent unadjusted p - value Bonferonni p
19  -1.936222            0.073294          NA
```

此外，car 包中的 outlierTest( ) 函数可以检测离群点。从上面的结果来看，变量 yield 中没有离群点(当 $p>1$ 时，产生 NA)。综合 Q－Q 图、Bartlett 检验和离群点检验的结果，说明本试验数据 ANOVA 模型拟合得很好。

4.3.2 无重复试验的双因素方差分析

【例 4.3.2】有 6 块不同的地块，每个地块分 3 个小区，随机安排 3 种田间管理方法，所得结果草莓产量见表 4-4。试分析不同的田间管理方法对草莓产量的影响。

表 4-4 不同管理措施下草莓的产量

地块（A）	田间管理方法（B）		
	B1/kg	B2/kg	B3/kg
A1	71	73	77
A2	90	90	92
A3	59	70	80
A4	75	80	82
A5	65	60	67
A6	82	86	85

假设数据已用 Excel 准备好，如图 4-4 所示，并保存为 csv 文件。下文将演示如何进行方差分析。

	A	B	C	D
1	A	B1	B2	B3
2	A1	71	73	77
3	A2	90	90	92
4	A3	59	70	80
5	A4	75	80	82
6	A5	65	60	67
7	A6	82	86	85

	A	B	yield
1	A1	B1	71
2	A2	B1	90
3	A3	B1	59
4	A4	B1	75
5	A5	B1	65
6	A6	B1	82
7	A1	B2	73
8	A2	B2	90

图 4-4 数据集的重构——变换前（左）、变换后（右）

分析代码如下：

```
######### 代码清单 4.3.2 #########
library( reshape )

setwd( "E:\\yzhlin\\my works\\R 语言" ) #文件所在目录

df <-read.table( file = "d4.3.2.csv", header = T, sep = ',' )  # 读入数据
df.2 <-melt( df, id = c( "A" ) )                # 进行数据重构
colnames(df.2)[2:3] <-c( "B", "yield" )         # 变量重命名
str(df.2)                                       # 查看变量类型

####### 方差分析 #######
fit <-aov( yield ~ A + B, df.2 )
summary(fit)
```

运行结果如下：

```
> summary(fit)
            Df Sum Sq Mean Sq F value    Pr(>F)
A            5 1435.1  287.02  17.803 0.000108***
B            2  141.4   70.72   4.387 0.042885*
Residuals   10  161.2   16.12
---
Signif. codes:  0 '***' 0.001 '**' 0.01 '*' 0.05 '.' 0.1 ' ' 1
```

把上述结果整理为方差分析表，如下表4-5所示：

表4-5 方差分析表

变异来源	自由度 df	平方和 SS	均方 MS	*F* 值	*p* 值
A(地块)	5	1435.1	287.02	17.803	0.0000108 ***
B(田间管理方法)	2	141.4	70.72	4.387	0.042885 *
误差	10	161.2	16.12		
总变异	17	1737.7			

方差分析结果表明，不同地块和不同田间管理方法均对草莓的产量有显著或极显著影响，因此，有必要进一步对A、B两因素不同水平的平均产量进行多重比较。

多重比较采用duncan法，具体代码如下：

```
library(agricolae)
duncan.test(fit, "A", alpha =0.05) # 对 A 因素在 α =0.05 水平上进行多重比较
duncan.test(fit, "B", alpha =0.05) # 对 B 因素进行多重比较
```

对上述程序的结果进行整理，并作成表4-6：

表4-6 不同地块、田间管理方法的草莓平均产量的多重比较

A 因素	平均值	$\alpha=0.05$	B 因素	平均值	$\alpha=0.05$
A2	90.67	a	B3	80.50	a
A6	84.33	ab	B2	76.50	ab
A4	79.00	bc	B1	73.67	b
A1	73.67	cd			
A3	69.67	de			
A5	64.00	e			

由表4-6可以看出，对于A因素，A2地块的草莓平均产量都显著高于A5、A3、A1和A4地块，但与A6地块差异不显著。而B因素，B3田间管理方法的草莓平均产量高于B1方法，但与B2方法差异不显著。

4.3.3 等重复试验的双因素方差分析

对双因素和多因素有重复观测值试验资料的分析，可以研究因素的简单效应、主效应和因素间的交互作用。

【例4.3.3】为研究不同的种植密度(A)和化肥(B)对大麦产量的影响，将种植密度(A)设置3个水平、施用的化肥(B)设置5个水平，交叉分组，重复4次，完全随机设计，产量结果见表4-7。试分析种植密度和化肥对大麦产量的影响。

表 4-7　不同种植密度和化肥试验的大麦产量　　　　单位：kg

A	B1	B2	B3	B4	B5
A1	27	26	31	30	25
	29	25	30	30	25
	26	21	30	31	26
	26	29	31	30	24
A2	30	28	31	32	28
	30	27	31	34	29
	28	26	30	33	28
	29	25	32	32	27
A3	33	33	35	35	30
	33	34	33	34	29
	34	34	37	33	31
	32	35	35	35	30

数据的读入和重构方法同例 4. 3. 2，这里不再多述。

数据的 Excel 录入结果和数据变换如图 4-5 所示。

	A	B	C	D	E	F
1	A	B1	B2	B3	B4	B5
2	A1	27	26	31	30	25
3	A1	29	25	30	30	25
4	A1	26	24	30	31	26
5	A1	26	29	31	30	24
6	A2	30	28	31	32	28
7	A2	30	27	31	34	29
8	A2	28	26	30	33	28
9	A2	29	25	32	32	27
10	A3	33	33	35	35	30
11	A3	33	34	33	34	29
12	A3	34	34	37	33	31
13	A3	32	35	35	35	30

	A	B	yield
1	A1	B1	27
2	A1	B1	29
3	A1	B1	26
4	A1	B1	26
5	A2	B1	30
6	A2	B1	30
7	A2	B1	28
8	A2	B1	29
9	A3	B1	33
10	A3	B1	33

图 4-5　数据集的重构——变换前(左)、变换后(右)

分析代码如下：

```
######### 代码清单 4.3.3 #########
df <-asreml.read.table(file='p131.csv', header=T, sep=',')
df.2 <-melt(df, id=c("A"))
colnames(df.2)[2:3] <-c("B","y")

# 创建 Group 变量
df.2$Group <-sapply(df.2, function(x) paste(df.2$A, df.2$B, sep="")) [ ,1]
df.2$Group <-as.factor(df.2$Group)   # 转换为因子

fit <-aov(y ~ A + B + Group, data=df.2)
summary(fit)
```

运行结果如下：

```
> summary(fit)
            Df Sum Sq Mean Sq F value   Pr(>F)
A            2 315.83  157.92 129.205  < 2e-16 ***
B            4 207.17   51.79  42.375 1.03e-14 ***
Group        8  50.33    6.29   5.148 0.000138 ***
Residuals   45  55.00    1.22
---
Signif. codes:  0 '***' 0.001 '**' 0.01 '*' 0.05 '.' 0.1 ' ' 1
```

从上述结果可以看出，种植密度 A、化肥 B 及其互作(Group)都对大麦的产量有极显著影响。因此，有必要进一步进行种植密度、化肥的各水平间以及种植密度与化肥水平组合平均值间的多重比较。

注意：之所以创建新因子 Group，用于代替 A∶B，是因为 agricolae 程序包里的 duncan.test( )无法识别 A∶B。Group 和 A∶B 的含义一样。

duncan 法多重比较的程序代码如下：

```
library(agricolae)

duncan.test(fit, "A", alpha=0.05)
duncan.test(fit, "B", alpha=0.05)
duncan.test(fit, "Group", alpha=0.05)
```

将多重比较的结果整理成表 4-8：

表 4-8　种植密度、化肥以及各水平组合的平均值多重比较表

因素	平均值	α=0.05	水平组合	平均值	α=0.05
A3	33.25	a	A3B3	35.0	a
A2	29.50	b	A3B4	34.2	ab
A1	27.75	c	A3B2	34.0	ab
			A3B1	33.0	b
B4	32.42	a	A2B4	32.8	b
B3	32.17	a	A2B3	31.0	c
B1	29.75	b	A1B3	30.5	cd
B2	28.83	c	A1B4	30.2	cd
B5	27.67	d	A3B5	30.0	cd
			A2B1	29.2	de
			A2B5	28.0	ef
			A1B1	27.0	fg
			A2B2	26.5	fgh
			A1B2	26.0	gh
			A1B5	25.0	h

多重比较的结果表明，对于种植密度 A 来说，A3 的产量最高，显著高于 A2 和 A1；对于化肥 B 来说，以 B4 的产量最高，显著高于 B1、B2 和 B5。如果 A 和 B 互作效应不显著，就可分别选出 A、B 因素的最优水平相组合，得到最优水平组合。但若 A、B 因素交互作用显著，则应进行水平组合平均值间的多重比较，以选出最优水平组合。

各水平组合平均值间的多重比较结果表明，水平组合 A3B3 的产量最高，与 A3B4、A3B2 差异不显著，但显著高于其余各水平组合。因此，最优组合是 A3B3，而非 A3B4。

上述的结果也说明，当 A、B 因素的交互作用显著时，一般不必进行两个因素的多重比较，而直接进行各水平组合平均值的多重比较，选出最优水平组合。

对于 A、B 因素的交互作用，除了上述的多重比较表格形式，在 R 中，还可以利用程序包 HH 绘制成图形，也很容易实现。

绘图代码如下：

```
library(HH)
interaction2wt( yield ~ A *  B, data = df.2 )
```

运行结果如图 4-6 所示，其中，b、c 分别为 B、A 因素的主效应，从图中可以看出 B4、A3 对应的大麦产量最高；而 a、d 则为 A、B 因素的交互作用，从图中可以看出，A3B3 组合的产量最高。

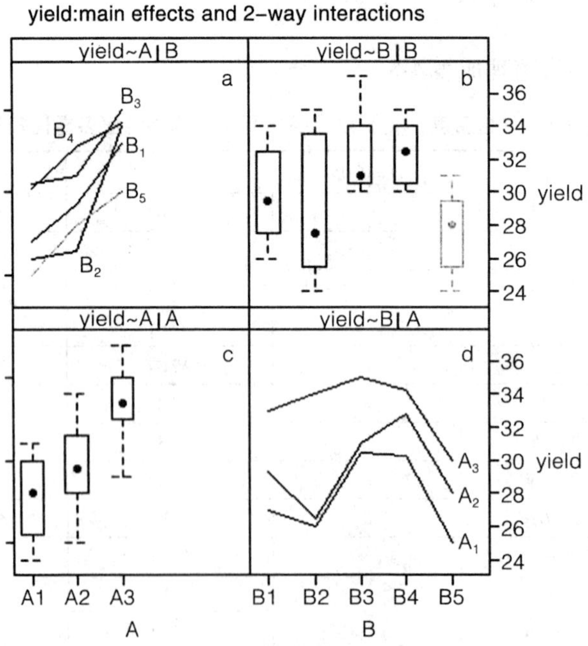

图 4-6　A、B 因素的主效应和交互作用

4.3.4　多元方差分析

多元方差分析与方差分析(一元)相似，所不同的是方差分析中的因变量 y 是一维随机变量，而多元方差分析的因变量 Y 不止一个，Y 是多维随机变量。从概念上讲，多元方差分析中，因变量之间应有一定关系，并且它们彼此之间的相关程度应较低或中等。如果他们之间相关程度太高，会有多重共线性风险；如果它们之间没有线性相关，就没有理由把它们放在一起进行分析。

在 R 中，利用 manova( ) 函数就可进行多元方差分析。多元方差分析的模型格式与方差分析(一元)的相似。

【例 4.3.4】某试验，A 因子有 2 个水平，B 因子有 3 个水平，得到响应变量 $y1$ 和 $y2$，结果如表 4-9 所示，试做多元方差分析。

表 4-9　反应变量 *y*1 和 *y*2 观测值

A	B1	B1	B2	B2	B3	B3	y
A1	9	7	10	12	14	12	y1
	7	6	8	10	12	13	y2
A2	9	7	11	13	13	10	y1
	7	8	12	14	14	12	y2

分析代码如下：

```
######### 代码清单 4.3.4 #########
library(asreml)
df <-asreml.read.table( file = 'd4.3.4.csv', header = T, sep = ',' )

attach( df )
y <-cbind( y1, y2 )
aggregate( y, by = list(A, B), FUN = mean )  # 计算处理组合的均值
cov(y)

fit <-manova(y ~ A* B)
summary( fit, test = "Wilks" ) # "Pillai", "Hotelling - Lawley", and "Roy"
summary.aov( fit )

# fit1 <-aov( y1 ~ B )
# fit2 <-aov( y2 ~ A + B )
# summary(fit1)
# duncan.test(fit1, "B", alpha = 0.05)

detach( df )
```

运行结果如下：

```
> aggregate( y, by = list(A, B), FUN = mean )
  Group.1 Group.2   y1   y2
1       A1      B1  8.0  6.5
2       A2      B1  8.0  7.5
3       A1      B2 11.0  9.0
4       A2      B2 12.0 13.0
5       A1      B3 13.0 12.5
6       A2      B3 11.5 13.0

> cov(y)
         y1       y2
y1 5.356061 5.659091
y2 5.659091 8.568182
> fit <-manova( cbind( y1, y2 ) ~ A* B, data = df )
> summary( fit, test = "Wilks" )
          Df Wilks approx F num Df den Df Pr( > F)
A          1 0.316     5.42      2      5  0.056 .
B          2 0.090     5.82      4     10  0.011*
A:B        2 0.467     1.16      4     10  0.385
Residuals  6
---
Signif. codes:  0 '***' 0.001 '**' 0.01 '*' 0.05 '.' 0.1 ' ' 1
>summary.aov(fit)
 Response y1 :
          Df Sum Sq Mean Sq F value  Pr( > F)
A          1  0.083  0.0833  0.0345 0.85880
B          2 41.167 20.5833  8.5172 0.01767 *
A:B        2  3.167  1.5833  0.6552 0.55289
Residuals  6 14.500  2.4167
---
Signif. codes:  0 '***' 0.001 '**' 0.01 '*' 0.05 '.' 0.1 ' ' 1

Response y2 :
          Df Sum Sq Mean Sq F value    Pr( > F)
A          1 10.083  10.083  8.0667 0.0295597 *
B          2 69.500  34.750 27.8000 0.0009241 ***
A:B        2  7.167   3.583  2.8667 0.1337179
Residuals  6  7.500   1.250
---
Signif. codes:  0 '***' 0.001 '**' 0.01 '*' 0.05 '.' 0.1 ' ' 1
```

代码清单中，cbind( )函数将 *y*1 和 *y*2 变量合并成一个矩阵。aggregate( )函数计算 *y*1 和 *y*2 变量对 A、B 因子组合的平均值，cov( )输出 *y*1 和 *y*2 变量间的方差和协方差。

从多元方差分析的结果来看，A 因子以及 A、B 间的交互作用，多元检验均不显著，$p > 0.05$，仅有 B 因子差异显著（$p = 0.011 < 0.05$）。使用 summary. aov( ) 函数可对每一个变量做单因素方差分析，结果表明，B 因子显著影响了 $y1$ 和 $y2$。读者可以用例 4.3.1 介绍的 duncan 法，对各因变量进行多重比较，过程不做详述。多重比较的最后结果如下：

```
> fit1 <-aov( y1 ~ B )
> duncan.test(fit1, "B", alpha = 0.05)
Groups, Treatments and means
a       B3          12.25
a       B2          11.5
b       B1          8

> fit2 <-aov( y2 ~ A + B )
> duncan.test(fit2, "A", alpha = 0.05)
Groups, Treatments and means
a       A2          11.17
b       A1          9.333

> duncan.test(fit2, "B", alpha = 0.05)
Groups, Treatments and means
a       B3          12.75
a       B2          11
b       B1          7
```

从多重比较的结果可知，对于 $y1$，仅有 B 因子差异显著，表现为 B3 和 B2 处理间差异不显著，但都显著高于 B1 处理。对于 $y2$，A、B 因子差异均显著，具体表现为 A2 处理显著高于 A1，B 因子的处理间差异情况，与 $y1$ 的结果一致。

此外，还可进行多元正态性检验，具体方法参见《R 语言实战》。

4.4　协方差分析

协方差分析（analysis of covariance）是关于如何调节协变量对因变量的影响效应，从而更加有效地分析实验处理效应的一种统计技术，也是对实验进行统计控制的一种综合方差分析和回归分析的方法。

当研究者知道有些协变量会影响因变量，却不能够控制和不感兴趣时，则可以在实验处理前予以观测，然后在统计时运用协方差分析来处理。将协变量对因变量的影响从自变量中分离出去，可以进一步提高实验精确度和统计检验灵敏度。比如要研究某种林木生长量与肥料的关系，施肥条件可以人工控制，但林木初始苗高（协变量）是难以控制的，初始苗高不同也对生长量有影响。如果不考虑初始苗高，直接对生长量做方差分析，所得结果就不可靠。此时，通过协方差分析，消除初始苗高的影响，使得生长量在一致的基础上进行方差分析，得到的结果就可靠。

方差是用来度量单个变量“自身变异”大小的总体参数，方差越大，该变量的变异越大；协方差是用来度量两个变量之间“协同变异”大小的总体参数，即两个变量相互影响大小的参数，协方差的绝对值越大，则两个变量相互影响越大。

以下介绍 2 种协方差分析的方法。

(1) 回归模型的协方差分析

如果协变量是可测量的，并且和试验结果之间存在直线回归关系时，就可利用直线回归方法将各处理的观测值都矫正到初始条件相同时的结果，使得处理间的比较能在相同条件上进行，从而得出正确结论，这一作法在统计上称为统计控制。因协方差分析是将回归分析和方差分析结合起来，所以也称为回归模型的协方差分析。

(2) 相关模型的协方差分析

方差分析中根据均方 MS 与期望均方 EMS 间的关系，可获得不同变异来源的方差分量估计值；在协方差分析中，根据均积 MP 与期望均积 EMP 间的关系，可获得不同变异来源的协方差分量估计值。这种协方差分析称为相关模型的协方差分析。

对于回归模型的协方差分析，协变量与目标变量之间须有线性回归关系，而且统计检验回归关系显著时，协方差分析才是有效的。

【例 4.4.1】研究 3 种营林措施对林分生长量的影响。林木生长量和苗木初值高度的数据见表 4-10，其中因素 A 为营林措施(有 A1、A2 和 A3 三个水平)，x 为苗木初值高度，y 为林木生长量。试分析 3 种营林措施对林分生长量是否有显著影响(单因素协方差分析)。

表 4-10　林木生长量和苗木初值高度测量值

因子	变量	测量值				
A1	x	4.0	5.0	8.0	5.0	2.0
	y	1.7	1.9	2.6	2.3	1.1
A2	x	6.0	4.0	5.0	7.0	4.0
	y	2.0	1.8	2.0	2.3	2.0
A3	x	3.0	6.0			
	y	2.1	2.9			

分析代码如下：

```
######### 代码清单 4.4.1 #########
library(asreml); library(lsmeans)

df <-asreml.read.table( file = 'd4.4.1.csv', header = T, sep = ',' )

fit <-lm(y ~ x + A, data = df )

summary(fit)
anova(fit)
lsmeans(fit, pairwise ~ A)
```

运行结果如下：

```
> summary(fit)
Call:
lm(formula = y ~ x + A, data = df)

Residuals:
     Min       1Q   Median       3Q      Max
-0.19807 -0.07975 -0.03711  0.05186  0.33548

Coefficients:
            Estimate Std. Error t value Pr(>|t|)
(Intercept)0.85156      0.18534  4.595 0.001768 **
x           0.22259      0.03438  6.474 0.000193 ***
AA2         0.01096      0.12009  0.091 0.929502
AA3         0.64678      0.15815  4.090 0.003488 **
---
Signif. codes:  0 '***' 0.001 '**' 0.01 '*' 0.05 '.' 0.1 ' ' 1

Residual standard error: 0.1886 on 8 degrees of freedom
Multiple R-squared: 0.8746,Adjusted R-squared: 0.8275
F-statistic: 18.59 on 3 and 8 DF,  p-value: 0.0005778
> anova(fit)
Analysis of Variance Table

Response: y
          Df  Sum Sq Mean Sq F value    Pr(>F)
x          1 1.30766 1.30766  36.753 0.0003017 ***
A          2 0.67687 0.33844   9.512 0.0076799 **
Residuals  8 0.28464 0.03558
---
Signif. codes:  0 '***' 0.001 '**' 0.01 '*' 0.05 '.' 0.1 ' ' 1
> lsmeans(fit, pairwise ~ A)
$`A lsmeans`
  A   lsmean         SE df lower.CL upper.CL
A1 1.945969 0.08445138  8 1.751224 2.140714
A2 1.956932 0.08491666  8 1.761114 2.152751
A3 2.592746 0.13414576  8 2.283406 2.902087

$`A pairwise differences`
          estimate          SE df  t.ratio p.value
A1 - A2 -0.01096346 0.1200876  8 -0.09130 0.99542
A1 - A3 -0.64677741 0.1581525  8 -4.08958 0.00867
A2 - A3 -0.63581395 0.1596403  8 -3.98279 0.01003
    p values are adjusted using the tukey method for 3 means
```

运行结果分为 3 个部分：首先是线性回归模型与各参数估计值(正规方程的解)，其中 F 值 = 18.59，p 值 = 0.0005778 < 0.001，表明线性模型极显著；其次是方差分析，指定 x 为协变量，A 为分类变量，对协变量 x 和分类变量 A 进行 F 检验；最后是计算处理效应的最小二乘平均值(least-squares means，LSM)，以及 3 个最小二乘平均值两两比较的结果。

方差分析结果，可以整理为两张表，其一是扣除协变量影响的协方差分析表，见表 4-11，其二是线性回归的方差分析表，见表 4-12。

表 4-11　协方差分析表

变异来源	自由度 df	平方和 SS	均方 MS	F 值	p 值
营林措施 A	2	0.67687	0.33844	9.512	0.00768 **
误差	8	0.28464	0.03558		

表 4-12　线性回归方差分析表

变异来源	自由度 df	平方和 SS	均方 MS	F 值	p 值
回归(x)	1	1.30766	1.30766	36.753	0.00030 ***
误差	8	0.28464	0.03558		

由表 4-11 可知，营林措施对林木生长量有显著影响。

由表 4-12 可知，协变量 x 与目标变量 y 之间线性回归关系极显著，因此协方差分析是有效的。

最小二乘平均值两两比较的结果表明，3 种营林措施中，A1 与 A2 之间差异不显著，而 A1 和 A3、A2 和 A3 之间均差异显著。

【例 4.4.2】为研究某杨树一年生生长与 N 肥、K 肥及初始苗高的关系，采用正交试验设计，共设置了 18 个样地的栽培试验，试验因子与水平及测量结果如表 4-13 所示。试分析 N 肥、K 肥及初始苗高对生长量的影响(双因素协方差分析)。

表 4-13　杨树生长量试验结果

样本	N	K/g	苗高/cm	生长量	样本	N	K/g	苗高/cm	生长量
1	少	0	4.5	1.85	10	多	0	6.5	2.15
2	少	0	6.0	2.00	11	多	0	6.0	1.99
3	少	0	4.0	1.60	12	多	0	6.5	2.06
4	少	12.5	6.5	2.00	13	多	12.5	4.0	1.93
5	少	12.5	7.0	2.04	14	多	12.5	6.0	2.10
6	少	12.5	5.0	1.91	15	多	12.5	5.5	2.15
7	少	25	7.0	2.40	16	多	25	5.0	2.20
8	少	25	5.0	2.25	17	多	25	6.0	2.30
9	少	25	5.0	2.10	18	多	25	5.5	2.25

注：N 肥，每株施肥量少于 50g 为“少”，反之为“多”。

分析代码如下：

```
######### 代码清单 4.4.2 #########
library(asreml); library(lsmeans)

df <-asreml.read.table( file = 'd4.4.2.csv', header = T, sep = ',' )
fit <-lm(mass ~ height + N + K, data = df )
summary(fit)
anova(fit)

lsmeans(fit, pairwise ~ N)
lsmeans(fit, pairwise ~ K)
```

运行结果如下：

```
> summary(fit)
Call:
lm(formula = mass ~ height + N + K, data = df)

Residuals:
     Min       1Q   Median       3Q      Max
-0.12939 -0.04157 -0.01494  0.06108  0.10897

Coefficients:
            Estimate Std. Error t value Pr(>|t|)
(Intercept)  1.41357    0.11526  12.264 1.61e-08 ***
height       0.10331    0.01947   5.307 0.000142 ***
Nlow        -0.09741    0.03524  -2.764 0.016100 *
K12.5        0.07139    0.04311   1.656 0.121657
K25          0.30833    0.04308   7.157 7.40e-06 ***
---
Signif. codes:  0 '***' 0.001 '**' 0.01 '*' 0.05 '.' 0.1 ' ' 1

Residual standard error: 0.07462 on 13 degrees of freedom
Multiple R-squared: 0.8773,Adjusted R-squared: 0.8395
F-statistic: 23.23 on 4 and 13 DF,  p-value: 8.024e-06
> anova(fit)
Analysis of Variance Table

Response: mass
          Df   Sum Sq  Mean Sq F value    Pr(>F)
height     1 0.162109 0.162109 29.1146  0.000122 ***
N          1 0.042721 0.042721  7.6726  0.015919 *
K          2 0.312564 0.156282 28.0680 1.917e-05 ***
Residuals 13 0.072384 0.005568
---
```

```
Signif. codes:  0 '***' 0.001 '**' 0.01 '*' 0.05 '.' 0.1 ' ' 1
> lsmeans(fit, pairwise ~ N)
$'N lsmeans'
    N     lsmean         SE df  lower.CL  upper.CL
 high   2.119816 0.02489645 13  2.066031  2.173602
  low   2.022406 0.02489645 13  1.968621  2.076192

$'N pairwise differences'
              estimate         SE df  t.ratio  p.value
high - low 0.09741021  0.03524209 13  2.76403   0.0161
p values are adjusted using the tukey method for 2 means

> lsmeans(fit, pairwise ~ K)
$'K lsmeans'
    K     lsmean         SE df  lower.CL  upper.CL
    0   1.944536 0.03046781 13  1.878715  2.010358
 12.5   2.015927 0.03048220 13  1.950075  2.081780
   25   2.252870 0.03046781 13  2.187048  2.318691

$'K pairwise differences'
                  estimate         SE df   t.ratio  p.value
   0 - 12.5  -0.07139099  0.04311174 13  -1.65595  0.25850
   0 -   25  -0.30833333  0.04308121 13  -7.15703  0.00002
12.5 -   25  -0.23694234  0.04311174 13  -5.49601  0.00028
p values are adjusted using the tukey method for 3 means
```

与例 4.4.1 类似，将方差分析结果整理成两张表，如表 4-14 和表 4-15 所示。

表 4-14　协方差分析表

变异来源	自由度 df	平方和 SS	均方 MS	*F* 值	*p* 值
N 肥	1	0.043	0.043	7.67	0.016 *
K 肥	2	0.313	0.156	28.07	1.9e-05 ***
误差	13	0.072	0.006		

表 4-15　线性回归方差分析表

变异来源	自由度 df	平方和 SS	均方 MS	*F* 值	*p* 值
回归(height)	1	0.162	0.162	29.11	0.0001 ***
误差	13	0.072	0.006		

由表 4-14 可知，N 肥和 K 肥分别对杨树生长量有显著和极显著影响。

由表 4-15 可知，协变量 height 与目标变量 mass 之间线性回归关系极显著，因此协方差分析是有效的。

最小二乘平均值两两比较的结果表明，对于N肥，两个最小二乘平均值之间差异显著。对于K肥，0与12.5g之间没有显著差异，而0与12.5g、12.5g与25g之间均有极显著差异。

对于双因素协方差分析，还可以分析两因素之间的交互作用，只需将回归模型中的“N + K”改为“N * K”即可，而实际上交互作用不显著，故省略。

4.5 显著性检验——t 检验

在实际工作中，经常需要判断两个样本平均数是否差异，以了解两样本所属的两个总体平均数是否相同。对于两个样本平均数差异显著性检验，可分为非配对设计和配对设计。检验方法可以使用 t 检验。

4.5.1 单样本检验

【例4.5.1】杨树某无性系试验林造林5年后，调查树高生长量，随机抽取32棵树，调查结果如表4-16所示。有一无性系B5的5年树龄树高 $\mu = 8$ m。试分析该试验林的树高与B5有无显著差异？

表4-16 某无性系杨树5年树龄树高

8.0	7.9	7.9	8.1
8.2	8.3	8.3	8.5
8.6	8.8	8.3	8.5
8.7	8.7	8.7	8.8
7.2	8.0	7.5	7.6
9.0	8.7	8.5	8.8
8.7	8.6	8.6	8.5
8.2	8.2	8.0	8.3

分析程序如下：

```
######### 代码清单 4.5.1 #########
height <-scan()
8.0 7.9 7.9 8.1
8.2 8.3 8.3 8.5
8.6 8.8 8.3 8.5
8.7 8.7 8.7 8.8
7.2 8.0 7.5 7.6
9.0 8.7 8.5 8.8
8.7 8.6 8.6 8.5
8.2 8.2 8.0 8.3

qqnorm(height)
qqline(height)          # 正态QQ图
plot(density(height)) # 核密度图
shapiro.test(height)  # 正态性检验

t.test( height, mu=8, alternative="two.sided" )
```

运行结果如图4-7所示：

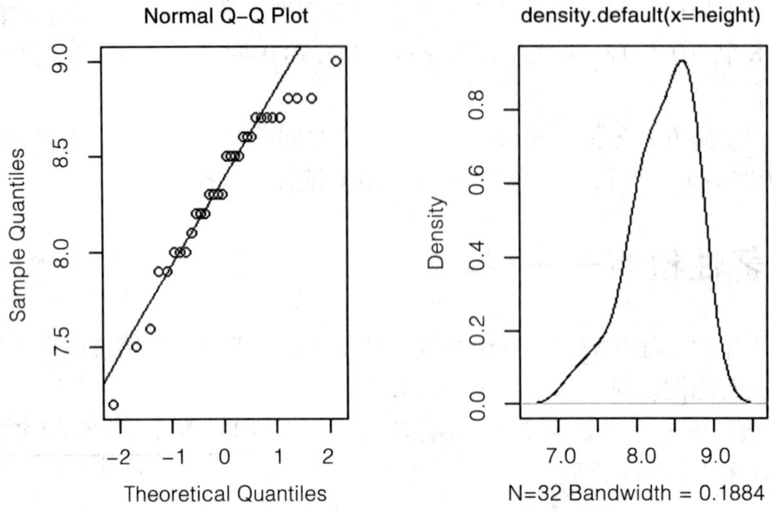

图 4-7　正态性检验

从运行的 Q－Q 图、数据几率分布图来看，以及 shapiro 正态性检验（$p>0.05$），说明调查的树高数据服从正态分布。

```
> shapiro.test(height)
        Shapiro-Wilk normality test
data:  height
W = 0.9375, p-value = 0.06344

> t.test(height, mu = 8, alternative = "two.sided")
        One Sample t-test
data:  height
t = 4.5186, df = 31, p-value = 8.492e-05
alternative hypothesis: true mean is not equal to 8
95 percent confidence interval:
8.183451 8.485299
sample estimates:
mean of x
8.334375
```

t 检验表明：第一，样品的平均值为 8.33，略高于 8；第二，p 值 $=8.492e-05<0.05$，说明该无性系的树高与 B5 的树高不同，存在显著差异。

注意：t.test( ) 函数中的 alternative 的值除了"two.sided"外，还有"greater"和"less"。本例中，使用了双尾 t 检验方法。如果只检验待测样本的平均值是否高于或低于已知样本的平均值时，就使用单尾 t 检验方法，alternative 参数相应得选择"greater"或"less"。

4.5.2　独立的双样本 t 检验

【例 4.5.2】马铃薯 2 个品种鲁引 1 号（LY1）和大西洋（DXY）的块茎干物质含量如

表 4-17 所示。试检验这 2 个品种的块茎干物质含量有无显著差异。

表 4-17　2 个马铃薯品种块茎干物质含量

品种	块茎干物质含量/%					
LY1	16. 68	20. 67	18. 42	18. 00	17. 44	15. 95
DXY	18. 68	23. 22	21. 42	19. 00	18. 92	

分析代码如下：

```
######### 代码清单 4. 5. 2 #########
weight <-scan()
16. 68  20. 67  18. 42  18  17. 44  15. 95
18. 68  23. 22  21. 42  19  18. 92  NA

Variety <-rep( c("LY1","DXY"), rep(6,2) )
df <-data. frame(Variety, weight)

a <-subset(df $ weight, Variety = = "LY1")
b <-subset(df $ weight, Variety = = "DXY")

var. test(a, b)              # 等方差检验
t. test(a, b, paired = F)    # t 检验
```

运行结果如下：

```
> var. test(a, b)
          F test to compare two variances

data:  a and b
F = 0. 6729, num df = 5, denom df = 4, p - value = 0. 6653
alternative hypothesis: true ratio of variances is not equal to 1
95 percent confidence interval:
0. 07185621 4. 97127448
sample estimates:
ratio of variances
         0. 6728954

> t. test( a, b, var. equal = T, paired = F)
         Two Sample t-test

data:  a and b
t = -2. 1808, df = 9, p-value = 0. 0571
```

```
alternative hypothesis: true difference in means is not equal to 0
95 percent confidence interval:
-4.86513222  0.08913222
sample estimates:
mean of x mean of y
   17.860    20.248
```

在上面的结果中，等方差检验的 p 值 =0.6653 >0.05，说明两样品的方差相同。

从 t 检验结果看，p 值 >0.05，表明 2 个品种的块茎干物质含量差异不显著，可以认为两者含量相同。

注意：t.test( ) 函数中 paired 参数，本例中设为 F，是因为两样本为非配对设计，如是配对设计时，设为 T 即可。

4.5.3 非独立的双样本 t 检验

【例 4.5.3】现有 2 个杨树品种 A、B，在每一不同类型的土壤中同时观测 A、B 在生长一段时间后的树高(m)，数据如表 4-18 所示。假设树高服从正态分布，在 a =0.05 水平上，试分析两品种 A、B 的树高是否有显著差异？

表 4-18　2 个杨树品种的树高　　单位：m

土壤类型	1	2	3	4	5	6	7	8
品种 A	7.12	7.26	4.78	7.69	4.25	4.96	6.28	4.82
品种 B	6.52	6.07	4.28	7.30	4.17	5.66	5.73	4.52

分析代码如下：

```
######### 代码清单 4.5.3 #########
height <-scan()
7.12  7.26  4.78  7.69  4.25  4.96  6.28  4.82
6.52  6.07  4.28  7.30  4.17  5.66  5.73  4.52

Variety <-rep( c("A", "B"), rep(8, 2))
df <-data.frame(Variety, height)

a <-subset( df $height, Variety = = "A" )  # 选取品种 A 的树高
b <-subset( df $height, Variety = = "B" )  # 选取品种 B 的树高
t.test(a, b, paired = T )
```

运行结果如下：

```
> t.test( a, b, paired = T )
        Paired t-test
data:  a and b
t =1.9207, df =7, p-value =0.09624
```

```
alternative hypothesis: true difference in means is not equal to 0
95 percent confidence interval:
 -0.08408033  0.81158033
sample estimates:
mean of the differences
                0.36375
```

从运行的结果看，t 值 = 1.92，概率 p 值 = 0.096 > 0.05，表明，在 0.05 水平上，两品种的树高没有显著差异。

4.6 χ^2 检验

卡方检验(chi-square test, χ^2 test)是参照卡方分配来计算概率和临界值的统计检验，是用途很广的一种假设检验方法。它在分类资料统计推断中的应用，包括：2 个比率比较的卡方检验，多个比率比较的卡方检验以及分类资料的相关分析。

卡方检验的分析过程如下：

① 建立零假说(null hypothesis)，假设观测值与理论值的差异是由随机误差所致；

② 确定数据间的实际差异，求出 χ^2 值；

③ 当卡方值大于某特定概率标准(即显著性差异)下的理论值时，拒绝零假说，即实测值与理论值的差异在该显著性水平下是显著的。

4.6.1 适合性检验

从实际执行多项式试验中得到的观察次数，与零假设的期望次数相比较，称为 χ^2 适合性检验，即在于检验二者接近的程度，利用样本数据以检验总体分布是否为某一特定分布的统计方法。

【例 4.6.1】某植物有基因型紫茎、缺刻叶植株(AACC)与绿茎、马铃薯叶植株(aacc)杂交得到紫茎、缺刻叶植株 F1，F1 自交后的 F2 结果如下表 4-19 所示。试分析这两对基因是否符合自由组合定律?

表 4-19 某植物不同基因型的实际观测值

紫茎、缺刻叶	紫茎、马铃薯叶	绿茎、缺刻叶	绿茎、马铃薯叶
255	93	86	30

分析代码和运行结果如下：

```
######### 代码清单 4.6.1 #########
ct <-c(255, 93, 86, 30)
pt <-c(9/16, 3/16, 3/16, 1/16)
chisq.test(ct, p=pt)
```

```
> chisq.test(ct, p=pt)    ### 运行结果 ###
        Chi-squared test for given probabilities

data:  ct
X-squared = 0.5977, df = 3, p-value = 0.897
```

由运行结果看，χ^2 值 = 0.5977，自由度 df = 3，p 值 = 0.897 > 0.05，所以这两对基因符合自由组合定律。

4.6.2 独立性检验

根据试验数据次数判断两类因子相互独立或彼此相关的假设检验称为独立性检验（test for independence），主要类型有 2×2、2×c、r×c 列联表的独立性检验。

4.6.2.1 2×2 列联表的独立性检验

【例 4.6.2.1】为防治小麦散黑穗病，播种前用某种药剂对小麦种子进行灭菌处理，以未经处理的小麦种子为对照，观察结果如表 4-20 所示。试分析种子灭菌对防止小麦散黑穗病是否有效？

表 4-20 防止小麦黑穗病的观察结果

处理方式	发病穗数	未发病穗数
种子灭菌	26	50
种子不灭菌	184	200

分析代码和运行结果如下：

```
######### 代码清单 4.6.2.1 #########
# 方法一
library(reshape)
df <-read.table( file = "d4.6.2.1.csv", header = T, sep = ',' )
df.2 <-melt(df, id = c("Treatment"))
colnames(df.2)[2:3] <-c("Type", "number")
df.table <-xtabs(cbind(number) ~ . , data = df.2)

chisq.test(df.table)

# 方法二
df <-matrix( c(26, 184, 50, 200), nr = 2,
            dimnames = list(c("MJ", "WMJ"), c( "FB", "WFB" )) )
chisq.test(df)

##### 运行结果 #####
> chisq.test(df.table)
    Pearson's Chi-squared test with Yates' continuity correction

data:  df.table
X-squared = 4.2671, df = 1, p-value = 0.03886
```

由于是 2×2 列联表独立性检验，df = 1，所以需进行连续性矫正（continuity correction）。由上面的结果可知，p 值 = 0.03886 < 0.05，表明种子灭菌与否和散黑穗病发病穗数显著相关。本例中，种子灭菌的发病率显著低于种子未灭菌的，所以小麦种子用该

药剂灭菌对防止小麦散黑穗病是有效的。

4.6.2.2　$2\times c$ 列联表的独立性检验

【例 4.6.2.2】某试验中，使用了甲、乙、丙 3 种农药，检测对烟蚜的毒杀效果。试验烟蚜数量：甲组 187 头，乙组 149 头，丙组 80 头。试验结果如表 4-21 所示。试分析 3 种农药对烟蚜的毒杀效果是否一致？

表 4-21　3 种农药毒杀烟蚜的死亡情况

毒杀效果	甲	乙	丙
死亡数/头	37	49	23
未死亡数/头	150	100	57

分析代码与例 4.6.2.1 类似，具体代码如下：

```
######### 代码清单 4.6.2.2 #########
# 方法一
library( reshape )
df <-read.table(file = "d4.6.2.2.csv", header = T, sep = ',' )
df.2 <-melt( df, id = c("Treatment") )
colnames( df.2 )[2:3] <-c( "Type", "number" )
df.table <-xtabs(cbind(number) ~ ., data = df.2)
chisq.test( df.table )

# 方法二
df <-matrix( c(37, 150, 49, 100, 23, 57), nr =2,
            dimnames = list( c("D", "UD"), c( "A", "B", "C" )) )

chisq.test( df )
```

运行结果如下：

```
> chisq.test(df.table)

    Pearson's Chi-squared test

data:  df.table
X-squared = 7.6919, df = 2, p-value = 0.02137
```

由上面的结果可知，χ^2 值 = 7.6919，自由度 df = 2，p 值 = 0.02137 < 0.05，表明 3 种农药对烟蚜的毒杀效果不一致，并且差异显著。

关于 2 种方法的代码说明：方法一虽然代码复杂，但如果原始数据有很多套时，方法一比方法二效果好。

4.6.2.3　$r\times c$ 列联表的独立性检验

【例 4.6.2.3】观察不同种植密度下某玉米单交种每株穗数的空秆株、一穗株、双穗和三穗株分布情况，结果如表 4-22 所示。试分析穗数分布是否与种植密度有关？

表 4-22　不同密度下玉米每株穗数的分布结果

种植密度/(千株/亩)	空秆株	一穗株	双穗和三穗株
2	12	224	76
4	60	548	39
6	246	659	28
8	416	765	47

与例 4.6.2.1 类似，分析代码如下：

```
######### 代码清单 4.6.2.3 #########

# 方法一
library(reshape)
df <-read.table( file = "d4.6.2.3.csv", header = T, sep = ',')
df.2 <-melt(df, id = c("Den"))
colnames(df.2)[2:3] <-c("Type", "number")
df.table <-xtabs( cbind(number) ~ ., data = df.2)
chisq.test(df.table)

# 方法二
df <-matrix(c( 12, 60, 246, 416,
              224, 548, 659, 765,
              76, 39, 28, 47),
              nr =4,
              dimnames = list(c(2, 4, 6, 8), c("N", "O", "TT")))
chisq.test(df)
```

运行结果如下：

```
> chisq.test(df.table)

        Pearson's Chi-squared test

data:  df.table
X-squared = 392.6328, df = 6, p-value < 2.2e -16
```

由上面的结果可知，χ^2 值 =392.6328，自由度 df =6，p 值 =2.2e − 16 <0.05，表明穗数分布与种植密度显著相关，本例中表现为：随着种植密度的增加，空秆株率和一秆株率增加，而双穗和三穗株率有所下降。因此，该玉米单交种要获得高产须根据玉米的株型确定合理的种植密度。

4.7 线性回归

前面几节介绍的统计分析——方差分析、t 检验和 χ^2 检验，每次分析只涉及一个变量，如产量、发病率等，未对变量之间的关系进行研究。而变量之间往往是相互影响、彼此相关的，例如产量与施肥量有关，病虫害发生时期与气温有关，小麦单位面积产量与单位面积穗数、千粒重有关，等等。因此，还需要研究两个或多个变量之间的关系。

变量之间相关的关系分为因果关系和平行关系。一个变量的变化受另一个或几个变量的影响，称为因果关系。两个变量之间相互影响，互为因果，称为平行关系。对于呈平行关系的变量，一般采用相关分析方法。相关分析有直线相关、复相关和偏相关。

统计学上，利用回归分析(regression analysis)来研究呈因果关系的变量之间的关系。

表示原因的变量为自变量，表示结果的变量为因变量。回归分析有一元和多元回归分析。

4.7.1 简单线性回归

【例 4.7.1】土壤内氮(N)含量对植物的生长有很大影响，表 4-23 给出了 N 含量($g \cdot kg^{-1}$) 和单位叶面积干物质量 weight ($mg \cdot dm^{-2}$)的测试结果，试进行干物质量与 N 含量的线性分析。

表 4-23 不同土壤 N 含量对单位叶面积干物重量的影响

N 含量 /($g \cdot kg^{-1}$)	58	59	60	61	62	63	64	65	66	67	68	69	70	71	72
干物质量 /($mg \cdot dm^{-2}$)	115	117	120	123	126	129	132	135	139	142	146	150	154	159	164

分析代码如下：

```
######### 代码清单 4.7.1 #########
df <-read.table( file='d4.7.1.csv', header=T, sep=',' )  #读入数据
fit <-lm( weight ~ N, data=df )  #线性回归模型

summary(fit)               #线性回归结果
df$weight                  #干物质量实际值
round(fitted(fit), 2)      #干物质量预测值
round(residuals(fit) , 2)  #干物质量残差值

plot(df$N, df$weight)      #绘制散点图
abline(fit)                #添加回归线
```

运行结果如下：

```
> summary(fit)
Call:
lm(formula=weight ~ N, data=women)

Residuals:
    Min      1Q  Median      3Q     Max
-1.7333 -1.1333 -0.3833  0.7417  3.1167
Coefficients:
             Estimate Std. Error t value Pr(>|t|)
(Intercept) -87.51667    5.93694  -14.74 1.71e-09 ***
N             3.45000    0.09114   37.85 1.09e-14 ***
---
Signif. codes:  0 '***' 0.001 '**' 0.01 '*' 0.05 '.' 0.1 ' ' 1
```

```
Residual standard error: 1.525 on 13 degrees of freedom
Multiple R-squared: 0.991,Adjusted R-squared: 0.9903
F-statistic:  1433 on 1 and 13 DF,  p-value: 1.091e-14

>df$weight
[1] 115 117 120 123 126 129 132 135 139 142 146 150 154 159 164
>  round(fitted(fit),2)
  1      2      3      4      5      6      7      8      9     10     11     12
112.58 116.03 119.48 122.93 126.38 129.83 133.28 136.73 140.18 143.63 147.08 150.53
  13     14     15
153.98 157.43 160.88
>  round(residuals(fit),2)     # round()函数控制输出小数点位数
   1     2     3     4     5     6     7     8     9    10    11    12    13    14   15
2.42  0.97  0.52  0.07 -0.38 -0.83 -1.28 -1.73 -1.18 -1.63 -1.08 -0.53  0.02  1.57 3.12
```

由运行结果可以得到回归方程：

$$weight = -87.52 + 3.45 \times N$$

模型检验统计量 F 值 =1433，p 值 = 1.091e-14 < 0.001，说明拟合效果极显著。

回归系数(3.45)显著不等于 0 ($p < 0.001$)，说明 N 含量每增加 1 $g \cdot kg^{-1}$，干物质量将增加 3.45 $mg \cdot dm^2$。R 平方项(0.991)表明该模型可以解释干物质量 99.1% 的方差，也是干物质量的实际值和预测值之间的相关系数。残差标准误(residual standard error)为 1.53，可认为是模型用 N 含量预测干物质量的平均误差。

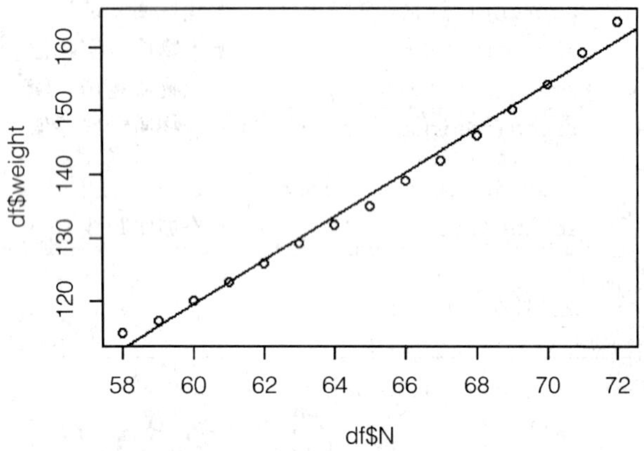

图 4-8　N 含量与干物质量的散点图和回归线

此外，还输出干物质量的实际值、预测值 fitted(fit)和残差值 residual(fit)。残差值结果表明，残差最大值在 N 含量最低和最高的地方出现，这点在图 4-8 中也可验证。

4.7.2　多项式回归

多项式回归也可以用一个自变量预测一个因变量。现仍以例 4.7.1 的数据集为例，演示二次项的回归分析。

分析代码如下：

```
######### 代码清单 4.7.2 #########
df <-read.table( file = 'd4.7.1.csv', header = T, sep = ',' )
fit <-lm( weight ~ N + I(N^2), data = df )    # 二次项回归模型
summary( fit )                                # 回归分析结果

plot( df $N, df $weight )                     # 绘制散点图
lines( df $N, fitted(fit) )                   # 添加回归线
```

运行结果如下：

```
> summary(fit)

Call:
lm(formula = weight ~ N + I(N^2), data = df)

Residuals:
     Min       1Q   Median       3Q      Max
-0.50941 -0.29611 -0.00941  0.28615  0.59706

Coefficients:
             Estimate Std. Error t value Pr(>|t|)
(Intercept) 261.87818   25.19677  10.393 2.36e-07 ***
N            -7.34832    0.77769  -9.449 6.58e-07 ***
I(N^2)        0.08306    0.00598  13.891 9.32e-09 ***
---
Signif. codes:  0 '***' 0.001 '**' 0.01 '*' 0.05 '.' 0.1 ' ' 1

Residual standard error: 0.3841 on 12 degrees of freedom
Multiple R-squared: 0.9995,Adjusted R-squared: 0.9994
F-statistic: 1.139e+04 on 2 and 12 DF,  p-value: < 2.2e-16
```

新的回归方程为：

$$weight = 261.88 - 7.35 \times N + 0.083 \times N^2$$

模型检验统计量 F 值 = 1432，p 值 = 2e−16 <0.001，说明拟合效果极显著。

模型的回归系数在 $p<0.001$ 水平上都非常显著。R 平方项为 99.9%，以及二次项的显著性（t 值 =13.89，$p<0.001$），表明包含二次项显著提高了模型的拟合度。图 4-9 也验证了二次回归确实比简单线性回归拟合得好。

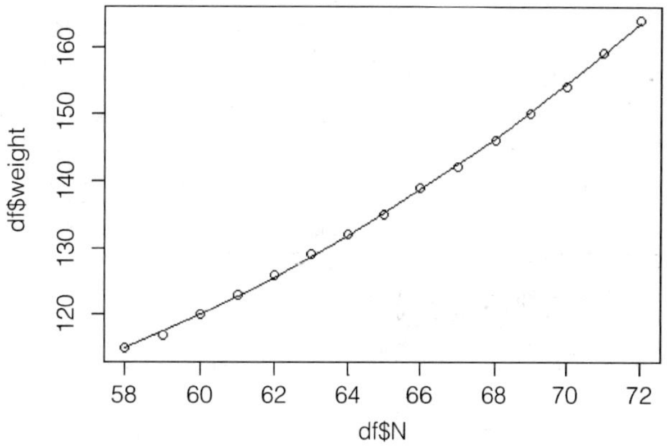

图 4-9　N 含量与干物质量 weight 的二次项回归

4.7.3 多元线性回归

多元线性回归分析包括：根据因变量与多个自变量的实际观测值建立多元线性回归方程；检验各自变量共同对因变量线性影响的显著性；检验每个自变量对因变量线性影响的显著性；选择仅对因变量有显著线性影响的自变量，从而建立最优多元线性回归方程。

【例 4.7.3】测定川农 16 号小麦在 20 个试验点的穗数（*x*1，万/亩*）、每穗粒数（*x*2）、千粒重（*x*3，g）、株高（*x*4，cm）和产量（*y*，kg/亩），结果如表 4-24 所示。试建立产量 *y* 的最优线性回归方程。

表 4-24 川农 16 号小麦试验数据

*x*1	*x*2	*x*3	*x*4	*y*
30.8	33.0	50.0	90	520.8
23.6	33.6	28.0	64	195.0
31.5	34.0	36.6	82	424.0
19.8	32.0	36.0	70	213.5
27.7	26.0	47.2	74	403.3
27.7	39.0	41.8	83	461.7
16.2	43.7	44.1	83	248.0
31.2	33.7	47.5	80	410.0
23.9	34.0	45.3	75	378.3
30.3	38.9	36.5	78	400.8
35.0	32.5	36.0	90	395.0
33.3	37.2	35.9	85	400.0
27.0	32.8	35.4	70	267.5
25.2	36.2	42.9	70	361.3
23.6	34.0	33.5	82	233.8
21.3	32.9	38.6	80	210.0
21.1	42.0	23.1	81	168.3
19.6	50.0	40.3	77	400.0
21.6	45.1	39.3	80	319.4
32.3	25.6	39.8	71	376.2

分析代码和运行结果如下：

* 注：1 亩≈666.67m^2。

```
######### 代码清单 4.7.3a #########
lmfit <-lm(y ~ x1 + x2 + x3 + x4, data=df)
summary(lmfit)

lmfit2 <-lm(y ~ x1 + x2 + x3, data=df)  # 去除不显著的自变量 X4
summary(lmfit2)

###### 运行结果 ######
> summary(lmfit)

Call:
lm(formula=y ~ x1 + x2 + x3 + x4, data=df)

Residuals:
   Min     1Q Median     3Q    Max
-71.09 -22.58   1.32  24.45  51.40

Coefficients:
             Estimate Std. Error t value Pr(>|t|)
(Intercept) -625.3583   114.3785  -5.467 6.49e-05 ***
x1            15.1962     2.1266   7.146 3.36e-06 ***
x2             7.3785     1.8886   3.907   0.0014 **
x3             9.5034     1.3419   7.082 3.73e-06 ***
x4            -0.8468     1.4929  -0.567   0.5790
---
Signif. codes:  0 '***' 0.001 '**' 0.01 '*' 0.05 '.' 0.1 ' ' 1

Residual standard error: 36.51 on 15 degrees of freedom
Multiple R-squared: 0.8944,Adjusted R-squared: 0.8663
F-statistic: 31.78 on 4 and 15 DF,  p-value: 3.656e-07
```

由上面的运行结果，可以看出：检验统计量 F 值 $=31.78$，p 值 $=3.656e-07<0.001$，说明四元线性回归关系极显著，因变量 y 对自变量 $x1$、$x2$、$x3$ 的偏回归极显著，但对 $x4$ 的偏回归不显著，所以去除 $x4$ 后，重新进行模型拟合。

去除不显著的自变量 $x4$ 后，重新拟合的结果如下：

```
> summary(lmfit2)

Call:
lm(formula=y ~ x1 + x2 + x3, data=df)

Residuals:
Min      1Q  Median      3Q     Max
-69.142 -24.455  4.611  25.355  50.550
```

```
Coefficients:
            Estimate Std. Error t value Pr(>|t|)
(Intercept) -649.779    103.695  -6.266 1.13e-05 ***
x1            14.592      1.801   8.101 4.71e-07 ***
x2             6.841      1.598   4.280 0.000574 ***
x3             9.329      1.278   7.299 1.78e-06 ***
---
Signif. codes:  0 '***' 0.001 '**' 0.01 '*' 0.05 '.' 0.1 ' ' 1

Residual standard error: 35.73 on 16 degrees of freedom
Multiple R-squared: 0.8922,Adjusted R-squared: 0.872
F-statistic: 44.13 on 3 and 16 DF,  p-value: 5.796e-08
```

由去除 $x4$ 的拟合结果可以看出：检验统计量 F 值 = 44.13，p 值 = 5.796e - 08 <0.001，说明三元线性回归关系极显著。此外，y 对 $x1$、$x2$、$x3$ 的偏回归都呈极显著。残差标准误(residual standard erro) =35.73，可认为是模型预测产量的平均误差。

因此，最优线性回归方程为：

$$y = -649.779 + 14.592 \times x1 + 6.841 \times x2 + 9.329 \times x3$$

回归方程表明：对于川农 16 号小麦而言，当 $x2$ 和 $x3$ 固定时，穗数 $x1$ 每增加 1 万/亩，产量 y 将平均增加 14.592 kg/亩；当 $x1$ 和 $x3$ 固定时，每穗粒数 $x2$ 每增加 1 粒，产量 y 将平均增加 6.841 kg/亩；当 $x1$ 和 $x2$ 固定时，千粒重 $x3$ 每增加 1g，产量 y 将平均增加 9.329 kg/亩。

上述最优多元线性回归方程中，自变量 $x1$、$x2$ 和 $x3$ 都对因变量 y 有显著影响，偏回归系数的绝对值大小表示了自变量 x 对 y 影响的程度，但不能通过偏回归系数的比较来确定对因变量 y 有显著影响的自变量的作用主次。

在 R 中，研究自变量对因变量作用的主次，有以下 2 种方法：

(1)计算通径系数(path coefficient，p)

通径系数 p 实际上就是标准化变量的偏回归系数，通过比较 p 绝对值的大小就可确定对因变量 y 有显著影响的自变量 x 的主次。R 可用 scale( ) 函数将数据标准化为均值为 0、标准差为 1 的数据集。

分析代码和结果如下：

```
############# 代码清单 4.7.3b ###########
df.2 <-as.data.frame( scale(df) )  # 对数据集做标准化处理
lmfit <-lm(y ~ x1 + x2 + x3, data=df.2)
round( coef ( lmfit ), 3) # 获取标准化回归系数

####### 运行结果 #######
> round(coef(lmfit),3)
(Intercept)          x1          x2          x3
      0.000       0.777       0.410       0.609
```

由上面的结果表明，穗数 $x1$、每穗粒数 $x2$、千粒重 $x3$ 对产量 y 影响的主次顺序为：穗数 $x1$ > 千粒重 $x3$ > 每穗粒数 $x2$。

(2)计算每个自变量的相对权重(relative weight，RW)

相对权重是对所有可能子模型添加一个预测变量引起的 R 平方平均增加量的一个近似值。利用 relweights( ) 函数，就可算出各自变量的相对权重，进而得到影响因变量 y 的作用主次。

relweights( ) 函数的代码如下：

```
relweights <-function(fit,...){
  R <-cor(fit $ model)
  nvar <-ncol(R)
  rxx <-R[2:nvar, 2:nvar]
  rxy <-R[2:nvar, 1]
  svd <-eigen(rxx)
  evec <-svd $ vectors
  ev <-svd $ values
  delta <-diag(sqrt(ev))
  lambda <-evec % * % delta % * % t(evec)
  lambdasq <-lambda ^ 2
  beta <-solve(lambda) % * % rxy
  rsquare <-colSums(beta ^ 2)
  rawwgt <-lambdasq % * % beta ^ 2
  import <-round((rawwgt / rsquare) * 100,2)
  lbls <-names(fit $ model[2:nvar])
  rownames(import) <-lbls
  colnames(import) <-"Weights"
  barplot(t(import), names.arg = lbls,
          ylab = "% of R-Square",
          xlab = "Predictor Variables",
          main = "Relative Importance of Predictor Variables",
          sub = paste("R-Square = ", round( rsquare, digits = 3 )),
          ...)
  return(import)
}
```

计算相对权重的代码和结果如下：

```
############# 代码清单 4.7.3c ###########
lmfit <-lm( y ~ x1 + x2 + x3, data = df )

relweights <-dget( "relweights.R" ) # 载入 relweights()函数
relweights( lmfit, col = "lightgrey" )  # 计算相对权重
```

```
######## 运行结果 ########
> relweights(lmfit, col = "lightgrey")
  Weights
x1    48.98
x2     6.11
x3    44.91
```

从运行结果和图 4-10 可以看出，预测的变量对模型方差的解释程度（R 平方为 0.892），$x1$ 变量解释了 48.98% 的 R 平方，$x2$ 变量解释了 6.11%，$x3$ 变量解释了 44.91%。因此，自变量 x 的主次顺序为：穗数 $x1$ > 千粒重 $x3$ > 每穗粒数 $x2$。

此外，从线性模拟回归的结果中，根据 $x1$、$x2$、$x3$ 回归系数的 t 值大小，也可判断自变量 x 的主次顺序，凡是 t 值较大者就是较重要的因子。结果与上述 2 种方法一致。

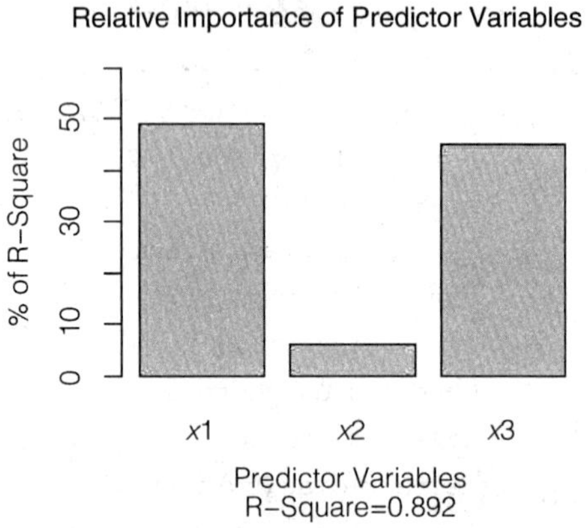

图 4-10　多元回归中各自变量相对权重的柱形图

4.7.4　有交互项的多元线性回归

【例 4.7.4】有一水稻试验，欲分析土壤氮（N）含量与钠离子（Na）含量对水稻产量的影响，结果如表 4-25 所示。试分析产量 yield（kg）与 N（$g \cdot kg^{-1}$）、Na（$g \cdot kg^{-1}$）含量的关系。

表 4-25　N 含量、Na 含量对水稻产量的影响

N	Na	yield	N	Na	yield
110	2.62	21.0	230	5.35	14.7
110	2.88	21.0	66	2.20	32.4
93	2.32	22.8	52	1.62	30.4
110	3.22	21.4	65	1.84	33.9
175	3.44	18.7	97	2.47	21.5
105	3.46	18.1	150	3.52	15.5
245	3.57	14.3	150	3.44	15.2
62	3.19	24.4	245	3.84	13.3
95	3.15	22.8	175	3.85	19.2
123	3.44	19.2	66	1.94	27.3
123	3.44	17.8	91	2.14	26.0
180	4.07	16.4	113	1.51	30.4
180	3.73	17.3	264	3.17	15.8
180	3.78	15.2	175	2.77	19.7
205	5.25	10.4	335	3.57	15.0
215	5.42	10.4	109	2.78	21.4

分析代码和运行结果如下：

```
######## 代码清单 4.7.4 ########
df <-read.table( file = 'd4.7.4.csv', header = T, sep = ',' )

fit <-lm( yield ~ N + Na + N:Na, data = df )  # 或者: yield ~ N* Na
summary(fit)

###### 运行结果 ######
> summary(fit)
Call:
lm(formula = yield ~ N + Na + N:Na, data = df )

Residuals:
Min       1Q   Median      3Q      Max
-3.0632  -1.6491  -0.7362  1.4211   4.5513

Coefficients:
               Estimate Std. Error t value Pr( > |t |)
(Intercept)  49.873463   3.608968    13.819 4.98e-14 * * *
N            -0.120471   0.024705    -4.876 3.89e-05 * * *
Na           -8.233967   1.270552    -6.481 5.07e-07 * * *
N:Na          0.027947   0.007422     3.766 0.000785 * * *
- - -
Signif. codes:  0 '* * * ' 0.001 '* * ' 0.01 '* ' 0.05 '.' 0.1 ' ' 1
Residual standard error: 2.153 on 28 degrees of freedom
Multiple R-squared: 0.8848,Adjusted R-squared: 0.8724
F-statistic: 71.66 on 3 and 28 DF,  p-value: 2.981e-13
```

从上述的运行结果看，N 含量与 Na 含量的交互作用是显著的，说明因变量与其中一个自变量的关系依赖于另一个自变量的水平，即水稻产量与 N 含量的关系依 Na 含量不同而不同。

预测产量 yield 的回归模型为：

$$yield = 49.81 - 0.12 \times N - 8.22 \times Na + 0.03 \times N \times Na$$

为了加深对上述回归模型的理解，现设定 Na 含量为2.0、3.0 和4.0 时，分析产量 yield 与 N 含量的关系变化。当 Na 含量为 2.0 时，$yield = 33.37 - 0.06 \times N$；当 Na 含量为3.0 时，$yield = 25.15 - 0.03 \times N$；当 Na 含量为4.0 时，$yield = 16.93 - 0.008 \times N$。上述结果说明，随着 Na 含量增加(2.0，3.0，4.0)，N 含量每增加一个单位就会引起产量 yield 预期的改变量减少(0.06，0.03，0.008)。

上述的交互效应，还能以图表示。

作图代码如下：

```
library(effects)
plot( effect( "N:Na", fit, list = ( Na = c(2.0, 3.0 ,4.0) ), multiline = T )
```

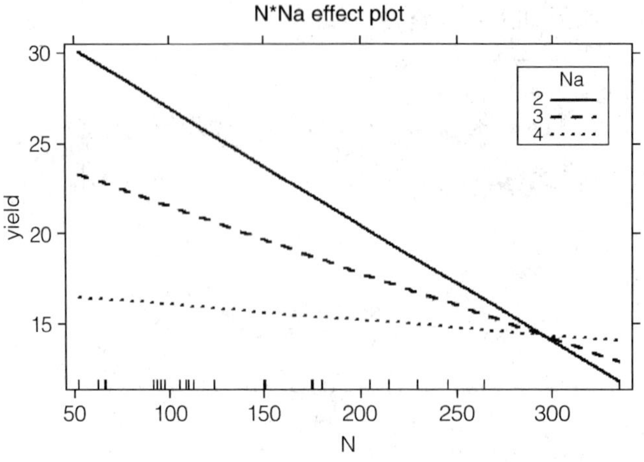

图 4-11　N × Na 的交互作用图形

从图 4-11 中可以看出，随着 Na 含量的增加，产量 yield 与 N 含量的关系减弱了，当 Na 为 4.0 时，回归线快接近水平，意味着即使 N 含量不断增加，产量 yield 也不会发生改变或变化幅度很小。

4.7.5　回归诊断

上文介绍了如何使用 lm( ) 函数进行回归分析，以及通过 summary( ) 函数获取模型参数和相关统计量。上述结果是基于数据满足回归模型统计假设的前提上，不过，模拟的回归模型是否合适，至关重要。因为数据的无规律性或者错误设定了自变量与因变量的关系，都将导致模型产生巨大的偏差。因此，有必要进行回归诊断。

回归模型的统计假设有以下 4 点：

① 正态性　当自变量固定时，因变量成正态分布，则残差值也应是一个均值为 0 的正态分布。

② 独立性　从收集的数据的经验知识判断因变量值的独立性。

③ 线性　如因变量与自变量线性相关，则残差值与预测值没有任何系统关联。

④ 同方差性　误差方差应该相同。

4.7.5.1　标准方法

对 lm( ) 函数返回的对象 object 使用 plot( ) 函数，可输出评价模型拟合的四幅图形：残差值与预测值图（residuals VS fitted）、正态 Q－Q 图（normal Q－Q）、位置尺度图（scale-location graph）和残差值与杠杆图（residuals VS leverage）。

以例 4.7.1 中的简单线性回归为例，进行判断模型统计假设。分析代码如下：

```
###### 代码清单 4.7.5.1 ######
fit <-lm( weight ~ N, data=df )
par(mfrow=c(2, 2)) # 图像输出,指定 2 行,每行 2 张图。
plot(fit)
```

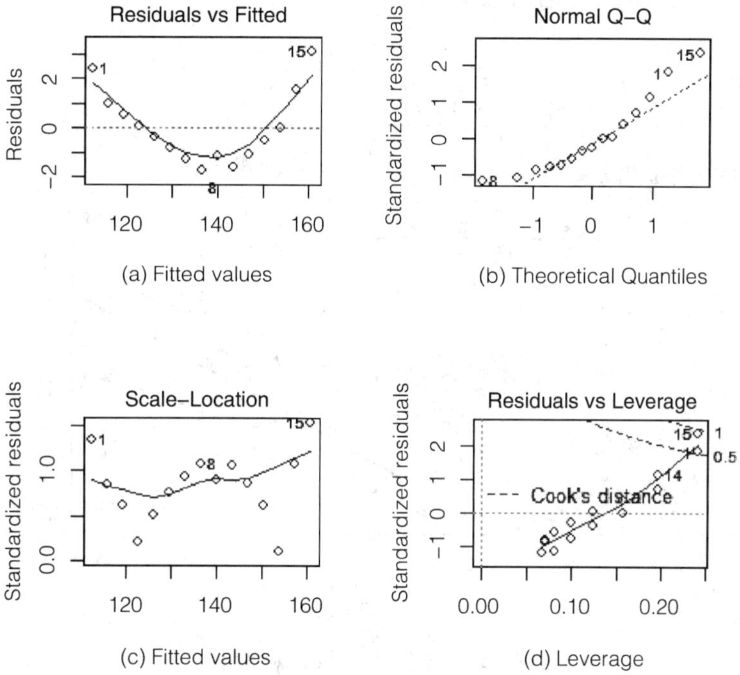

图 4-12　干物质量对 N 含量回归的诊断图

生成的图形如图 4-12 所示：

从图 4-12 中可以看出：

① 残差值与预测值图判断线性[图 4-12(a)]　当因变量与自变量线性相关时，残差值与预测值没有任何关联，因此，该图应该为点随机分布于直线两侧。本例中看到的是一曲线关系，说明模型回归需要加上一个二次项。

② Q－Q 图判断正态性[图 4-12(b)]　正态 Q－Q 图，是在正态分布对应的值下，标准化残差的概率。当满足正态假设时，图上的点应该落在呈 45°角的直线上。

③ 位置尺度图判断同方差性[图 4-12(c)]　当满足不变方差假设时，在位置尺度图中，图中的点应该随机分布于水平线周围。

④ 残差与杠杆图判断异常点[图 4-12(d)]　从图形中可以鉴别出离群点、高杠杆点和强影响点。下文还将叙述如何判断异常点，这里不再多述。

4.7.5.2　改进方法

car 包提供了大量拟合和评价回归模型的判断函数。

(1)正态性判断

与基础包中的 plot( ) 函数对比，qqplot( ) 函数提供了更为精确的正态假设检验方法，qqplot 画出在 $n-p-1$ 个自由度的 t 分布下的学生化残差(studentized residual)，其中 n 是样本个数，p 是回归参数的数量(包括截距项)。

以例 4.7.1 的数据为例，进行正态性判断。qqplot 绘图代码如下：

```
######## 代码清单 4.7.5.2a ########
library(car)
fit <-lm( weight ~ N, data = df )
qqPlot( fit, main = "Q - Q Plot" )
```

生成的 Q – Q 图如图 4-13：

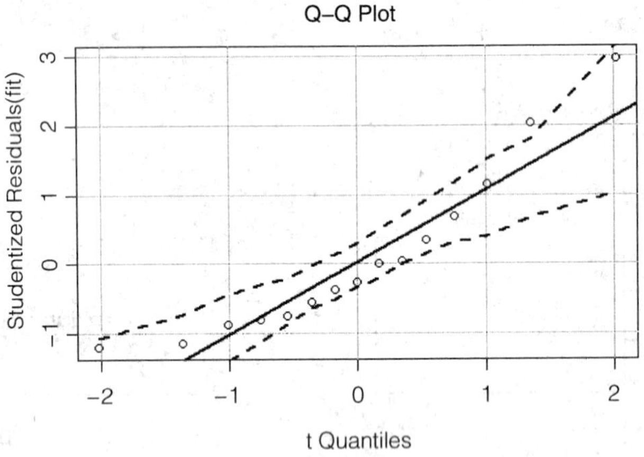

图 4-13　学生化残差的 Q – Q 图

从图 4-13 中可以看出，实线为回归线性，两条曲线为置信区间，除了有个别点异常外，其余的点基本都落在置信区间内，说明正态性假设符合得较好。

(2) 误差独立性判断

car 包中提供了一个可做 Durbin – Wastson 检验的函数，能够检验误差的相关性。在多元回归分析中，可使用下面的代码进行 Durbin – Wastson 检验：

```
######## 代码清单 4.7.5.2b ########
library(car)
df2 <-read.table( file = 'd4.7.3.csv', header = T, sep = ',' )
lmfit <-lm( y ~ x1 + x2 + x3, data = df2 )
durbinWastonTest(lmfit)
###### 运行结果 ######
> durbinWatsonTest(lmfit)
lag Autocorrelation D-W Statistic p-value
1        0.1737985        1.608005    0.312
Alternative hypothesis: rho !  = 0
```

从运行的结果看，p 值 = 0.312 > 0.05，说明误差无自相关性，即误差之间相互独立。滞后项(lag = 1)表明数据集中每个数据都是与其后一个数据进行比较的。该检验适用于时间独立的数据。

(3) 线性判断

成分残差图(component plus residuals plot)或偏残差图(partial residual plot)，可以判断因变量与自变量之间是否呈非线性关系，也可判断是否有不同于已设定线性模型的系统偏差。

该图可通过 car 包的 crplots( ) 函数绘制。

以例 4. 7. 3 的数据为例，进行回归线性判断。代码如下：

```
######## 代码清单 4. 7. 5. 2c ########
df2 <-read.table( file = ' d4. 7. 3. csv', header = T, sep = ',' )
lmfit <-lm( y ~ x1 + x2 + x3, data = df2 )

library( car )
crPlots( lmfit )
```

生成的图形如图 4-14 所示。

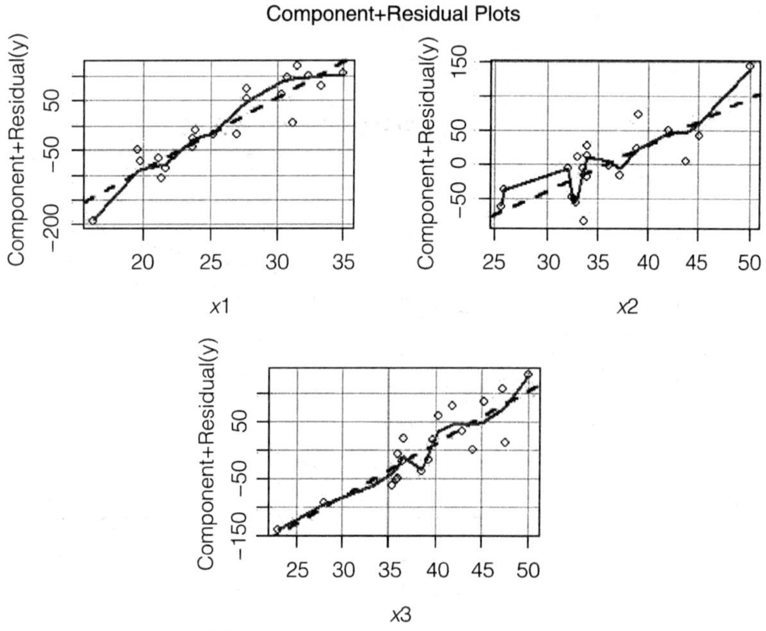

图 4-14　小麦产量对穗数、每穗粒数和千粒重回归的成分残差图

从图 4-14 中可以看出，虚线与实线比较接近，表明因变量对各自变量的拟合曲线均为线性关系，证实了多元线性回归的线性假设。

(4) 同方差性判断

car 包中提供了 2 个函数，可以判断误差方差是否相同。ncvTest( ) 函数生成一个计分检验，零假设为误差方差不变，备择假设为误差方差随着预测拟合值水平的变化而变化。若检验显著，则说明存在异方差性。

```
library(car)
ncvTest(lmfit)
```

数据和回归模型同代码清单 4. 7. 5. 2c，运行结果如下：

```
> ncvTest(lmfit)
Non-constant Variance Score Test
Variance formula: ~ fitted.values
Chisquare = 2.207898      Df = 1      p = 0.1373057
```

从结果可以看出，p 值 = 0.137 > 0.05，计分检验不显著，说明满足误差方差不变的假设。

此外，spreadLevelPlot( )函数创建一个添加了最佳拟合曲线的散点图，展示标准化残差绝对值与预测拟合值的关系。

分析代码如下：

```
spreadLevelPlot(lmfit)
```

生成的图形如下：

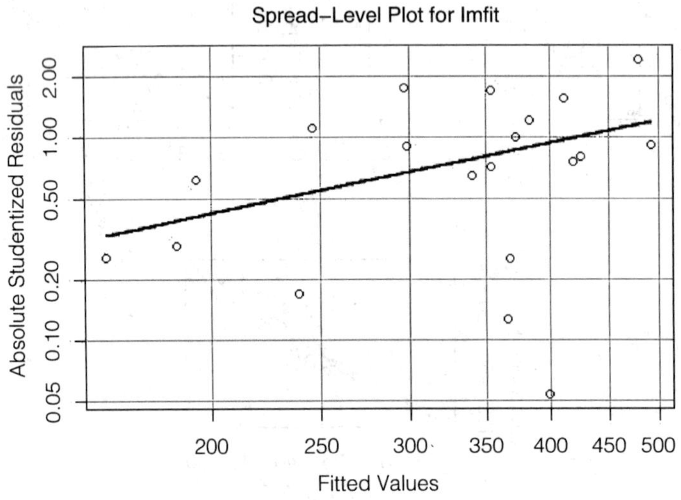

图 4-15　评估方差不变的分布水平图

由图 4-15 可看出，最佳拟合曲线为直线，且点随机分布于拟合曲线周围，说明符合同方差性假设。如果不符合同方差性假设，拟合曲线会是一个非水平的曲线。同时，代码运行还提供了一个因变量数据幂次变换的建议，经过变换后，非恒定的误差方差将会恒定。

4.7.5.3　综合判断

gvlma 包中的 gvlma( )函数，能对线性模型假设进行综合验证，还可做偏度、峰度和异方差性的评价。数据和回归模型同代码清单 4.7.5.2c，代码和运行结果如下：

从运行的结果可以看出，综合验证(global stat)的 p 值 = 0.8442 > 0.05，说明数据满足回归模型所有的统计假设。

```
library(gvlma)
summary(gvlma(lmfit))

#### 运行结果 ####
    ASSESSMENT OF THE LINEAR MODEL ASSUMPTIONS
    USING THE GLOBAL TEST ON 4 DEGREES-OF-FREEDOM:
    Level of Significance =  0.05

    Call:
     gvlma(x = lmfit)
                           Value p-value              Decision
    Global Stat          1.40005  0.8442 Assumptions acceptable.
    Skewness             0.31247  0.5762 Assumptions acceptable.
    Kurtosis             0.41557  0.5192 Assumptions acceptable.
    Link Function        0.04438  0.8331 Assumptions acceptable.
    Heteroscedasticity 0.62763  0.4282 Assumptions acceptable.
```

4.7.6 异常值判断

异常值包括离群点、高杠杆点和强影响点，这些数据与其他观测值差异较大，可能会对结果产生较大的影响，因此有必要进行更深入的研究。

4.7.6.1 离群点

离群点(outlier)是指那些模型预测效果不佳的观测点。这些值通常具有很大、或正或负的残差。正的残差说明了模型低估了因变量，负的残差则刚好相反。

除了上述提到的 Q - Q 图，将落在置信区间外的点视为离群点。此外，还可利用 car 包的 outlierTest( )函数来查找离群点。数据和回归模型同代码清单 4.7.5.2c。

```
> outlierTest(lmfit)

 No Studentized residuals with Bonferonni p < 0.05
 Largest |rstudent|:
   rstudent unadjusted p-value Bonferonni p
 8 -2.437261           0.027726      0.55452
```

如上面的结果所示，p 值 =0.55452 >0.05，不显著，说明数据中没有离群点。如果存在离群点，则应当删除离群点，再进行模型回归分析。

4.7.6.2 高杠杆点

高杠杆点(high leverage points)，是与其他自变量有关的离群点，由许多异常的自变量值组合起来的，与因变量没有关系。

帽子统计量可以判断高杠杆点的存在。如观测点的帽子值大于帽子均值的 2 或 3 倍，即可视为高杠杆点。可通过下述的帽子函数 hat. plot( )来判断高杠杆点。

现以 R 基础包自带的数据集 state. X77 为例，进行高杠杆点的判断。

```
######## 代码清单 4.7.6.2 ########
##### 帽子函数 hat.plot( )#####
hat.plot <-function (fit) {
                p <-length(coefficients(fit))
                n <-length(fitted(fit))
                plot( hatvalues(fit), main = "Index Plot of Hat Values" )
                abline( h = c(2,3) * p/n, col = "red", lty = 2 )
                identify(1:n, hatvalues(fit), names(hatvalues(fit)) )
            }

##### 分析代码 #####
states <-as.data.frame(state.x77[ ,c("Murder", "Population", "Illiteracy",
"Income" , "Frost")] )
fit <-lm( Murder ~ Population + Illiteracy + Income + Frost, data = states )
hat.plot(fit)
```

运行结果如图 4-16 所示。

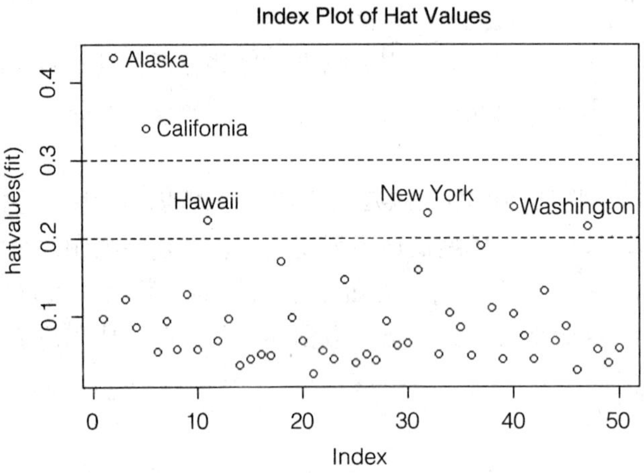

图 4-16 state. X77 数据集中的高杠杆值点

图 4-16 中的两条水平虚线分别为帽子均值的 2 倍和 3 倍，当数据超过这两条虚线时，就可认为是高杠杆点。因此，图中的 Alaska、California、Hawaii、New York 和 Washington 均是高杠杆点。

4.7.6.3 强影响点

强影响点(influential observations)是对模型参数估计值影响有些比例失衡的点。假如，移除模型的一个观测点时，模型发生了巨大的改变，则需要监测数据中是否存在强影响点，可以通过 Cook 距离判断强影响点。

以例 4.7.1 的数据集为例，进行强影响点的判断，分析代码如下：

```
######## 代码清单 4.7.6.3 ########

df <-read.table( file = 'd4.7.1.csv', header = T, sep = ',' )
fit <-lm(weight ~ N, data = df)
cutoff <-4/(nrow(df)-length(fit $ coefficients)-2)
plot(fit, which = 4, cook.levels = cutoff)
abline( h = cutoff, lty = 2, col = "red" )
```

运行结果如图 4-17 所示，由图可以判断，第 1、第 15 个对应的数据是强影响点。如删除这些点，将可能导致回归模型截距项和回归系数发生显著变化。

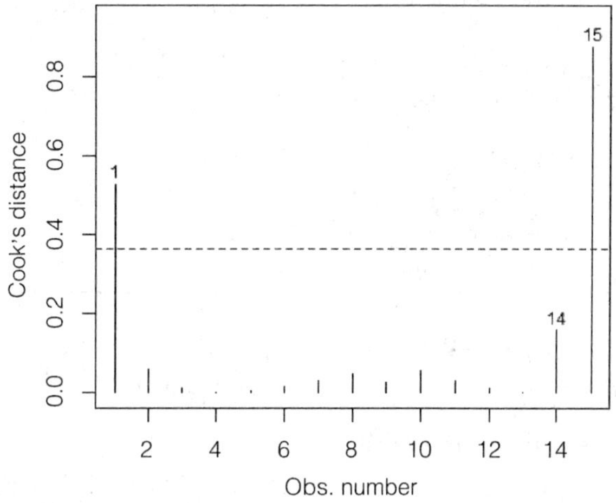

图 4-17 鉴别强影响点的 Cook 距离图

4.7.7 回归模型的改进措施

根据上述的方法进行回归诊断，如果不满足模型回归的假设，则可考虑以下的方法处理违背回归假设的问题：

①删除异常的观测点；

②变量值的变换；

③添加或删除变量；

④使用其他回归方法。

这里侧重介绍变量值的变换，以达到满足回归假设的条件。

car 包中的 powerTransform( ) 函数可以进行变量值变换的建议，其原理是利用 λ 的最大似然估计来建议变量值的变换形式。λ 的常见值和变换形式见表 4-26。

表 4-26 λ 的常见值和变换形式

λ 值	−2	−1	−0.5	0	0.5	1	2
变换形式	$1/Y^2$	1/Y	1/sqrt	Log Y	sqrt	不变	Y^2

现仍以例 4.7.1 的数据为例，进行干物质量 weight 变换的探索。分析代码如下：

```
######## 代码清单 4.7.7 ########
library(car)
df <-read.table( file = 'd4.7.1.csv', header = T, sep = ',' )
summary(powerTransform(df $ weight))
```

运行结果如下：

```
> summary(powerTransform(df $ weight))
bcPower Transformation to Normality

           Est.Power Std.Err. Wald Lower Bound Wald Upper Bound
df $ weight    -0.661   2.6335          -5.8226           4.5006

Likelihood ratio tests about transformation parameters
                          LRT df      pval
LR test, lambda = (0) 0.0631722  1 0.8015506
LR test, lambda = (1) 0.3998862  1 0.5271480
```

结果表明，可以用 weight -0.66 来正态化变量 weight。由于 -0.66 很接近 -0.5，可尝试用平方根的倒数变换来提高模型正态性的符合程度。但 $\lambda = 0$ 和 $\lambda = 1$ 的假设都无法拒绝零假设(p 值 >0.05)，因此不需要变量变换。

除了利用 car 包中的 powerTransform( ) 函数进行探索变量值变换的方式外，还可根据经验，对以下的几种数据做相关的转换，以满足正态性的条件：

①对于各组数据的均方与平均值之间有某种比例关系的数据，尤其总体呈泊松分布的，则采用平方根转换。如果数据中含有 0 或多数数值 <10 时，则采用($X+1$)后，再做平方根处理；

②如果各组数据的标准差与平均值成比例，则进行对数(常用对数 $\log X$ 或自然对数 $\ln X$)变换。如果数据中含有 0，则采用($X+1$)后，再做对数处理；

③对于服从二项式分布的百分率数据，比如发芽率、感病率、死亡率等，则对百分率的值进行反正弦转换。

4.7.8 最佳回归模型的选择

在进行回归分析时，往往需要从众多可能的模型中做选择。是否所有的变量都要包括？去掉哪个对预测贡献不显著的变量？是否需添加多项式或交互项来提高拟合度？下文将从模型比较、逐步回归和全子集回归法来探究最佳模型的选择。

4.7.8.1 模型比较

R 基础包中自带的 anova( ) 函数可以比较 2 个嵌套模型的拟合优度。嵌套模型是指一个模型完全包含在另一个模型之中。以例 4.7.3 数据集为例，探究模型比较。

分析代码如下：

```
######### 代码清单 4.7.8.1 #########
df <-read.table( file = 'd4.7.3.csv', header = T, sep = ',' )

fit1 <-lm( y ~ . , data = df )
fit2 <-lm( y ~ x1 + x2 + x3, data = df )
anova(fit2, fit1)
```

运行结果如下:

```
> anova(fit2, fit1)
Analysis of Variance Table

Model 1: y ~ x1 + x2 + x3
Model 2: y ~ x1 + x2 + x3 + x4
  Res.Df   RSS Df Sum of Sq      F Pr(>F)
1     16 20424
2     15 19996  1    428.86 0.3217  0.579
```

在本例中，模型 1 嵌套在模型 2 中。anova( )函数对是否应该添加 *x*4 到线性模型中进行了检验，结果表明，p 值 =0.579 >0.05，检验不显著，因此不需要将 *x*4 到线性模型中。

如果有很多个变量，上述的方法就不太可行了，这时可采用逐步回归和全子集回归的方法。

4.7.8.2　逐步回归

在逐步回归(stepwise regression)中，模型会每次添加或删除一个变量，直至达到某个判停准则为止。向前逐步回归(forward stepwise)是每次添加一个变量到模型中，直到添加变量不会使模型有所改进为止。向后逐步回归(backward stepwise)则从所有变量开始，每次删除一个变量，直到降低模型质量为止。向前向后逐步回归(stepwise stepwise)，结合了向前和向后逐步回归的方法，变量每次进入一个，其他的变量都会重新评价，对模型没有贡献的变量进行删除，预测变量可能会被添加、删除多次，直到获得最优模型为止。

MASS 包中的 stepAIC( )函数可以实现逐步回归模型(向前、向后和向前向后)，依据的是精确 AIC 准则。现以例 4.7.3 的数据集为例，进行向后逐步回归分析。

分析代码如下:

```
########### 代码清单 4.7.8.2 ###########

library(MASS)
df <-read.table( file = 'd4.7.3.csv', header = T, sep = ',' )

fit1 <-lm( y ~ . , data = df )
stepAIC(fit1, direction = "backward")
```

运行结果如下:

```
> stepAIC(fit1, direction = "backward")
Start:  AIC = 148.15
y ~ x1 + x2 + x3 + x4

       Df Sum of Sq   RSS    AIC
- x4    1       429 20424 146.57
<none>              19995 148.15
- x2    1     20346 40342 160.19
- x3    1     66859 86855 175.53
- x1    1     68069 88064 175.80

Step:  AIC = 146.58
y ~ x1 + x2 + x3

       Df Sum of Sq    RSS    AIC
<none>               20424 146.57
- x2    1     23384  43808 159.84
- x3    1     68003  88428 173.88
- x1    1     83770 104195 177.17

Call:
lm(formula = y ~ x1 + x2 + x3, data = df)

Coefficients:
(Intercept)          x1          x2          x3
   -649.779      14.592       6.841       9.329
```

由上面的结果可以看出，模型开始时包含 4 个预测变量，然后每一步 AIC 提供了删除一个行中变量后模型的 AIC 值，<none> 中的 AIC 值表示没有变量被删除时模型的 AIC 值。第一步，*x*4 被删除，AIC 从 148.15 降低到 146.57；第二步，再删除变量将会增加 AIC，因此终止选择过程。所以，最终的回归方程为：

$$y = -649.779 + 14.592 \times x1 + 6.841 \times x2 + 9.329 \times x3$$

4.7.8.3 全子集回归

全子集回归(all-subsets regression)，对所有可能的模型都进行检验。全子集回归可以用 leaps 包的 regsubsets( ) 函数实现。仍以例 4.7.3 的数据集为例，进行全子集回归分析。

分析代码如下：

```
######## 代码清单 4.7.8.3 ########
library(leaps)
df <-read.table( file = 'd4.7.3.csv', header = T, sep = ',' )
leaps <-regsubsets(y ~ ., data = df, nbest = 4 )
plot(leaps, scale = "adjr2")
```

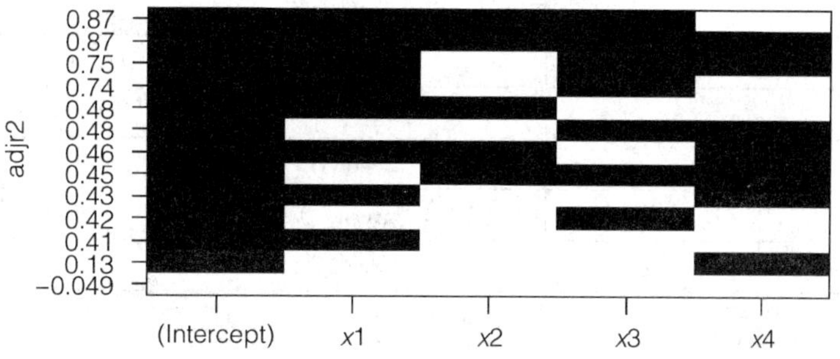

图4-18 基于调整 R^2，不同子集大小的4个最佳模型

运行结果如图4-18所示。

由图4-18中可以看出，最底行只含有截距项(intercept)和 $x2$ 的模型，调整 R^2 为 -0.049；再往上，当模型含有截距项(intercept)和 $x4$，调整 R^2 为0.13；一直往上到最顶端，当模型含有截距项(intercept)、$x1$、$x2$ 和 $x3$ 时，调整 R^2 为0.87。因此，含有 $x1$、$x2$ 和 $x3$ 三变量的模型是最佳模型。

一般而言，全子集回归的效果要优于逐步回归。但当变量很多时，全子集回归的速度将会很慢。

4.7.9 广义线性模型

广义线性模型(generalized linear model，GLM)是线性模型的扩展，其特点是不强行改变数据的自然度量，数据可以具有非线性和非恒定方差结构，主要是通过连接函数g()，建立响应变量 Y 的数学期望值与线性组合的预测变量 P 之间的关系。与线性模型相比，GLM模型中 Y 的分布可以是任何形式的指数分布(如高斯分布、泊松分布、二项式分布)，连接函数可以是任何单调可微函数(如对数函数log或逻辑函数logit)。GLM模型可以处理非正态分布的响应变量，同时可包含定性、半定量的预测变量；Y 通过连接函数g(E(Y))与线性预测因子 P 建立联系，不仅确保线性关系，且可保证预测值落在响应变量的变幅内，并可解决数据过度离散的问题，从而使GLM逐渐成为重要模型，并得到越来越多的关注。

R用于广义线性回归的函数是glm()，它的使用形式为：

```
glm( formula, family = family( link = function ), data = data.frame )
```

和lm()相比，glm()唯一的一个新特性就是描述族的参数family。它是产生函数和表达式列表的函数名字，这些函数用于定义和控制模型的构建与计算过程。尽管开始看起来有点复杂，但它们非常容易使用。

函数glm()给定的族见表4-27中的“族名”。当选择一个关联函数时，该关联函数名和族名可以同时在括弧里面作为参数设定。在拟(quasi)家族里面，方差函数也是以这种方式设定。

表 4-27 glm( )的参数

分布族	默认连接函数
binomial	(link = "log")
gaussian	(link = "identity")
gamma	(link = "inverse")
inverse. aussian	(link = "1/mu^2")
poisson	(link = "log")
quasi	(link = "identity", variance = "constant")

glm( )函数可拟合 Logistic 回归、poisson(泊松)回归和生存分析等流行模型。Logistic 回归适用于二元响应变量(0, 1),泊松回归适用于在给定时间内响应变量为事件发生数目的情况。现假设有一个数据框 mydata,里面含有一个响应变量 *Y*,3 个预测变量 *X*1、*X*2 和 *X*3,对 Logistic 回归、泊松回归做一个简单的模型示范。

分析代码如下:

```
glm(Y ~ X1 + X2 + X3, family = binomial(link = "logit"), data = mydata) # Logistic 回归
glm(Y ~ X1 + X2 + X3, family = poisson(link = "log"), data = mydata)  # poisson(泊松)回归
```

与 lm( )函数相似,glm( )也可通过 summary( )、coef( )、confint( )、residuals( )、anova( )、plot( )和 predict( )函数,来分别提取模型拟合情况、截距项与斜率、置信区间、残差值、方差分析表、回归诊断图和预测值。

4.7.9.1 Logistic 回归

在研究二元分类响应变量与诸多自变量间的相互关系时,常选用 Logistic 回归模型。将二元分类响应变量 *Y* 记为"成功"或"失败",分别用 0 和 1 表示。对响应变量 *Y* 有影响的 *p* 个自变量(解释变量)记为 X_1, X_2, …, X_p。在 *m* 个自变量的作用下出现"成功"的条件概率记为 $p = P(Y = 1 \mid X_1, X_2, \cdots, X_m)$,那么 Logistic 回归模型表示为:

$$p = \frac{\exp\ (\beta_0 + \beta_0 X_0 + \beta_1 X_1 + \cdots + \beta_p X_p)}{1 + \exp\ (\beta_0 + \beta_0 X + \beta_1 X_1 + \cdots + \beta_p X_p)}$$

其中,β_0称为常数项或截距,β_1, β_2, …, β_p称为 Logistic 回归模型的回归系数。

从上面的方程中可以看出,Logistic 回归模型是一个非线性的回归模型,自变量(X_1, X_2, …, X_p)可以是连续变量,也可以是分类变量或哑变量(dummy variable)。对自变量任意取值,$(\beta_0 + \beta_1 X_1 + \beta_2 X_2 + \cdots + \beta_p X_p)$总落在$(-\infty, +\infty)$中,因此 *p* 的取值总在 0 到 1 之间变化,这是 *p* 的合理取值区间。

对上述的方程作 logit 变换,Logistic 回归模型可以写成下列线性形式:

$$\text{logit}(p) = \ln\left(\frac{p}{1-p}\right) = \beta_0 + \beta_0 X_0 + \beta_1 X_1 + \cdots + \beta_p X_p$$

使用线性回归模型对参数 β_0, β_1, β_2, …, β_p进行估计。

【例 4.7.9.1】某地调查了 601 名路人心情和工作、家庭等因素的情况，部分数据如表 4-28 所示。其中，*x*1 是性别，*x*2 是年龄，*x*3 是工龄，*x*4 是有无小孩，*x*5 是宗教信仰(1 ~5 分，分越高，代表宗教信仰度越大)，*x*6 是学历，*x*7 是职业，*x*8 是对工作的自我评价(1 ~5 分，分越高，代表工作满意度越大)，mood 是心情状态(好：Good，坏：Bad)。试建立心情状态与上述变量之间的方程。

表 4-28　路人心情好坏影响因素的调查结果

*x*1	*x*2	*x*3	*x*4	*x*5	*x*6	*x*7	*x*8	mood
male	37	10	no	3	18	7	4	Good
female	27	4	no	4	14	6	4	Good
female	32	15	yes	1	12	1	4	Good
male	57	15	yes	5	18	6	5	Good
male	22	0.75	no	2	17	6	3	Good
female	32	1.5	no	2	17	5	5	Good
female	22	0.75	no	2	12	1	3	Good
male	57	15	yes	2	14	4	4	Good
female	32	15	yes	4	16	1	2	Good
male	22	1.5	no	4	14	4	5	Good
male	37	15	yes	2	20	7	2	Good
male	27	4	yes	4	18	6	4	Good
male	47	15	yes	5	17	6	4	Good
female	22	1.5	no	2	17	5	4	Good
female	27	4	no	4	14	5	4	Good
female	37	15	yes	1	17	5	5	Good

本例可用 Logistics 回归进行分析，代码和结果如下：

```
fm <-glm(mood ~ x1 + x2 + x3 + x4 + x5 + x6 + x7 + x8, data = df, family = binomial )
> summary(fm)  ### 运行结果 ###

Call:
glm(formula = mood ~ x1 + x2 + x3 + x4 + x5 + x6 + x7 + x8, family = binomial,
data = df)

Deviance Residuals:
    Min        1Q    Median       3Q       Max
-1.5713   -0.7499   -0.5690   -0.2539   2.5191
```

```
Coefficients:
             Estimate Std. Error z value Pr(>|z|)
(Intercept)   1.37726    0.88776   1.551 0.120807
x1male        0.28029    0.23909   1.172 0.241083
x2           -0.04426    0.01825  -2.425 0.015301 *
x3            0.09477    0.03221   2.942 0.003262 **
x4yes         0.39767    0.29151   1.364 0.172508
x5           -0.32472    0.08975  -3.618 0.000297 ***
x6            0.02105    0.05051   0.417 0.676851
x7            0.03092    0.07178   0.431 0.666630
x8           -0.46845    0.09091  -5.153 2.56e-07 ***
---
Signif. codes:  0 '***' 0.001 '**' 0.01 '*' 0.05 '.' 0.1 ' ' 1
```

从上述运行的结果看，其中 *x*1、*x*4、*x*6 和 *x*7 对方程的贡献都不显著，因 p 值 > 0.05，所以需去除这些变量后，重新拟合模型。

```
fm2 <-glm(mood ~ x2 + x3 + x5 + x8, data=df, family=binomial )

> summary(fm2)  ### 运行结果 ###

Call:
glm(formula=mood ~ x2 + x3 + x5 + x8, family=binomial, data=df)

Deviance Residuals:
    Min       1Q   Median       3Q      Max
-1.6278  -0.7550  -0.5701  -0.2624   2.3998

Coefficients:
             Estimate Std. Error z value Pr(>|z|)
(Intercept)   1.93083    0.61032   3.164 0.001558 **
x2           -0.03527    0.01736  -2.032 0.042127 *
x3            0.10062    0.02921   3.445 0.000571 ***
x5           -0.32902    0.08945  -3.678 0.000235 ***
x8           -0.46136    0.08884  -5.193 2.06e-07 ***
---
Signif. codes:  0 '***' 0.001 '**' 0.01 '*' 0.05 '.' 0.1 ' ' 1
```

去除 *x*1、*x*4、*x*6 和 *x*7 参数后，模型中的每个回归系数都非常显著，p 值 < 0.05，说明这个模型比较理想。

关于上述 2 个模型的比较，读者也可以使用 anova( ) 函数和卡方检验进行验证。

模型比较的代码和结果如下：

```
anova(fm2, fm, test = "Chisq")

 > anova(fm2, fm, test = "Chisq")
Analysis of Deviance Table

Model 1: mood ~ x2 + x3 + x5 + x8
Model 2: mood ~ x1 + x2 + x3 + x4 + x5 + x6 + x7 + x8
  Resid. Df Resid. Dev Df Deviance Pr( > Chi)
1       596     615.36
2       592     609.51  4   5.8474    0.2108
```

卡方检验结果表明，p 值 $=0.2108>0.05$，模型 fm2 和 fm 的模拟拟合程度一样好，即模型 fm2 中 4 个变量即可达到完整模型 fm 的拟合效果。

确定模型 fm2 后，即可建立 Logistics 回归模型：

$$p=\frac{\exp(1.93-0.04x1+0.10x3-0.33x5-0.46x8)}{1+\exp(1.93-0.04x1+0.10x3-0.33x5-0.46x8)}$$

与线性回归模型一样，得到了回归方程后，即可进行预测。预测的代码和结果如下：

```
test <-data.frame( x2 = c(20, 30, 40, 50, 60), x3 = c(1, 5, 15, 20, 25),
                  x5 = c(1:5), x8 = c(1:5) )
test $prob <-predict(fm, newdata = test, type = "response")

 > test
  x2 x3 x5 x8       prob
1 20  1  1  1 0.3692012
2 30  5  2  2 0.5510614
3 40 15  3  3 0.5846348
4 50 20  4  4 0.7274676
5 60 25  5  5 0.8350425
```

从上面的结果可知，随着年龄、工龄、宗教信仰程度、工作满意度的增加，心情好状态的概率将呈增加的趋势。

4.7.9.2　泊松回归

泊松回归(poisson regression)是统计学上用来为计数资料和列联表建模的一种回归分析。泊松回归假设反应变量 Y 符合泊松分布，并假设其期望值的对数可被未知参数的线性组合建模。对需要通过一系列连续型或类别型自变量来预测计数型响应变量时，泊松回归是一个非常有用的工具。

【例 4.7.9.2】现有某医院在非器质性心脏病并且仅有胸闷症状的就诊者中随机收集 30 个患者在 24h 中的早搏数 y，试问早搏是否与吸烟 $X1$、喝咖啡 $X2$ 和性别 $X3$ 有关？试验结果见表 4-29、4-30。

表 4-29　某医院非器质性心脏病伴有胸闷患者情况

ID	X1	X2	X3	y	ID	X1	X2	X3	y
1	0	1	1	11	16	1	0	0	11
2	0	0	0	7	17	0	1	1	8
3	0	0	0	3	18	1	0	1	9
4	1	0	1	5	19	0	0	0	8
5	0	0	0	2	20	1	0	0	5
6	1	1	1	13	21	0	1	1	5
7	0	1	0	6	22	1	1	0	8
8	1	0	1	10	23	1	1	0	13
9	0	0	0	4	24	0	0	1	8
10	1	0	1	7	25	1	0	0	6
11	0	0	0	1	26	0	0	1	4
12	0	0	1	9	27	0	0	0	6
13	0	0	1	6	28	1	1	1	13
14	1	1	1	17	29	1	1	0	9
15	0	0	0	5	30	0	0	1	5

表 4-30　*X* 因子各自水平

	X1	X2	X3
0	不吸烟	不喝咖啡	女性
1	吸烟	喝咖啡	男性

分析代码如下：

```
########### 代码清单 4.7.9.2 poisson analysis #########
library(asreml)

df <-asreml.read.table( file='d4.7.9.2.csv', header=T, sep=',' )

fm <-glm( y ~ X1 + X2 + X3, family=poisson, data=df )

fm2 <-glm( y ~ X1 + X2, family=poisson, data=df )

summary(fm2)
anova(fm)
anova(fm2, fm, test="Chisq")
```

运行结果如下：

```
> fm <-glm( y ~ X1 + X2 + X3, family=poisson, data=df )
> summary(fm)
```

```
Call:
glm(formula = y ~ X1 + X2 + X3, family = poisson, data = df)
Deviance Residuals:
    Min       1Q   Median      3Q     Max
-2.0024  -0.7002  -0.1436  0.7304  1.4793
Coefficients:
            Estimate Std. Error z value Pr(>|z|)
(Intercept)   1.5066     0.1323  11.389  < 2e-16 ***
X11           0.4162     0.1381   3.014  0.00258 **
X21           0.4012     0.1382   2.903  0.00369 **
X31           0.2546     0.1362   1.870  0.06154 .
---
Signif. codes:  0 '***' 0.001 '**' 0.01 '*' 0.05 '.' 0.1 ' ' 1

(Dispersion parameter for poisson family taken to be 1)

    Null deviance: 51.515  on 29  degrees of freedom
Residual deviance: 23.516  on 26  degrees of freedom
AIC: 143.8

Number of Fisher Scoring iterations: 4
> anova(fm, test = "Chisq")
Analysis of Deviance Table

Model: poisson, link: log

Response: y

Terms added sequentially (first to last)

     Df Deviance Resid. Df Resid. Dev  Pr(>Chi)
NULL                    29     51.515
X1    1  15.0386        28     36.476 0.0001053 ***
X2    1   9.4270        27     27.049 0.0021381 **
X3    1   3.5334        26     23.516 0.0601441 .
---
Signif. codes:  0 '***' 0.001 '**' 0.01 '*' 0.05 '.' 0.1 ' ' 1
```

运行的结果中，第一部分的 glm 回归表明 *X*3 的回归系数对方程的贡献不显著(p 值 $=0.06 > 0.05$)。此外，第二部分给出了似然比统计量，当引入 *X*1 时，偏差统计量为 36.476，p 值 $=0.0001 < 0.05$，再引入 *X*2 时，偏差统计量为 27.049，模型的差异有显著意义(p 值 $=0.002 < 0.05$)；再引入 *X*3 时，偏差统计量为 23.516，模型的差异没有显著意义(p 值 $=0.06 > 0.05$)，说明 *X*3 对模型的贡献不显著，应舍弃，重新进行拟合。

```
> fm2 <-glm( y ~ X1 + X2, family = poisson, data = df )
> summary(fm2)

Call:
glm(formula = y ~ X1 + X2, family = poisson, data = df)

Deviance Residuals:
     Min        1Q    Median        3Q       Max
-2.23054  -0.83799  -0.00136   0.67990   1.54652
Coefficients:
            Estimate Std. Error z value Pr(>|z|)
(Intercept)   1.6334     0.1103  14.805  < 2e-16 ***
X11           0.4176     0.1390   3.005  0.00266 **
X21           0.4280     0.1383   3.094  0.00197 **
---
Signif. codes:  0 '***' 0.001 '**' 0.01 '*' 0.05 '.' 0.1 ' ' 1

(Dispersion parameter for poisson family taken to be 1)

    Null deviance: 51.515  on 29  degrees of freedom
Residual deviance: 27.049  on 27  degrees of freedom
AIC: 145.33

Number of Fisher Scoring iterations: 4
> anova(fm2, fm, test = "Chisq")
Analysis of Deviance Table

Model 1: y ~ X1 + X2
Model 2: y ~ X1 + X2 + X3
  Resid. Df Resid. Dev Df Deviance Pr(>Chi)
1        27     27.049
2        26     23.515  1   3.5334  0.06014 .
---
Signif. codes:  0 '***' 0.001 '**' 0.01 '*' 0.05 '.' 0.1 ' ' 1
```

去掉 $X3$ 后，模型中的每个回归系数都非常显著，p 值 <0.05，说明这个模型比较理想。同时，卡方检验结果表明，p 值 $=0.06>0.05$，模型 fm2 和 fm 的模拟拟合程度一样好，即模型 fm2 中 2 个变量即可达到完整模型 fm 的拟合效果。

确定模型 fm2 后，即可建立 poisson 回归模型：

$$\ln(y)=1.633+0.418\,X1+0.428\,X2$$

该模型显示，吸烟与否 $X1$、喝咖啡与否 $X2$ 与早搏数的增加有显著影响。具体表现为：吸烟者比不吸烟者、喜欢喝咖啡者比不喝咖啡者更易导致早搏数的增加，但早搏数与性别没有关系。

4.8　相关分析

变量之间相互关系大致可分为 2 种类型，即函数关系和相关关系。函数关系是指变量之间存在的相互依存关系，它们之间的关系可以用某一方程(函数) $y = f(x)$ 表达出来；相关关系是指 2 个变量的数值变化存在不完全确定的依存关系，它们之间的数值不能用方程表示出来，但可用某种相关性度量来描述。相关关系是相关分析的研究对象，而函数关系则是上文中回归分析的研究对象。

相关的种类繁多，按照不同的标准可有不同的划分。按照相关程度的不同，可分为完全相关、不完全相关和不相关；按照相关方向的不同，可分为正相关和负相关；按照相关形式的不同，又可分为线性相关和非线性相关；按涉及变量的多少可分为一元相关和多元相关；按影响因素的不同，可分为单相关和复相关。此外，相关值的大小表示相关关系的强弱程度(完全相关时为 1，完全不相关时为 0)。

4.8.1　相关的类型

R 语言可以计算多种相关，包括 Pearson 相关、Spearman 相关、Kendall 相关、偏相关、多分格(polychoric)相关和多系列(polyserial)相关。

4.8.1.1　Pearson、Spearman 和 Kendall 相关

Pearson 相关是积差相关，衡量 2 个定量变量之间的线性相关程度，可描述 2 个正态分布变量间线性相关关系的密切程度。Spearman 相关是等级相关，衡量分级定序变量之间的相关程度。Kendall 相关，也是一种非参数的等级相关。当两变量不符合正态分布时，变量间的关系应通过计算 Spearman 或 Kendall 相关来考察。

cor( )函数可以计算上述 3 种相关系数，cov( )函数可以计算协方差。这两个函数的使用模板为：

```
cor( X, use = ”A”, method = ”B” )
```

其中，*X* 是数据集；*A* 参数指定缺失数据的处理方式；*B* 参数指定相关类型，可以是“pearson”、“spearman”或“kendall”。默认情况下，*A* 是“everything”(所有观测值)，*B* 是“pearson”。

【例 4.8.1.1】在某杉木林分内随机抽取 30 棵树，测定了树高 *h* (m)、胸径 *dbh* (cm)、材积 *v* (m^3)、心材比例 *cpro* (%)、木材基本密度 *wd* (kg/m^3)、木材吸水率 *wpro* (%)、管胞长度 *tl* (μm)、管胞宽度 *tw* (μm)和管胞长宽比 *lrt*，测试结果如表 4-31 所示。试分析各性状之间的相关系数。

表 4-31　杉木各性状的测定结果

TreeID	*h*	*dbh*	*v*	*cpro*	*wd*	*wpro*	*tl*	*tw*	*lrt*
9001	15	40.7	0.987	64.00	266.7	309.6	3255	49.09	66.30
9002	16	45.4	1.297	55.58	253.1	329.7	3248	46.00	70.62
9003	16	41.6	1.092	25.77	257.2	323.4	3334	47.90	69.60

（续）

TreeID	*h*	*dbh*	*v*	*cpro*	*wd*	*wpro*	*tl*	*tw*	*lrt*
9004	16	43.5	1.193	57.93	256.6	324.3	3133	44.83	69.89
9005	11	25.0	0.286	55.89	292.3	276.7	3755	48.09	78.08
9006	13	28.8	0.439	70.46	296.3	272.1	3599	47.22	76.23
9007	15	30.0	0.541	50.46	303.8	263.8	3711	48.60	76.36
9008	12	26.0	0.334	80.06	322.2	245.0	3694	46.44	79.55
9009	13	33.1	0.578	57.80	271.0	303.6	2965	43.47	68.20
9010	11	22.8	0.239	60.95	242.3	347.4	2855	46.40	61.52
9011	12	28.6	0.403	55.98	357.6	214.2	2745	48.67	56.39
9012	11	27.0	0.333	55.18	364.2	209.2	2958	46.00	64.31
9013	11	30.7	0.429	61.81	247.5	338.7	3546	43.00	82.46
9014	12	28.8	0.409	65.59	356.0	215.5	2864	45.78	62.56
9015	12	27.5	0.373	64.70	454.3	154.7	3293	40.15	82.01
9016	11	25.4	0.295	54.29	273.3	300.5	3666	52.17	70.27
9017	9	26.4	0.266	65.93	293.2	275.7	3925	46.73	83.98
9018	11	24.7	0.280	75.56	277.6	294.8	3436	47.23	72.74
9019	11	29.6	0.399	61.36	336.9	231.5	3937	46.90	83.95
9020	12	27.0	0.360	62.63	315.2	251.9	3727	54.31	68.62
9021	13	32.2	0.547	67.30	332.7	235.2	3618	50.89	71.10
9022	13	31.8	0.534	61.56	288.2	281.5	3056	46.12	66.26
9023	13	33.0	0.575	59.08	294.3	274.4	3280	47.58	68.93
9024	12	26.9	0.358	54.48	295.8	272.7	3249	52.73	61.62
9025	13	30.8	0.502	66.02	287.4	282.6	3658	45.13	81.06
9026	12	29.7	0.435	65.95	290.1	279.3	3821	46.68	81.85
9027	12	30.5	0.458	55.12	283.1	287.8	3552	44.86	79.18
9028	13	32.5	0.557	52.89	299.6	268.4	3559	42.13	84.49
9029	12	30.0	0.443	60.89	347.8	222.1	3338	52.78	63.24
9030	11	28.6	0.373	64.78	324.6	242.7	3258	46.39	70.24

分析代码如下：

```
####### 代码清单 4.8.1.1 #######

options(digits=2)
df <-read.table(file='d4.8.1.1.csv', header=T, sep=',')
df <-df[,2:10]  # 创建数据集 df

cov(df)
cor(df)                         # 计算 pearson 相关系数
cor(df, method="spearman") # 计算 spearman 相关系数
```

cov(df)计算了方差(对角值)和协方差，cor(df) 计算了 pearson 相关系数，cor(df, method = "spearman")计算了 spearman 等级相关系数。从运行的结果可知，不同的相关

方法，得到的相关值有差异，但正负相关是一致的。整体而言，材积 *v* 和胸径 *dbh* 之间呈强的正相关，而木材基本密度 *wd* 和木材吸水率 *wpro* 之间呈强的负相关。但整体变量之间的相关趋势是怎样的，可见 4.8.3 节的相关图。相关图很直观、形象地给出了各变量之间的相关模式。

```
> cov(df)
          h    dbh       v    cpro      wd    wpro     tl      tw    lrt
h      2.88    8.1   0.416    -6.8   -21.6    23.6   -114  -0.201  -2.22
dbh    8.09   30.6   1.483   -21.2   -86.0    94.1   -325  -2.653  -3.13
v      0.42    1.5   0.074    -1.1    -4.6     5.1    -18  -0.098  -0.25
cpro  -6.78  -21.2  -1.089    86.4    90.6  -101.2    538  -2.208  14.62
wd   -21.64  -86.0  -4.589    90.6  1939.4 -1876.2  -1256 -11.655  -1.20
wpro  23.64   94.1   5.093  -101.2 -1876.2  1892.9    284  -2.278   3.12
tl  -114.11 -324.9 -17.919   538.2 -1255.7   284.1 109016 170.587 2071.07
tw    -0.20   -2.7  -0.098    -2.2   -11.7    -2.3    171  10.016 -11.74
lrt   -2.22   -3.1  -0.250    14.6    -1.2     3.1   2071 -11.741  62.60
> cor(df)   # 计算 pearson 相关系数
          h    dbh      v    cpro      wd    wpro     tl     tw     lrt
h     1.000  0.862   0.90  -0.430 -0.2896  0.3202 -0.204 -0.037 -0.1650
dbh   0.862  1.000   0.98  -0.413 -0.3529  0.3908 -0.178 -0.152 -0.0715
v     0.900  0.984   1.00  -0.430 -0.3825  0.4297 -0.199 -0.113 -0.1161
cpro -0.430 -0.413  -0.43   1.000  0.2214 -0.2503  0.175 -0.075  0.1988
wd   -0.290 -0.353  -0.38   0.221  1.0000 -0.9793 -0.086 -0.084 -0.0035
wpro  0.320  0.391   0.43  -0.250 -0.9793  1.0000  0.020 -0.017  0.0091
tl   -0.204 -0.178  -0.20   0.175 -0.0864  0.0198  1.000  0.163  0.7928
tw   -0.037 -0.152  -0.11  -0.075 -0.0836 -0.0165  0.163  1.000 -0.4689
lrt  -0.165 -0.071  -0.12   0.199 -0.0035  0.0091  0.793 -0.469  1.0000
> cor(df, method = "spearman")   # 计算 spearman 相关系数
          h    dbh      v   cpro      wd    wpro     tl     tw     lrt
h     1.000   0.81   0.90  -0.20  -0.218   0.218 -0.214 -0.051  -0.132
dbh   0.812   1.00   0.98  -0.22  -0.296   0.296 -0.206 -0.267   0.020
v     0.900   0.98   1.00  -0.24  -0.263   0.263 -0.208 -0.188  -0.030
cpro -0.202  -0.22  -0.24   1.00   0.168  -0.168  0.215 -0.060   0.225
wd   -0.218  -0.30  -0.26   0.17   1.000  -1.000  0.087  0.165  -0.032
wpro  0.218   0.30   0.26  -0.17  -1.000   1.000 -0.087 -0.165   0.032
tl   -0.214  -0.21  -0.21   0.22   0.087  -0.087  1.000  0.257   0.755
tw   -0.051  -0.27  -0.19  -0.06   0.165  -0.165  0.257  1.000  -0.362
lrt  -0.132   0.02  -0.03   0.22  -0.032   0.032  0.755 -0.362   1.000
```

4.8.1.2　偏相关

偏相关(partial correlation)是描述在控制一个或多个定量变量保持不变时，指定的 2 个变量之间的相关关系。ggm 包中的 pcor( ) 函数可以计算偏相关。ggm 包安装时，还需

要安装 graph 和 BRGL 包，方可使用。

函数 pcor( )的使用格式为：

```
pcor(u, S)
```

其中，***u*** 是一个数值向量，前两个数值表示要计算相关系数的变量的下标，其余的数值为保持不变的变量的下标；***S*** 是变量的协方差矩阵。

偏相关系数的显著性检验可以采用 ggm 包中的 pcor. test( )函数。该函数可用来检验在控制一个或多个额外变量时两个变量之间的相关显著性。

函数 pcor. test( )的使用格式为：

```
pcor.test(r, q, n)
```

其中，*r* 是偏相关系数值；*q* 是控制变量的数量；*n* 是样本大小。

仍以例 4. 8. 1. 1 的数据集为例，进行偏相关系数计算，并检验其显著性。分析代码如下：

```
####### 代码清单 4.8.1.2 ########
library(ggm)
# source( "http://bioconductor.org/biocLite.R" )
# biocLite( c("graph", "RBGL" ))

pcor( c(1, 3, 2), cov(df) )
pcor.test( 0.58, 1, 30 )
```

上述代码的说明：ggm 包安装时还需要 graph 和 RBGL 2 个程序包的支持，它们不在 CRAN 资源里，因此 source( )和 biocLite( )两句用于这两程序包的安装。本例中，假定胸径 *dbh* 不变时，计算树高 *h* 和材积 *v* 之间的偏相关系数，并验证其显著性。

运行结果如下：

```
> pcor(c(1, 3, 2), cov(df))
[1] 0.58
> pcor.test(0.58, 1, 30)
$tval
[1] 3.7

$df
[1] 27

$pvalue
[1] 0.00097
```

从结果可知，在固定胸径 *dbh* 不变情况下，树高 *h* 和材积 *v* 之间的偏相关系数为 0. 58，且极显著(p 值 $=0.00097<0.001$)。而上文中，树高 *h* 和材积 *v* 之间的 pearson 相关为 0. 90，2 个相关值差异较大，其原因可能是后者没有考虑胸径 *dbh* 因素的影响。

4.8.1.3 典型相关

典型相关分析(canonical correlation)是研究两组变量之间的相关关系。其基本思想是：首先在每组变量中找出变量的线性组合，使其具有最大相关性，然后再在每组变量中找出第二对线性组合，使其分别与第一对线性组合不相关，而第二对本身具有最大的相关性，如此继续下去，直到两组变量之间的相关性被提取完毕为止。有了这样线性组合的最大相关，则讨论两组变量之间的相关，就转化为只研究这些线性组合的最大相关，从而减少研究变量的个数。当两组变量较多时，一般采用类似主成分分析的作法，在每一组变量中都选择若干个有代表性的综合指标(变量的线性组合)，通过研究两组综合指标之间的关系来反映两组变量之间的相关关系。

R 基础包中自带的 cancor( )函数就可完成典型相关分析。其使用格式如下：

```
cancor(x, y, xcenter = T, ycenter = T)
```

其中，***x***、***y*** 是两组变量的数据矩阵；xcenter 和 ycenter 是逻辑变量；*T* 表示将数据中心化(默认选项)。

【例 4.8.1.3】在一植物群落中设置了 8 个样地，调查了 3 个物种 a、b、c 的多度分布，以及土壤 pH 值、土壤有机质含量 Org(%) 2 个环境因子，结果列于表 4-32 中。试利用典型相关分析法来分析植物分布与这两个因子的关系。

表 4-32　3 个物种多度分布，土壤 pH 值以及土壤有机质含量 Org　　单位:%

样地	1	2	3	4	5	6	7	8
pH	4.62	4.58	4.64	4.66	4.73	4.75	4.71	4.83
Org	3.81	3.96	4.30	4.10	5.42	5.68	7.02	6.83
物种 a	50	60	58	71	90	121	131	128
物种 b	36	55	45	78	91	121	141	151
物种 c	110	112	120	125	132	146	148	151

分析代码如下：

```
######### 代码清单 4.8.1.3 #########
df <-read.table( file = "d4.8.1.3.csv", header = T, sep = "," )

df.ca <-cancor(df[ ,4:6], df[ ,2:3])
```

运行结果如下：

```
> df.ca
$cor
[1] 0.9699986 0.6623267

$xcoef
           [,1]        [,2]
pH   -1.5856616   8.4875284
Org -0.2041342  -0.4986676
```

```
$ycoef
           [,1]        [,2]        [,3]
Sa -0.0005897819 -0.07039791 -0.03886597
Sb -0.0026988644  0.01091616  0.04992166
Sc -0.0147591438  0.11494326 -0.05387704

$xcenter
  pH  Org
4.69 5.14

$ycenter
    Sa     Sb      Sc
88.625  89.750 130.500
```

结果说明：

① $cor 给出了典型相关系数；$xcoef 是对应于数据 *X* 的系数，即为关于数据 *X* 的典型载荷；$ycoef 为关于数据 *Y* 的典型载荷；$xcenter 与 $ycenter 是数据 *X* 与 *Y* 的中心，即样本均值；

② 第一对典型变量的表达式为：

环境：U1 = -1.586 pH -0.204 Org

物种：V1 = -0.0006 Sa -0.0027 Sb -0.0148 Sc

第一对典型变量的相关系数为 0.970。

第二种方法，利用 Habing 博士自定义的 cancor2( ) 函数进行典型相关系数计算。cancor2( ) 函数除了给出典型相关系数、各变量系数外，还提供了一个 *F* 统计以检验典型相关系数的显著性。

分析代码和运行结果如下：

```
> cancor2(df[,2:3], df[,4:6])
$Summary
       R RSquared     LR ApproxF NumDF DenDF pvalue
1 0.9700   0.9409 0.0332  4.4902     6     6 0.0451
2 0.6623   0.4387 0.5613     NaN     2   NaN    NaN

$a.Coefficients
           [,1]        [,2]
[1,] -0.9918149 -0.99827850
[2,] -0.1276838  0.05865183

$b.Coefficients
           [,1]        [,2]       [,3]
[1,] 0.03927831  0.52058155  0.4677059
[2,] 0.17973904 -0.08072331 -0.6007481
[3,] 0.98292985 -0.84998741  0.6483463
```

```
$XUCorrelations
        U1      U2
pH  -0.9255 -0.3788
Org -0.9830  0.1836

$YVCorrelations
       V1      V2
Sa 0.9901  0.1381
Sb 0.9891  0.0649
Sc 0.9970 -0.0433
```

运行的结果表明，第一个典型相关系数为 0.970，第二个典型相关系数为 0.662，*F* 检验发现第一个典型相关系数显著。同时，第一对典型变量的表达式为：

环境：U1 = −0.992 pH −0.128 Org

物种：V1 = 0.039 Sa + 0.180 Sb +0.983 Sc

比较各变量的系数可知，第一综合环境因子中起主要作用的是土壤有机质含量，第一综合物种中起主要作用的是物种 c，说明土壤有机质含量对物种 c 有显著的影响。

Habing 博士自定义的 cancor2( ) 函数代码如下：

```
### Doing CCA using Dr. Habing's cancor2 function ###

cancor2 <-function(x, y, dec=4){
  x <-as.matrix(x); y <-as.matrix(y)
  n <-dim(x)[1]; q1 <-dim(x)[2]; q2 <-dim(y)[2]; q <-min(q1, q2)
  S11 <-cov(x); S12 <-cov(x, y); S21 <-t(S12); S22 <-cov(y)
  E1 <-eigen(solve(S11)%*%S12%*%solve(S22)%*%S21)
  E2 <-eigen(solve(S22)%*%S21%*%solve(S11)%*%S12)
  rsquared <-as.real(E1$values[1:q])
  LR <-NULL; pp <-NULL; qq <-NULL; tt <-NULL
  for ( i in 1:q ){
    LR <-c(LR, prod(1-rsquared[i:q]))
    pp <-c(pp, q1-i+1)
    qq <-c(qq, q2-i+1)
    tt <-c(tt, n-1-i+1)}
   m <-tt-0.5*(pp+qq+1); lambda <-(1/4)*(pp*qq-2); s <-sqrt((pp^2*qq^2-
4)/(pp^2+qq^2-5))
   F <-((m*s-2*lambda)/(pp*qq))*((1-LR^(1/s))/LR^(1/s)); df1 <-pp*qq;
df2 <-(m*s-2*lambda);
   pval <-1-pf(F, df1, df2)
   outmat <-round(cbind( sqrt(rsquared), rsquared, LR, F, df1, df2, pval), dec)
   colnames(outmat) = list("R", "RSquared", "LR", "ApproxF", "NumDF", "DenDF",
"pvalue")
```

```
    rownames(outmat) =as.character(1:q);xrels <-round(cor(x,x% * % E1 $vectors)
[,1:q],dec)
    colnames(xrels) <-apply( cbind(rep("U", q), as.character(1:q)), 1, paste,
collapse ="" )
    yrels <-round(cor(y, y% * % E2 $vectors)[ ,1:q], dec)
    colnames(yrels) <-apply( cbind(rep("V", q), as.character(1:q)), 1, paste,
collapse ="")
    list ( Summary = outmat, a.Coefficients = E1 $vectors, b.Coefficients = E2
$vectors,
        XUCorrelations =xrels, YVCorrelations =yrels )
  }
  ## END FUNCTION
```

4.8.1.4 其他相关

polycor 包中的 hetcor( ) 函数可以计算多系列相关、多分格相关和四分相关等系数，本书不做介绍，感兴趣的读者，可以自行研究。

4.8.2 相关显著性的检验

在获得相关系数后，是否显著相关还需要进行显著性检验。R 中基础包自带的 cor.test( ) 函数可以对单个 pearson、spearman 和 kendall 相关系数进行检验。cor.test( ) 函数的使用方法如下：

```
cor.test(x, y, alternative =, method =)
```

函数中参数具体的值和含义见表 4-33。

表 4-33 cor.test( ) 函数的参数

参 数	描 述
x, *y*	待检验相关性的变量
alternative	双侧检验(“two.side”)，单侧检验(“less”或“greater”) 对于单侧检验，相关系数小于 0 时，使用“less”，反之则用“greater”
method	相关类型：“pearson”，“kendall”，“spearman”

仍以例 4.8.1.1 的杉木数据集 df 为例，检验材积 *v* 和木材基本密度 *wd* 的 pearson 相关系数的显著性。

分析代码和运行结果如下：

```
> cor.test( df[ ,3], df[ ,5] )

        Pearson's product-moment correlation
data:  df[, 3] and df[, 5]
t = -2.2, df =28, p-value =0.03695
```

```
alternative hypothesis: true correlation is not equal to 0
95 percent confidence interval:
 -0.653  -0.026
sample estimates:
   cor
 -0.38
```

从上面的结果可知，t 值 = −2.2，df = 28，p 值 = 0.03695 < 0.05，pearson 相关系数为 −0.38，说明材积 v 和木材基本密度 wd 相关系数显著不为 0，即材积 v 和木材基本密度 wd 之间存在显著的负相关。

虽然 cor. test( ) 函数可以检验相关的显著性，但每次只能检验一个相关值。如果需要检验多个相关时，可使用 psych 包中的 corr. test( ) 函数。

corr. test( ) 函数的使用方法如下：

```
corr.test(x, y, use =, method =)
```

函数中参数具体的值和含义见表 4-34。

表 4-34　corr. test( ) 函数的参数

参　数	描　述
x，y	待检验相关性的变量
use	指定缺失数据的处理方式，成对删除缺失值时用"pairwise"，行删除缺失值时用"complete"
method	相关类型："pearson"，"kendall"，"spearman"

仍以例 4.8.1.1 的杉木数据集 df 为例，进行所有性状之间相关值的显著性检验。分析代码和运行结果如下：

```
######### 代码清单 4.8.2 #########
library(psych)
corr.test(df, use = "complete" )

######### 运行结果 #########
> corr.test( df, use = "complete" )
Call:corr.test(x = df, use = "complete")
Correlation matrix
          h     dbh      v    cpro     wd    wpro     tl     tw    lrt
h      1.00    0.86   0.90  -0.43  -0.29    0.32  -0.20  -0.04  -0.17
dbh    0.86    1.00   0.98  -0.41  -0.35    0.39  -0.18  -0.15  -0.07
v      0.90    0.98   1.00  -0.43  -0.38    0.43  -0.20  -0.11  -0.12
cpro  -0.43   -0.41  -0.43   1.00   0.22   -0.25   0.18  -0.08   0.20
wd    -0.29   -0.35  -0.38   0.22   1.00   -0.98  -0.09  -0.08   0.00
wpro   0.32    0.39   0.43  -0.25  -0.98    1.00   0.02  -0.02   0.01
tl    -0.20   -0.18  -0.20   0.18  -0.09    0.02   1.00   0.16   0.79
tw    -0.04   -0.15  -0.11  -0.08  -0.08   -0.02   0.16   1.00  -0.47
lrt   -0.17   -0.07  -0.12   0.20   0.00    0.01   0.79  -0.47   1.00
```

```
Sample Size
[1] 30
Probability values (Entries above the diagonal are adjusted for multiple tests.)
          h     dbh    v     cpro   wd     wpro   tl     tw     lrt
h        0.00  0.00  0.00  0.53  1.00  1.00  1.00  1.00  1.00
dbh      0.00  0.00  0.00  0.63  1.00  0.85  1.00  1.00  1.00
v        0.00  0.00  0.00  0.53  0.92  0.53  1.00  1.00  1.00
cpro     0.02  0.02  0.02  0.00  1.00  1.00  1.00  1.00  1.00
wd       0.12  0.06  0.04  0.24  0.00  0.00  1.00  1.00  1.00
wpro     0.08  0.03  0.02  0.18  0.00  0.00  1.00  1.00  1.00
tl       0.28  0.35  0.29  0.35  0.65  0.92  0.00  1.00  0.00
tw       0.84  0.42  0.55  0.69  0.66  0.93  0.39  0.00  0.28
lrt      0.38  0.71  0.54  0.29  0.99  0.96  0.00  0.01  0.00
```

从上述的结果可知，corr. test( )函数的运行结果，首先输出各变量之间的相关矩阵，然后是相关显著性的检验，输出的是 p 值矩阵。当 p 值 <0.05 时，即两变量之间显著相关，反之则没有显著相关。因此，树高 *h* 和管胞长宽比 *lrt* 相关值 r 为 -0.17，但 p 值 $=0.38>0.05$，所以没有显著相关。而胸径 *dbh* 和木材吸水率 *wpro* 相关值 r 为 0.39，且 p 值 $=0.03<0.05$，所以两者呈显著正相关。

4.8.3 相关关系的可视化

当一个数据集里含有多个变量时，哪些变量相关性最强？哪些变量相对独立？是否存在某种聚集模式？虽然 corr. test( )函数可以进行多个变量的相关计算和显著性检验，但要回答上述问题，不太容易。

corrgram 包中的 corrgram( )函数，可以让相关矩阵可视化，并展示聚集模式。

仍以例 4.8.1.1 的杉木数据集 df 为例。绘图代码如下：

```
######### 代码清单 4.8.3 #########
library(corrgram)
df <-read.table( file = 'd4.8.1.1.csv', header = T, sep = ',' )
df <-df[ ,2:10]
corrgram(df, order = T, lower.panel = panel.shade,
        upper.panel = panel.pie, text.panel = panel.txt,
        main = "Correlogram of fir traits")
```

运行结果如图 4-19：

左下三角的单元格和右上三角的饼图，表示的意思是一样的。蓝色表示正相关，红色表示负相关。颜色越深，表示相关值越大；颜色越浅，表示相关值越小。聚集模式表现为：*lrt*、*tl* 和 *cpro* 相互间呈正相关，组成第一组变量；*h*、*v*、*dbh* 和 *wpro* 之间呈正相关，组成第二组变量；第一组变量和第二组变量之间呈负相关。此外，还可看出 *wd* 和

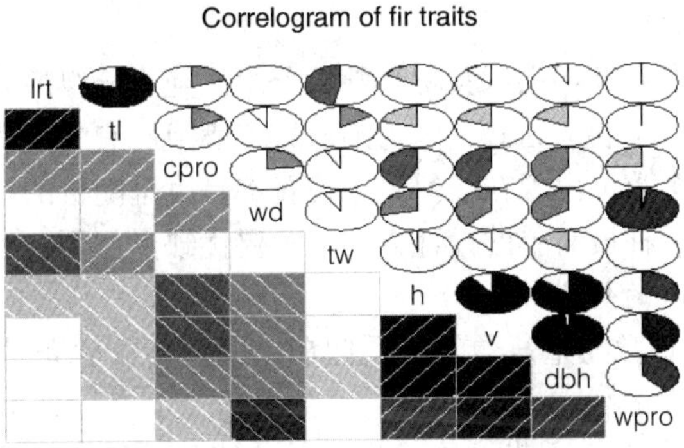

图4-19 杉木各性状之间的相关系数图

第二组变量之间呈负相关，*wpro* 与 *tl*、*tw* 以及 *lrt* 之间的相关性很微弱，*wd* 和 *lrt* 之间没有相关关系。

4.9 常用试验设计与数据分析

试验设计(experimental design)是影响试验研究是否成功的关键环节，也是提高试验质量的重要保证。其作用是控制、降低试验误差，提高试验的精确性，获得试验误差的无偏估计，进而对试验处理进行正确和有效地比较。选择合适的试验设计，可以大大降低非处理因素产生的试验误差。不管哪种试验设计，都应遵循“重复、随机排列和局部控制”3个原则。

重复是指在一个试验中每种处理(品种或措施)共同出现的次数。重复的作用在于降低试验误差，提高试验的准确性(可靠性)，估算试验误差。试验误差的大小与重复次数的平方根成反比。重复的次数必须根据试验要求的精度、条件差异、试验地面积、小区面积等多方面来考虑。严格来讲，重复次数的多少，应该由试验材料差异、精度和准确性等试验因子来决定。随机化是指处理的重复与小区的排列次序随机化。这样的排列使试验中的数据和统计值都建立在公平无偏的基础上，使试验误差的计算量可靠且可信。从一个总体中随机地抽取样本，对每样本随机地施以不同的处理，把每个处理随机地设置在试验单元或小区，这样就可以认为是满足了观测值及误差独立分布的前提，使差异显著性的检验有效。实现随机化的方法：查随机数表，计算器或计算机产生随机数，抽签(抓阄)等。局部控制是指在重复或区组里力求使条件一致。同一重复内的条件尽可能一致，不同重复间条件允许不一致。局部控制的关键是土壤差异的控制。

4.9.1 完全随机设计

完全随机设计(completely randomized design)是根据试验处理数将全部供试材料随机地分成若干组，然后再按组实施不同处理的设计。这种设计保证每种供试材料都有相同机会接受任何一种处理，而不受试验人员主观倾向的影响。在畜牧、水产、林业等试验中，当试验条件特别是试验材料的初始条件比较一致时，可采用完全随机设计。这种设计应用了重复和随机化2个原则，因此能使试验结果受非处理因素的影响基本一致，真实反映出试验的处理效应。

完全随机设计的实质是将供试验材料随机分组。随机分组的方法有抽签法和用随机数字表法，以用随机数字表法为好，因为随机数字表上所有的数字都是按随机抽样原理编制的，表中任何一个数字出现在任何一个位置都是完全随机的。

完全随机设计是一种最简单的设计方法，主要优缺点如下：

(1) 完全随机设计的优点

① 设计容易　处理数与重复数都不受限制，适用于试验条件、环境、试验材料差异较小的试验。

② 统计分析简单　无论所获得的试验资料各处理重复数相同与否，都可采用 t 检验或方差分析法进行统计分析。

(2) 完全随机设计的缺点

① 由于未应用试验设计三原则中的局部控制原则，非试验因素的影响被归入试验误差，试验误差较大，所以试验的精确性较低。

② 在试验条件、环境、试验材料差异较大时，不宜采用此种设计方法。

【例 4. 9. 1】有一水稻施肥的盆栽试验，设置了 5 个处理：A1 和 A2 分别施用 2 种不同工艺流程的氨水，A3 施碳酸氢铵，A4 施尿素，A5 为对照。每个处理各 4 盆，随机置于同一试验大棚。水稻稻谷产量如表 4-35 所示。试分析不同施肥处理下，水稻稻谷产量之间是否有显著差异？

表 4-35　水稻施肥盆栽试验的产量结果　　单位：g/盆

处理	产量			
A1	24	30	28	26
A2	27	24	21	26
A3	31	28	25	30
A4	32	33	33	28
A5	21	22	16	21

分析代码如下：

```
######### 代码清单 4.9.1 #########
library( agricolae )

#### 建立数据集 df ####
yield <-scan()
  24 30 28 26
  27 24 21 26
  31 28 25 30
  32 33 33 28
  21 22 16 21
```

```
Treat <-rep( paste( "A", 1:5, sep = "" ), rep(4, 5) )
df <-data.frame( Treat, yield )

#### 方差分析 ####
fit <-aov( yield ~ Treat, data = df )
summary(fit)

duncan.test( fit, "Treat", alpha = 0.05 )   # duncan 多重比较
```

运行结果如下：

```
> summary(fit)
            Df Sum Sq Mean Sq F value   Pr(>F)
Treat        4  301.2   75.30   11.18 0.000209 ***
Residuals   15  101.0    6.73
---
Signif. codes:  0 '***' 0.001 '**' 0.01 '*' 0.05 '.' 0.1 ' ' 1
> duncan.test( fit, "Treat", alpha = 0.05 )

Study:
Duncan's new multiple range test for yield

Mean Square Error:  6.733333

Treat,  means

   yield  std.err replication
A1  27.0 1.290994           4
A2  24.5 1.322876           4
A3  28.5 1.322876           4
A4  31.5 1.190238           4
A5  20.0 1.354006           4

alpha: 0.05 ; Df Error: 15
Critical Range
       2        3        4        5
3.910886 4.099664 4.216980 4.296902

Means with the same letter are not significantly different.

Groups, Treatments and means
a       A4      31.5
ab      A3      28.5
b       A1      27
b       A2      24.5
c       A5      20
```

把方差分析结果整理成方差分析表，如表 4-36 所示。

表 4-36　方差分析表

变异来源	自由度 df	平方和 SS	均方 MS	*F* 值	*p* 值
处理间	4	301.2	75.30	11.18	0.0000209 * * *
误差	15	101.0	6.73		
总变异	19	402.2			

方差分析结果表明，对处理(treat)的 F 检验是极显著的($p < 0.001$)，说明不同施肥处理的水稻稻谷产量有显著差异。处理间的多重比较过程为：首先设定了 α 值 = 0.05，误差自由度 df = 15，误差均方 = 6.73；其次计算了各处理的平均值，以及被比较的处理系数分别为 2、3、4、5 时的临界范围(critical range)；最后是多重比较的结果，Groups、Treatments 和 Means 分别代表处理分组结果、处理号和处理平均值。5 个处理分为 3 组，相同字母表示同一组，不同字母表示不同组。同一组内，处理之间差异不显著。不同组间，处理之间在 0.05 水平上差异显著。A4 和 A3 组成 a 组，A4 和 A3 之间差异不显著，但 A4 的产量显著高于其他处理。A3、A1、A2 组成 b 组，处理间差异不显著。产量最低的是 A5，为 c 组。

4.9.2　随机区组设计

随机区组设计(randomized block design)，也叫做随机完全区组设计(random complete block design，RCB)，是随机排列设计中最常用和最基本的设计。这种设计的特点是根据“局部控制”的原则，将试验地按肥力程度划分为等于重复次数的区组，一区组安排一重复，区组内各处理都独立地随机排列。

随机区组设计通过使用区组方法减小误差变异，即用区组方法分离出由无关变量引起的变异，使其不出现在处理效应和误差的变异中。

随机区组设计有以下优点：①设计简单，容易掌握；②富于伸缩性，单因素、多因素以及综合性的实验都可应用；③能提供无偏的误差估计，并有效地减少单向的肥力差异，降低误差；④对试验地的地形要求不严，必要时，不同区组亦可分散设置在不同地段上。但不足之处在于这种设计不允许处理数太多，一般不超过 20 个。因为处理多，区组必然增大，局部控制的效率降低，而且只能控制一个方向的土壤差异。

4.9.2.1　单因素随机区组设计

【例 4.9.2.1】水稻品种比较试验，供试品种有 A、B、C、D、E、F，其中 D 为对照 CK，重复 4 次，采用随机区组设计，小区计产面积为 $15m^2$，测定结果如表 4-37 所示，试做方差分析。

表 4-37　水稻品种比较试验的产量　　单位：$kg/15m^2$

Variety	*b*1	*b*2	*b*3	*b*4
A	15.3	14.9	16.2	16.2
B	18.0	17.6	18.6	18.3
C	16.6	17.8	17.6	17.8

（续）

Variety	$b1$	$b2$	$b3$	$b4$
D(CK)	16.4	17.3	17.3	17.8
E	13.7	13.6	13.9	14.0
F	17.0	17.6	18.2	17.5

分析代码如下：

```
###### 代码清单 4.9.2.1 ######
library( reshape ); library( agricolae )

df <-read.table( file = 'd4.9.2.1.csv', header = T, sep = ',' )
df.2 <-melt( df, id = c("Variety") )
colnames(df.2)[2:3] <-c( "Rep", "y" )
str(df.2)

lmaov <-aov( y ~ Variety + Rep, data = df.2 )
summary( lmaov )
duncan.test( lmaov, "Variety", alpha = 0.05 )
```

运行结果如下：

```
> summary( lmaov )
            Df Sum Sq Mean Sq F value    Pr(>F)
Variety      5  52.38  10.476  78.764 3.17e-10 ***
Rep          3   2.68   0.893   6.717  0.00431 **
Residuals   15   1.99   0.133
---
Signif. codes:  0 '***' 0.001 '**' 0.01 '*' 0.05 '.' 0.1 ' ' 1
> duncan.test( lmaov, "Variety", alpha = 0.05 )
Study:
Duncan's new multiple range test for y

Mean Square Error:  0.133
Variety,  means

       y    std.err r Min. Max.
A 15.650 0.32787193 4 14.9 16.2
B 18.125 0.21360009 4 17.6 18.6
C 17.450 0.28722813 4 16.6 17.8
D 17.200 0.29154759 4 16.4 17.8
E 13.800 0.09128709 4 13.6 14.0
F 17.575 0.24622145 4 17.0 18.2
```

```
alpha: 0.05 ; Df Error: 15
Critical Range
        2         3         4         5         6
0.5496495 0.5761811 0.5926692 0.6039017 0.6119569

Means with the same letter are not significantly different.
Groups, Treatments and means
a        B        18.12
b        F        17.58
b        C        17.45
b        D        17.2
c        A        15.65
d        E        13.8
```

方差分析的结果表明，参试品种平均产量之间差异极显著(p 值 = 3.17e - 10 < 0.001)，因此还需要进行品种平均产量间的多重比较。多重比较结果显示，品种 B 的产量最高，显著高于其他品种和对照 D；品种 F、C 与对照 D 之间差异不显著，但均显著高于品种 A、E；品种 A、E 之间差异不显著，且显著低于对照 D。

4.9.2.2 双因素随机区组设计

【例 4.9.2.2】玉米品种 A 和施肥 B 双因素试验，A 因素有 4 个水平，为 A1、A2、A3、A4，B 因素有 2 个水平，为 B1、B2，重复 3 次，采用随机区组设计，小区计产面积为 $20m^2$，测定结果如表 4-38 所示，试做方差分析。

表 4-38　玉米品种栽培试验的产量　　单位：$kg/20m^2$

A	B	*y*1	*y*2	*y*3
A1	B1	12	13	13
	B2	11	10	13
A2	B1	19	16	12
	B2	20	19	17
A3	B1	19	18	16
	B2	10	8	7
A4	B1	17	16	15
	B2	11	9	8

分析代码如下：

```
###### 代码清单 4.9.2.2 ######
library( asreml ); library( reshape ); library( agricolae )

df <-asreml.read.table( file = "d4.9.2.2.csv", header = T, sep = "," )
df.2 <-melt( df, id = c( "A", "B") )
colnames(df.2)[3:4] <-c( "Blk", "y" )
```

```
duncan.model <-aov( y ~ A * B + Blk, data = df.2 )
summary( duncan.model )
duncan.test( duncan.model, "A", alpha = 0.05 )
duncan.test( duncan.model, "B", alpha = 0.05 )
```

运行结果如下：

```
> summary( duncan.model )
            Df Sum Sq Mean Sq F value   Pr( > F)
A            3  98.79   32.93  15.199 0.000111 ***
B            1  77.04   77.04  35.558 3.47e-05 ***
Blk          2  20.33   10.17   4.692 0.027567 *
A:B          3 136.46   45.49  20.994 1.90e-05 ***
Residuals   14  30.33    2.17
---
Signif. codes:  0 '***' 0.001 '**' 0.01 '*' 0.05 '.' 0.1 ' ' 1
> duncan.test( duncan.model, "A", alpha = 0.05 )
Study:
Duncan's new multiple range test for y

Mean Square Error:  2.166667
A,  means

          y   std.err r Min. Max.
A1 12.00000 0.5163978 6   10   13
A2 17.16667 1.1948966 6   12   20
A3 13.00000 2.1602469 6    7   19
A4 12.66667 1.5634719 6    8   17

alpha: 0.05 ; Df Error: 14
Critical Range
       2        3        4
1.822718 1.909920 1.963738

Means with the same letter are not significantly different.
Groups, Treatments and means
a        A2          17.17
b        A3          13
b        A4          12.67
b        A1          12
> duncan.test( duncan.model, "B", alpha = 0.05 )
Study:
Duncan's new multiple range test for y
```

```
Mean Square Error:  2.166667
B,  means

           y   std.err  r Min. Max.
B1 15.50000 0.7334022 12   12   19
B2 11.91667 1.2759924 12    7   20

alpha: 0.05 ; Df Error: 14
Critical Range
      2
1.288856

Means with the same letter are not significantly different.
Groups, Treatments and means
a B1 15.5
b B2 11.92
```

从方差分析结果可知，*F* 检验显示，品种 A、施肥 B 水平间以及品种与施肥交互作用(A×B)间的差异均显著，所以应进一步进行多重比较。多重比较结果表明，对于 A 因素，品种 A2 的平均产量最高，极显著高于 A3、A4 和 A1，而品种 A3、A4 和 A1 之间差异不显著；对于 B 因素，施肥 B1 的平均产量显著高于 B2。此外，*F* 检验表明 A×B 显著，还需对两因素水平组合进行多重比较。

因 duncan.model 无法对 A×B 水平组合直接进行多重比较，所以采用另一种方法，分析代码和结果如下：

```
> with( df.2, duncan.test( y, A:B, DFerror =14, MSerror =2.17 ))

Study:
Duncan's new multiple range test for y

Mean Square Error:  2.17
A:B,  means

              y   std.err r Min. Max.
A1:B1 12.666667 0.3333333 3   12   13
A1:B2 11.333333 0.8819171 3   10   13
A2:B1 15.666667 2.0275875 3   12   19
A2:B2 18.666667 0.8819171 3   17   20
A3:B1 17.666667 0.8819171 3   16   19
A3:B2  8.333333 0.8819171 3    7   10
A4:B1 16.000000 0.5773503 3   15   17
A4:B2  9.333333 0.8819171 3    8   11
```

```
alpha: 0.05 ; Df Error: 14
Critical Range
       2        3        4        5        6        7        8
2.579695 2.703112 2.779281 2.830767 2.867363 2.894153 2.914097

Means with the same letter are not significantly different.
Groups, Treatments and means
a          A2:B2     18.67
ab         A3:B1     17.67
ab         A4:B1     16
b          A2:B1     15.67
c          A1:B1     12.67
cd         A1:B2     11.33
de         A4:B2     9.333
e          A3:B2     8.333
```

A、B 因素水平组合的多重比较结果显示，处理 A2B2 的产量最高，显著高于除 A3B1 和 A4B1 组合以外的其他组合；A3B1、A4B1 和 A2B1 组合之间差异不显著，但显著高于 A1B1、A1B2、A4B2 和 A3B2；A1B1、A1B2 组合之间差异不显著，但显著高于 A3B2；A4B2 组合显著高于 A3B2。因此最优水平组合为 A2B2，即使用品种 A2，施肥为 B2 水平。

4.9.2.3 三因素随机区组设计

【例 4.9.2.3】某棉花栽培试验，为三因素试验，其中，A 因素为品种，有 A1(陆地棉)、A2(草棉)2 个水平，B 因素为播期，有 B1(谷雨期)、B2(立夏期)2 个水平，C 因素为密度，有 C1(3500 株/亩)、C2(5000 株/亩)、C3(6500 株/亩)3 个水平，重复 3 次，随机区组设计，小区计产面积为 $22m^2$，测定结果如表 4-39 所示，试做方差分析。

表 4-39 棉花栽培试验的棉籽产量 单位：$kg/22m^2$

A	B	C	y1	y2	y3
A1	B1	C1	6.0	7.0	6.5
		C2	6.0	5.5	5.5
		C3	5.0	4.5	4.5
	B2	C1	5.0	4.5	4.5
		C2	4.5	4.5	4.0
		C3	3.0	3.0	3.5
A2	B1	C1	1.5	1.0	2.0
		C2	2.0	1.5	2.0
		C3	3.5	3.0	3.5
	B2	C1	1.0	1.0	1.5
		C2	1.5	2.0	2.5
		C3	2.5	3.5	3.5

分析代码如下：

```
###### 代码清单 4.9.2.3 ######
library( asreml ); library( reshape ); library( agricolae )

df <-asreml.read.table( file = "d4.9.2.3.csv", header = T, sep = "," )
df.2 <-melt( df, id = c( "A", "B", "C" ))
colnames(df.2)[4:5] <-c( "Blk", "y" )

duncan.model <-aov( y ~ A* B* C + Blk, data = df.2 )
summary( duncan.model ) # show ANOVA table

ls <-colnames(df.2)[1:3]
for( i in 1:3 ) { duncan.test( duncan.model, ls[i], alpha = 0.05 ) }

with(df.2, duncan.test ( y, A:B, DFerror = 22, MSerror = 0.15 ))   # data from
ANOVA table
with(df.2, duncan.test( y, A:C, DFerror = 22, MSerror = 0.15 ))
```

运行结果如下：

```
> summary(duncan.model) # show ANOVA table
            Df Sum Sq Mean Sq F value    Pr(>F)
A            1  64.00   64.00 438.857 5.05e-16 ***
B            1   6.25    6.25  42.857 1.39e-06 ***
C            2   0.13    0.06   0.429    0.657
Blk          2   0.29    0.15   1.000    0.384
A:B          1   4.69    4.69  32.190 1.05e-05 ***
A:C          2  20.04   10.02  68.714 3.45e-10 ***
B:C          2   0.37    0.19   1.286    0.296
A:B:C        2   0.01    0.01   0.048    0.954
Residuals   22   3.21    0.15
---
Signif. codes:  0 '***' 0.001 '**' 0.01 '*' 0.05 '.' 0.1 ' ' 1
```

方差分析结果显示，*F* 检验表明，A 因素(品种)、B 因素(播期)、A×B 以及 A×C 之间的差异极显著，其余都不显著。所以对上述差异显著的四项进一步做多重比较。

```
> for(i in 1:3) { duncan.test( duncan.model, ls[i], alpha = 0.05 )}
Study:
Duncan's new multiple range test for y

Mean Square Error:  0.1458333
A,  means

          y   std.err  r Min. Max.
A1 4.833333 0.2619684 18    3  7.0
A2 2.166667 0.2138963 18    1  3.5
```

```
alpha: 0.05 ; Df Error: 22
Critical Range
        2
0.2639911

Means with the same letter are not significantly different.
Groups, Treatments and means
a        A1          4.833
b        A2          2.167
```

A 因素(品种)的多重比较结果显示，品种 A1(陆地棉)的平均产量显著高于 A2 品种(草棉)，即品种陆地棉优于草棉。

```
Study:
Duncan's new multiple range test for y

Mean Square Error:  0.1458333
B,  means
          y   std.err  r Min. Max.
B1 3.916667 0.4577760 18    1    7
B2 3.083333 0.3058525 18    1    5

alpha: 0.05 ; Df Error: 22
Critical Range
        2
0.2639911

Means with the same letter are not significantly different.
Groups, Treatments and means
a          B1          3.917
b          B2          3.083
```

B 因素(播期)的多重比较结果显示，播期 B1(谷雨期)的平均产量显著高于播期 B2(立夏期)，即谷雨期优于立夏期。由于 C 因素(密度)之间差异不显著，故省去其多重比较结果。

```
> with( df.2, duncan.test(y, A:B, DFerror =22, MSerror =0.15) )
Study:
Duncan's new multiple range test for y

Mean Square Error:  0.15
A:B,  means
```

```
               y    std. err r Min.  Max.
A1:B1 5.611111 0.2859897 9   4.5   7.0
A1:B2 4.055556 0.2421611 9   3.0   5.0
A2:B1 2.222222 0.3017439 9   1.0   3.5
A2:B2 2.111111 0.3203490 9   1.0   3.5
alpha: 0.05 ; Df Error: 22
Critical Range
        2         3         4
0.3786357 0.3975736 0.4096772

Means with the same letter are not significantly different.
Groups, Treatments and means
a          A1:B1     5.611
b          A1:B2     4.056
c          A2:B1     2.222
c          A2:B2     2.111
```

A、B 水平组合多重比较结果显示，A1B1 组合的平均产量显著高于其他组合；A1B2 组合显著高于 A2B1 和 A2B2；而 A2B1 和 A2B2 之间差异不显著。

```
> with( df.2, duncan.test(y, A:C, DFerror =22, MSerror =0.15) )
Study:
Duncan's new multiple range test for y

Mean Square Error:   0.15
A:C,   means

               y    std. err r Min.  Max.
A1:C1 5.583333 0.4362084 6   4.5   7.0
A1:C2 5.000000 0.3162278 6   4.0   6.0
A1:C3 3.916667 0.3515837 6   3.0   5.0
A2:C1 1.333333 0.1666667 6   1.0   2.0
A2:C2 1.916667 0.1536591 6   1.5   2.5
A2:C3 3.250000 0.1707825 6   2.5   3.5

alpha: 0.05 ; Df Error: 22

Critical Range
        2         3         4         5         6
0.4637321 0.4869262 0.5017501 0.5121683 0.5199028

Means with the same letter are not significantly different.
```

```
Groups, Treatments and means
a          A1:C1     5.583
b          A1:C2     5
c          A1:C3     3.917
d          A2:C3     3.25
e          A2:C2     1.917
f          A2:C1     1.333
```

A、C 水平组合多重比较结果显示，A、C 各水平组合之间均差异显著，其中 A1C1 组合的平均产量最高。

综上所述，本试验的最优组合为 A1B1C1，即品种用陆地棉(A1)，播期在谷雨期(B1)，密度为 3500 株/亩(C1)。

4.9.3　拉丁方设计

拉丁方设计(latin square design)是从横行和直列两个方向进行双重局部控制，使得横行和直列两向皆成单位组，是比随机单位组设计多一个单位组的设计。以 n 个拉丁字母 A，B，C，…为元素，作一个 n 阶方阵，若这 n 个拉丁方字母在这 n 阶方阵的每一行、每一列都出现，且只出现一次，则称该 n 阶方阵为 $n \times n$ 阶拉丁方。

在拉丁方设计中，每一行或每一列都成为一个完全单位组，而每一处理在每一行或每一列都只出现一次，也就是说，在拉丁方设计中，试验处理数 = 横行单位组数 = 直列单位组数 = 试验处理的重复数。在对拉丁方设计试验结果进行统计分析时，由于能将横行、直列 2 个单位组间的变异从试验误差中分离出来，因而拉丁方设计的试验误差比随机单位组设计小，试验精确性比随机单位组设计高。但要注意，横行、直列单位组因素与试验因素间不存在交互作用，否则不能采用拉丁方设计。

【例 4.9.3】有一冬小麦施氮肥时期试验，设置 5 个处理：A 不施肥(对照)；B 播种期施肥；C 越冬期施肥；D 拔节期施肥；E 抽穗期施肥。试验采用 5 × 5 拉丁方设计，小区面积 32 m^2，田间排列和产量(kg/小区)如表 4-40 所示，试进行方差分析。

表 4-40　小麦施氮肥时期试验结果

C 10.1	A 7.9	B 9.8	E 7.1	B 9.6
A 7	D 10	E 7	C 9.7	B 9.1
E 7.6	C 9.7	D 10	B 9.3	A 6.8
D 10.5	B 9.6	C 9.8	A 6.6	E 7.9
B 8.9	E 8.9	A 8.6	D 10.6	C 10.1

分析代码如下：

```
######## 代码清单 4.9.3 ########

library(asreml)
library(agricolae)

df <-asreml.read.table( file = 'd4.9.3.csv', header = T, sep = ',' )

fit <-aov(yield ~ ., data = df)
summary(fit)

#### 多重比较 ####
duncan.test( fit, "Nitro", alpha = 0.05 )
# LSD.test( fit, "Nitro", alpha = 0.05)
```

运行结果如下：

```
> summary(fit)
            Df Sum Sq Mean Sq F value    Pr(>F)
Row          4   2.17   0.543   2.164     0.135
Col          4   1.13   0.282   1.123     0.391
Nitro        4  32.46   8.115  32.367 2.42e-06 ***
Residuals   12   3.01   0.251
---
Signif. codes:  0 '***' 0.001 '**' 0.01 '*' 0.05 '.' 0.1 ' ' 1
> duncan.test( fit, "Nitro", alpha = 0.05)
Study:
Duncan's new multiple range test for yield
Mean Square Error:  0.2507276

Nitro,  means
      yield    std.err r Min. Max.
A  7.380000 0.37735925 5  6.6  8.6
B  9.383333 0.14003968 6  8.9  9.8
C  9.880000 0.09165151 5  9.7 10.1
D 10.275000 0.16007811 4 10.0 10.6
E  7.700000 0.34205263 5  7.0  8.9

alpha: 0.05 ; Df Error: 12
Critical Range
        2         3         4         5
0.6957292 0.7282288 0.7479198 0.7609522

Harmonic Mean of Cell Sizes  4.918033

Different value for each comparison
Means with the same letter are not significantly different.
```

```
Groups, Treatments and means
a          D          10.28
ab         C          9.88
b          B          9.383
c          E          7.7
c          A          7.38
```

从方差分析的结果可知，*F* 检验表明，行间和列间均无显著差异，而处理间差异极显著，即施肥时期对产量的影响显著。Duncan 多重比较结果显示，5 个处理分成 3 组，组间在 0.05 水平上差异显著，其中，处理 D（拔节期）施肥的产量最高，极显著高于处理 E（抽穗期）和对照 A 的产量，但与处理 B（越冬期）差异不显著。因此，该冬小麦应在拔节期或越冬期施用氮肥。

此外，假设试验中有缺区时，则试验结果做何变化？假定从上述的数据集 df 中，将第一个产量设为缺失值，分析代码如下：

```
df[1, 4] <-NA
fit <-aov( yield ~ ., data = df )
summary( fit )
```

有无缺失值时，分析代码是一样的，但结果却有差异：

```
> summary(fit)
            Df Sum Sq Mean Sq F value    Pr(>F)
Row          4  2.440   0.610   2.273     0.127
Col          4  1.839   0.460   1.712     0.217
Nitro        4 30.005   7.501  27.944 1.04e-05 ***
Residuals   11  2.953   0.268
---
Signif. codes:  0 '***' 0.001 '**' 0.01 '*' 0.05 '.' 0.1 ' ' 1
1 observation deleted due to missingness
```

从运行的结果可知，当有缺失值时，aov() 函数分析时，会自动删除缺失值，同时也会发现误差 Residuals 的自由度 df 减少了，从 12 下降为 11。但其他的结果相似，包括处理间的多重比较。

多重比较的结果如下：

```
Groups, Treatments and means
a          D          10.28
ab         C          9.825
b          B          9.383
c          E          7.7
c          A          7.38
```

多重比较的结果，这里只给出了最后的结果，中间的计算过程已省去。由于第一个产量属于处理 C，所以除了 C 处理对应的均值从 9.88 变为 9.825 外，其余处理的均值并未改变，而且处理间的产量差异情况与没有缺失值时的产量一致。

4.9.4 平衡不完全区组设计

在随机区组设计中，当处理数较多时常常会出现一个区组不能容纳全部处理的情形，这时可以采用平衡不完全区组设计(balanced incomplete block design，BIB)。

对于 BIB 设计，各区组内的小区数小于试验的处理数，即每个区组不能包含所有的处理(不完全区组)，每种处理在同一区组内最多只出现一次，而且在整个试验中有相同的被测次数，此外，任意一对处理都有在同一区组内相遇的机会，而且在整个试验中，相遇的次数相等(平衡)。

BIB 设计需要满足的条件：

设处理数为 v，每区组内小区数为 k，每处理重复数为 r，区组数为 b，则整个试验总的小区数 $n=vr=bk$，每对处理在同一区组内同时出现的次数为：

$$\lambda=\frac{r(k-1)}{v-1}$$

综合起来，BIB 设计的必要条件是 b，k，v，r，λ 这 5 个参数都必须是正整数，并且满足：①$vr=bk$；②$\lambda<r$，$v\leq b$，$k<v$；③$\lambda(v-1)=r(k-1)$。

BIB 设计步骤一般如下：

①确定 v，r，k，计算出 b；

②查“平衡不完全区组设计表”确定各区组内处理的组成；

③对各区组内处理做随机排列；

④对各区组进行随机排列。

R 中的 crossdes 程序包，可以用于设计 BIB 表，代码也很简单，如下所示：

```
library(crossdes)
find.BIB(18, 12, 3)        # 设置 BIB 表
#williams(5)               # 设置 5×5 拉丁方表
```

BIB 表的设置参数为 find. BIB(trt，b，k)，其中 *trt* 为处理数，b 为区组数，k 为每区组的小区数。

【例 4.9.4】某苗圃的一个杉木子代测定，包括 8 个单亲子代与一个对照家系，试验点分为 12 个区组，每区组只能容纳 9 个处理，区组内为 3 个小区，每个品种重复 4 次，采用 BIB 设计，每小区内随机抽取同样的株数，平均树高(m)如表 4-41 所示，试做方差分析。

表 4-41　杉木平均树高　　单位：m

Trt	b1	b2	b3	b4	b5	b6	b7	b8	b9	b10	b11	b12
1	9. 40			7. 38			8. 62			8. 54		
2	8. 68				9. 52			8. 52			8. 00	
3	9. 36					9. 24			8. 42			9. 08
4		9. 10		7. 40					8. 14		8. 20	
5		6. 70			7. 14		7. 32					6. 86
6		8. 72				9. 06		9. 32		8. 14		
7			6. 46	7. 30				8. 60				8. 56
8			8. 20		7. 90				7. 26	7. 86		
9			8. 52			8. 26	7. 22				7. 84	

分析代码如下：

```
######## 代码清单 4. 9. 4 ########
library( asreml )

df <-asreml. read. table( file= 'd4. 9. 4. csv' , header=T, sep=',' )
fit <-aov( height ~ . , data=df )
summary( fit )
duncan. test( fit, "Trt", alpha=0. 05 )
```

运行结果如下：

```
> summary( fit )
              Df Sum Sq Mean Sq F value   Pr(>F)
Trt            8 12. 904  1. 6130   5. 217 0. 00247 * *
Blk           11  5. 992  0. 5447   1. 762 0. 14711
Residuals     16  4. 947  0. 3092
- - -
Signif. codes:  0 ‘* * *’ 0. 001 ‘* *’ 0. 01 ‘*’ 0. 05 ‘.’ 0. 1 ‘ ’ 1
72 observations deleted due to missingness
> duncan. test( fit, "Trt", alpha=0. 05 )
Study:
Duncan's new multiple range test for height
Mean Square Error:  0. 3092019

alpha: 0. 05 ; Df Error: 16
Critical Range
        2         3         4         5         6         7         8
0. 8335324 0. 8740702 0. 8994104 0. 9167872 0. 9293414 0. 9387066 0. 9458339
        9
0. 9513219
```

```
Means with the same letter are not significantly different.

Groups, Treatments and means
a        3         9.025
ab       6         8.81
abc      2         8.68
abcd     1         8.485
abcd     4         8.21
bcd      9         7.96
cde      8         7.805
de       7         7.73
e        5         7.005
```

BIB 设计可视为随机区组设计缺区的一个特例，本例采用双因素无交互作用的模型。方差分析结果表明，处理间差异显著，而区组间差异不显著。Duncan 多重比较结果显示，9 个处理可分成 5 组。

附注：运行结果中的多重比较部分，省去了各处理的平均值计算结果。此外，回归模型中“height ~ .”，符号“.”表示数据集 df 除了 height 外的其他所有变量。

4.9.5 正交试验设计

正交试验设计(orthogonal experimental design)是研究多因素多水平的一种设计方法，它是根据正交性从全面试验中挑选出部分有代表性的点进行试验，这些有代表性的点具备了“均匀分散，齐整可比”的特点。正交试验设计是分式析因设计的主要方法，是一种高效、快速和经济的试验设计方法。

正交试验设计的过程如下：

①确定试验因素及水平数；

②选用合适的正交表；

③列出试验方案及试验结果；

④对正交试验设计结果进行分析，包括极差分析和方差分析；

⑤确定最优或较优因素水平组合。

R 中的 DoE. base 程序包可以用来生成正交设计表。代码很简单，如下所示：

```
library(DoE.base)
oa.design(nfactors=4, nlevels=3)              #4个因子,各自3个水平
oa.design(nfactors=4, nlevels=c(2, 3, 2, 2))#4个因子,各自不同水平
```

4.9.5.1 无重复试验的正交设计

【例 4.9.5.1】为分析松木品种、嫁接者、药物处理对某松树苗木嫁接存活率的影响，设置 3 个松木品种、3 名嫁接者、3 种药物处理为试验因子，采用正交表 $L_9(3^4)$，试验安排及结果如表 4-42 所示，试分析试验结果。

表 4-42　某松树苗木嫁接存活率正交试验方案及结果

试验号	松木品种	药物	嫁接者	存活率/%
1	1(A)	1(空)	1(甲)	80
2	1(A)	2(酒精)	2(乙)	20
3	1(A)	3(石蜡)	3(丙)	80
4	2(B)	2(酒精)	3(丙)	0
5	2(B)	3(石蜡)	1(甲)	100
6	2(B)	1(空)	2(乙)	60
7	3(C)	3(石蜡)	2(乙)	20
8	3(C)	1(空)	3(丙)	20
9	3(C)	2(酒精)	1(甲)	0

分析代码如下：

```
############### 代码清单 4.9.5.1 ###############
#### 建立数据集 df ####
s. rate <-scan()
80 20 80 0
100 60 20 20
0
Variety <-rep( 1:3, rep(3, 3) )
Drug <-c( 1:3, 2, 3, 1, 3, 1, 2 )
Grafter <-c( 1:3, 3, 1, 2, 2, 3, 1 )

for ( i in 1:4 ){ df[ ,i] <-as. factor( df[ ,i] ) } # 转为因子
df[ ,5] <-asin( sqrt( 0. 01* df[ ,5] ) ) # 数据反正弦转换

df <-data. frame( Variety, Drug, Grafter, s. rate )
# str(df)
######## 方差分析 ########
fit <-aov( s. rate ~ Variety + Drug + Grafter, data =df ) # 或者 s. rate ~. , data
=df
summary( fit )

##### 多重比较 #########
library( agricolae )
duncan. test( fit, " Variety ", alpha =0. 20 )
duncan. test( fit, "Drug", alpha =0. 20 )
```

运行结果如下：

```
> fit <-aov( s.rate ~ Variety + Drug + Grafter, data = df )
> summary( fit )
            Df Sum Sq Mean Sq F value Pr ( > F)
Variety      2 0.6059  0.3030   4.217  0.192
Drug         2 1.2904  0.6452   8.980  0.100
Grafter      2 0.2258  0.1129   1.571  0.389
Residuals    2 0.1437  0.0718
> duncan.test( fit, "Variety", alpha = 0.20 )
Study:
Duncan's new multiple range test for s.rate
Mean Square Error:  0.07184514

Variety,  means

     s.rate   std.err r       Min.       Max.
1 0.8926483 0.2145004 3 0.4636476 1.1071487
2 0.8189578 0.4546900 3 0.0000000 1.5707963
3 0.3090984 0.1545492 3 0.0000000 0.4636476

alpha: 0.2 ; Df Error: 2
Critical Range
        2         3
0.4126240 0.3939257
Means with the same letter are not significantly different.

Groups, Treatments and means
a       1          0.8926
a       2          0.819
b       3          0.3091
> duncan.test( fit, "Drug", alpha = 0.20 )

Study:

Duncan's new multiple range test for s.rate

Mean Square Error:  0.07184514

Drug,  means

     s.rate   std.err r       Min.       Max.
1 0.8189578 0.1887699 3 0.4636476 1.1071487
2 0.1545492 0.1545492 3 0.0000000 0.4636476
3 1.0471976 0.3210089 3 0.4636476 1.5707963

alpha: 0.2 ; Df Error: 2
```

```
Critical Range
        2         3
0.4126240 0.3939257

Means with the same letter are not significantly different.

Groups, Treatments and means
a       3         1.047
a       1         0.819
b       2         0.1545
```

当因变量为百分数，且绝大多数数值大于 70% 或小于 30% 时，需要进行反正弦转换。

方差分析结果表明，根据 F 检验，不同品种、不同药物处理对该松树苗木嫁接存活率的影响在 20% 的水平上有显著差异，不同嫁接者对存活率的影响没有显著差异。多重比较结果表明，品种 A、B 显著优于 C，而 A、B 之间差异不显著；药物涂石蜡、空白处理显著优于酒精处理，而药物涂石蜡、空白处理之间差异不显著。

如要分析试验各因素的主次顺序，可根据方差分析结果的 F 值来比较，凡 F 值较大者说明其是较重要的因子。因此，本例中，因子主次顺序为：药物 > 品种 > 嫁接者。

根据上述的分析结果，考虑各因素水平的最优组合时，可采取品种 A、涂石蜡和嫁接者甲这样的组合，嫁接结果较好。

4.9.5.2 有重复试验的正交设计

【例 4.9.5.2】为研究花生锈病药剂防治效果的好坏，设置了药剂品种 Drug、浓度 Con、剂量 Dose 3 个试验因素，各有 3 个水平，采用正交表 $L_9(3^4)$ 安排试验。重复 2 次，随机区组设计。正交试验方案及结果见表 4-43，请对试验结果进行方差分析。

表 4-43 防治花生锈病正交试验结果

试验号	Drug	Con	Dose	CK	yield/(kg/小区)	
					区组 Ⅰ	区组 Ⅱ
1	1(百菌情)	1(高)	1(80)	1	28.0	28.5
2	1(百菌情)	2(中)	2(100)	2	35.0	34.8
3	1(百菌情)	3(低)	3(120)	3	32.2	32.5
4	2(敌锈灵)	1(高)	2(100)	3	33.0	33.2
5	2(敌锈灵)	2(中)	3(120)	1	27.4	27.0
6	2(敌锈灵)	3(低)	1(80)	2	31.8	32.0
7	3(浓尔多)	1(高)	3(120)	2	34.2	34.5
8	3(浓尔多)	2(中)	1(80)	3	22.5	23.0
9	3(浓尔多)	3(低)	2(100)	1	29.4	30.0

分析代码如下：

```
######## 代码清单 4.9.5.2 #########
library (agricolae )
#### 构建数据集 ###
yield <-scan( )
28.0 28.5 35.0 34.8
32.2 32.5 33.0 33.2
27.4 27.0 31.8 32.0
34.2 34.5 22.5 23.0
29.4 30.0
Drug <-rep( 1:3, rep(3, 3) )
Con <-rep( c(1:3, 1:3, 1:3), rep(2,1) )
Dose <-c( 1:3, 2, 3, 1, 3, 1, 2 )
CK <-c( 1:3, 3, 1, 2, 2, 3, 1 )
Block <-rep(paste("B", 1:2, sep = "" ), rep(9, 2) )
df <-data.frame( Drug, Con, Dose, CK, Block )
df <-df[ order( df$Drug, df$Con, df$Block ), ]
df$Trials <-rep( paste( "T", 1:9, sep = ""), rep(2, 9) )
df$yield <-yield
for ( i in 1:6 ){ df[ ,i] <-as.factor( df[ ,i] ) }
# str(df)
### 方差分析 ###
fit <-aov( yield ~ Drug + Con + Dose + Block + CK, data = df )
summary(fit)
### 多重比较 ###
fit2 <-aov( yield ~ Trials, data = df )
duncan.test( fit2, "Trials", alpha = 0.05 )
summary(fit2)
```

```
# 方法二
library( asreml )
df <-asreml.read.table ( file = 'd4.9.5.2.csv',
header = T, sep = ',' )
fit <-aov(yield ~ Drug + Con + Dose + Block +
CK, data = df )
summary(fit)
```

运行结果如下：

```
> fit <-aov(yield ~ Drug + Con + Dose + Block + CK, data = df )
> summary(fit)
          Df Sum Sq Mean Sq F value   Pr(>F)
Drug       2  25.72   12.86 235.005 7.85e-08 ***
Con        2  45.24   22.62 413.391 8.43e-09 ***
Dose       2  78.77   39.39 719.756 9.33e-10 ***
Block      1   0.22    0.22   4.061 0.0786 .
CK         2  96.22   48.11 879.198 4.21e-10 ***
Residuals  8   0.44    0.05
---
```

```
Signif. codes:  0 '***' 0.001 '**' 0.01 '*' 0.05 '.' 0.1 ' ' 1
 > duncan.test( fit2, "Trials", alpha =0.05 )
Study:
Duncan's new multiple range test for yield
Mean Square Error:  0.07333333

Trials,  means
   yield std.err r Min. Max.
T1 28.25    0.25 2 28.0 28.5
T2 34.90    0.10 2 34.8 35.0
T3 32.35    0.15 2 32.2 32.5
T4 33.10    0.10 2 33.0 33.2
T5 27.20    0.20 2 27.0 27.4
T6 31.90    0.10 2 31.8 32.0
T7 34.35    0.15 2 34.2 34.5
T8 22.75    0.25 2 22.5 23.0
T9 29.70    0.30 2 29.4 30.0

alpha: 0.05 ; Df Error: 9
Critical Range
        2         3         4         5         6         7         8
0.6125951 0.6393962 0.6548351 0.6644540 0.6706414 0.6746262 0.6771139
        9
0.6785416
Means with the same letter are not significantly different.

Groups, Treatments and means
a        T2          34.9
a        T7          34.35
b        T4          33.1
c        T3          32.35
c        T6          31.9
d        T9          29.7
e        T1          28.25
f        T5          27.2
g        T8          22.75
 > summary(fit2)
             Df Sum Sq Mean Sq F value   Pr(>F)
Trials        8 245.96  30.745   419.2 1.18e-10 ***
Residuals     9   0.66   0.073
---
Signif. codes:  0 '***' 0.001 '**' 0.01 '*' 0.05 '.' 0.1 ' ' 1
```

当试验数据有重复时，方差分析除了试验误差外，还有一个模型误差，此处增加了空白列 CK，作为模型误差。将方差分析结果整理如表 4-44 所示。

表 4-44　有重复观测值正交试验资料方差分析表

变异来源	自由度 df	平方和 SS	均方 MS	*F* 值	*p* 值
Drug	2	25.72	12.86	235.005	7.85e−08 * * *
Con	2	45.24	22.62	413.391	8.43e−09 * * *
Dose	2	78.77	39.39	719.756	9.33e−10 * * *
Block	1	0.22	0.22	4.061	0.0786
模型误差	2	96.22	48.11	879.2	4.21e−10 * * *
试验误差	8	0.44	0.05		

首先检验模型误差与试验误差差异的显著性，若 *F* 检验不显著，则将模型误差和试验误差合并，计算合并的误差均方，再进行 *F* 检验与多重比较；如模型误差 *F* 检验显著，则说明试验因素间存在交互作用，二者不可合并，只能以试验误差均方进行 *F* 检验与多重比较。本例中，模型误差均方/试验误差均方 =879.2，p 值 <0.001，表明试验因素之间的交互作用极显著，只能以试验误差均方进行 *F* 检验与多重比较。*F* 检验结果表明，药剂类型 Drug、浓度 Con、剂量 Dose 因素对花生产量均有极显著影响，但区组间差异不显著。

当模型误差显著时，各试验因素水平间的差异已不能真正反映因素的主效应，此时应进行试验处理间的多重比较，以寻求最优水平组合。各处理间的多重比较结果表明，在 0.05 水平上，除了第 2 试验号与第 7 试验号、第 3 试验号与第 6 试验号之间差异不显著外，其余各试验号之间均差异显著，最优水平组合为 2 号处理(Drug1、Con2、Dose2)或 7 号处理(Drug3、Con1、Dose3)。

4.9.5.3　有交互作用的正交设计

【例 4.9.5.3】某一抗菌素培养基由 A、B、C 3 种成分组成，各有 2 水平，除了研究 A、B、C 3 个因素的主效应外，还欲分析 A 与 B、B 与 C 之间的交互作用，采用正交表 $L_8(2^7)$ 安排试验方案，试验结果如表 4-45 所示。试对试验结果进行方差分析。

表 4-45　交互作用试验结果

Trial	A	B	A × B	C	B × C	效果/% *
1	1	1	1	1	1	55
2	1	1	1	2	2	38
3	1	2	2	1	2	97
4	1	2	2	2	1	89
5	2	1	2	1	1	122
6	2	1	2	2	2	124
7	2	2	1	1	2	79
8	2	2	1	2	1	61

注：* 试验结果以对照为 100% 计算。

分析代码如下：

```
######## 代码清单 4.9.5.3 ########
df <-asreml.read.table( file = 'd4.9.5.3.csv' , header = T, sep = ',' )

fit <-aov( rate ~ . , data = df[ ,2:7] )
summary( fit )

df $ AB <-sapply( df, function(x) paste( df $ A, df $ B, sep = "" )) [ ,1]
fit2 <-aov( rate ~ A + C + AB, data = df )
duncan.test( fit2, "AB", alpha = 0.05 )
summary( fit2 )
```

运行结果如下：

```
> fit <-aov( rate ~ . , data = df[ ,2:7] )
> summary(fit)
            Df Sum Sq Mean Sq F value Pr(>F)
A            1   1431    1431  24.835 0.0380 *
B            1     21      21   0.367 0.6064
A_B          1   4950    4950  85.902 0.0114 *
C            1    210     210   3.646 0.1964
B_C          1     15      15   0.262 0.6594
Residuals    2    115      58
---
Signif. codes:  0 '***' 0.001 '**' 0.01 '*' 0.05 '.' 0.1 ' ' 1
> fit2 <-aov( rate ~ A + C + A_B, data = df )
> summary(fit2)
            Df Sum Sq Mean Sq F value   Pr(>F)
A            1   1431    1431  37.785 0.003552 **
C            1    210     210   5.548 0.078055 .
A_B          1   4950    4950 130.696 0.000334 ***
Residuals    4    152      38
---
Signif. codes:  0 '***' 0.001 '**' 0.01 '*' 0.05 '.' 0.1 ' ' 1
> fit2 <-aov( rate ~ A + C + AB, data = df )
> duncan.test( fit2, "AB", alpha = 0.05 )
Study:
Duncan's new multiple range test for rate
Mean Square Error:  43.45833

AB,  means
    rate std.err r Min. Max.
11  46.5     8.5 2   38   55
12  93.0     4.0 2   89   97
21 123.0     1.0 2  122  124
22  70.0     9.0 2   61   79
```

```
alpha: 0.05 ; Df Error: 3
Critical Range
        2         3         4
20.97962 21.04951 20.85001

Means with the same letter are not significantly different.
Groups, Treatments and means
a      21      123
b      12      93
c      22      70
d      11      46.5
```

fit 方差分析结果表明，A 因素、A×B 交互作用显著，B、C 因素与 B×C 交互作用不显著。而且 B 因素、B×C 交互作用的 *F* 值小于 1，故合并到误差中，并计算合并后误差的均方，再进行 *F* 检验与多重比较。为分析 A、B 因素水平组合的多重比较，创建一个新变量 AB，用以表示 A、B 水平的组合。多重比较结果表明，A2B1 极显著于其余组合，为最优水平组合。

4.9.5.4 因素水平不相等的正交设计

【例 4.9.5.4】为分析橡胶幼苗矮化试验，设置药剂 Drug、浓度 Con、物候 Clim、喷次 Times 4 个因素，各有 4、2、2、2 个水平，采用混合型正交表 $L_8(4\times2^4)$ 安排试验方案，试验结果如表 4-46 所示。试对试验结果进行方差分析。

表 4-46 橡胶幼苗矮化正交设计试验结果

Trail	Drug	Con	Clim	Times	CK	苗高/cm		
						重复 1	重复 2	重复 3
1	1(B9)	1(2)	1(展叶期)	1(1 次)	1	8.24	9.64	15.46
2	1(B9)	2(5)	2(变色期)	2(2 次)	2	15.28	17.26	10.76
3	2(Na)	1(2)	1(展叶期)	2(2 次)	2	16.62	15.20	20.56
4	2(Na)	2(5)	2(变色期)	1(1 次)	1	13.98	22.94	11.68
5	3(7305)	1(2)	2(变色期)	1(1 次)	2	40.32	35.25	29.46
6	3(7305)	2(5)	1(展叶期)	2(2 次)	1	10.11	7.70	9.14
7	4(Fw450)	1(2)	2(变色期)	2(2 次)	1	33.64	31.90	24.84
8	4(Fw450)	2(5)	1(展叶期)	1(1 次)	2	23.02	22.46	10.98

分析代码如下：

```
######## 代码清单 4.9.5.4 ########
library(asreml)
library(agricolae)

df <-asreml.read.table( file = 'd4.9.5.4.csv', header = T, sep = ',' )
fit <-aov( length ~ Drug + Con + Clim + Times + Rep + CK, data = df )
```

```
summary( fit )
vars <-colnames( df ) [2:4]
for( i in 1:3) { duncan.test( fit, vars[i], alpha =0.05 ) }
```

运行结果如下:

```
> fit <-aov( length ~ Drug + Con + Clim + Times + Rep + CK, data =df )
> summary( fit )
           Df Sum Sq Mean Sq F value   Pr( >F)
Drug        3  494.5   164.8   8.681 0.001671 * *
Con         1  466.6   466.6  24.572 0.000211 * * *
Clim        1  581.9   581.9  30.647 7.34e -05 * * *
Times       1   38.6    38.6   2.031 0.176073
Rep         2   69.7    34.8   1.835 0.196015
CK          1  139.7   139.7   7.356 0.016848 *
Residuals  14  265.8    19.0
- - -
Signif. codes:  0 '* * * ' 0.001 '* * ' 0.01 '* ' 0.05 '.' 0.1 ' ' 1

> for( i in 1:3 ) { duncan.test( fit, vars[i], alpha = 0.05 ) }

Duncan's new multiple range test for length

Mean Square Error:  18.98839

Drug,  means
   length  std.err r  Min.  Max.
1 12.77333 1.506144 6  8.24 17.26
2 16.83000 1.718439 6 11.68 22.94
3 21.99667 5.994659 6  7.70 40.32
4 24.47333 3.304307 6 10.98 33.64

alpha: 0.05 ; Df Error: 14

Critical Range
       2        3        4
5.395945 5.654097 5.813419

Means with the same letter are not significantly different.

Groups, Treatments and means
a        4          24.47
ab       3          22
bc       2          16.83
c        1          12.77
```

```
Duncan's new multiple range test for length

Mean Square Error:  18.98839

Con,  means
    length  std.err  r Min.  Max.
1 23.42750 3.072465 12 8.24 40.32
2 14.60917 1.614590 12 7.70 23.02

alpha: 0.05 ; Df Error: 14

Critical Range
      2
3.815509

Means with the same letter are not significantly different.

Groups, Treatments and means
a 1 23.43
b 2 14.61

Duncan's new multiple range test for length

Mean Square Error:  18.98839

Clim,  means
    length  std.err  r  Min.  Max.
1 14.09417 1.619120 12  7.70 23.02
2 23.94250 2.924287 12 10.76 40.32

alpha: 0.05 ; Df Error: 14

Critical Range
      2
3.815509

Means with the same letter are not significantly different.

Groups, Treatments and means
a 2 23.94
b 1 14.09
```

本例中因有重复观测值，所以加了空白列 CK 作为模型误差。方差分析结果表明，除了喷次间和重复间差异不显著，其余因素都差异显著。虽然本例模型误差显著，但本分析指定因素间没有交互作用。对药剂 Drug、浓度 Con 和物候 Clim 做多重比较，结果表明，本实验的最优水平组合为 Drug1、Con2、Clim1、Times1 或 Drug2、Con2、Clim1、Times1，即用药剂 B9 或二氯丁酸钠(Na)，浓度为 5g/kg，于展叶期喷 1 次为佳。

另外，由方差分析结果中的 F 值大小，可判断因素的主次顺序为：物候 Clim > 浓度 Con > 药剂 Drug > 喷次 Times。

4.9.6　裂区设计

裂区设计(split-plot design)是先将每一区按第一因素的处理数划分为小区，称为主区(整区)，在主区里随机安排主处理；在主区内引进第二个因素的各个处理(副处理)，就是主处理的小区内分设与副处理相等的更小的小区，称为副区(裂区)，在副区里随机排列副处理。在这种试验处理中，从第二个因素来讲，主区就是一个区组；从整个试验所有处理组合讲，主区又是一个不完全区组。这种设计将主区分裂为副区，称为裂区设计。在进行统计分析时，可分别估算主区与副区的试验误差，而副区的试验误差小于前者，即副区的比较比主区的比较更为精确。

裂区设计常用于以下情况：

①当一个因素的各处理比另一个因素的各处理需要更大区域时，需要较大区域的因素作为主处理，设在主区，需要较小区域的因素作为副处理，设在副区。

②试验中某一因素的主效比另一因素的主效更为重要，而且要求的精度较高。将要求精度较高的因素作为副处理，另一因素作为主处理。

③根据以往的研究，知道某些因素的效应比另一些因素的效应更大时，也适于采用裂区设计，将可能表现较大差异的因素作为主处理。

【例 4. 9. 6】为探讨 4 个辣椒品种的施肥技术，采用 3 种施肥量：1500、2000 和 2500kg/ha，采用裂区设计。因品种是重要试验因素，所以施肥量设为主区因素 A，品种设为副区因素 B，副区面积为 15m^2，试验重复 3 次，主区做随机区组排列。目的指标为产量(kg/小区)，试验结果如表 4-47 所示，试做方差分析。

表 4-47　辣椒裂区设计试验结果

A	B	区组		
		1	2	3
A1	B1	39. 8	38. 5	39. 1
	B2	43. 3	43. 5	46. 5
	B3	55. 9	69. 7	63. 8
	B4	52. 6	57. 5	57. 7
A2	B1	27. 5	27. 1	26. 8
	B2	44. 8	48. 8	47. 6
	B3	48. 7	44. 5	48. 6
	B4	41. 7	37. 2	36. 5
A3	B1	26. 5	25. 8	26. 3
	B2	35. 4	34. 5	36. 3
	B3	42. 0	44. 3	43. 6
	B4	39. 1	39. 6	44. 3

分析代码如下：

```
######## 代码清单 4.9.6a ########
library(asreml)
library(agricolae)

df <-asreml.read.table( file = 'd4.9.6.csv', header = T, sep = ',' )

with( df, xyplot( yield ~ A | B, groups = Block, aspect = "xy", type = "o" ))

fit <-aov( yield ~ A *  B + Error(Block/A), data = df )
summary( fit )

with( df, duncan.test( yield, A, DFerror = 4, MSerror = 10.1 ))
with( df, duncan.test( yield, B, DFerror = 18, MSerror = 6.6 ))

with( df, LSD.test( yield, A:B, DFerror = 18, MSerror = 6.6 ))
```

运行结果如图 4-20：

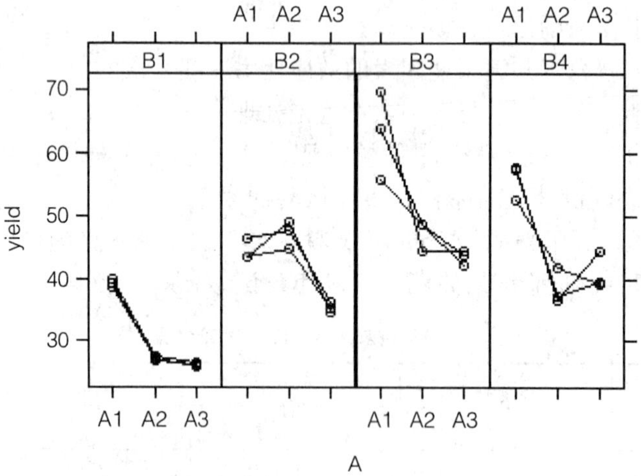

图 4-20　辣椒裂区试验产量栅栏图

```
> summary(fit)
Error: Block
      Df Sum Sq Mean Sq
Block  2  17.14   8.569

Error: Block:A
          Df Sum Sq Mean Sq F value Pr(>F)
A          2 1309.7   654.9   64.68  9e-04 ***
Residuals  4   40.5    10.1
---
Signif. codes:  0 '***' 0.001 '**' 0.01 '*' 0.05 '.' 0.1 ' ' 1
```

```
Error: Within
          Df Sum Sq Mean Sq F value    Pr(>F)
B          3 1976.0   658.7   99.28 2.18e-11 ***
A:B        6  422.4    70.4   10.61 4.34e-05 ***
Residuals 18  119.4     6.6
---
Signif. codes:  0 '***' 0.001 '**' 0.01 '*' 0.05 '.' 0.1 ' ' 1
> with(df, duncan.test(yield, A, DFerror=4, MSerror=10.1))
Study:
Duncan's new multiple range test for yield
Mean Square Error:  10.1
A,  means
      yield  std.err  r Min. Max.
A1 50.65833 2.996120 12 38.5 69.7
A2 39.98333 2.534634 12 26.8 48.8
A3 36.47500 2.027243 12 25.8 44.3

alpha: 0.05 ; Df Error: 4

Critical Range
       2        3
3.602268 3.681202

Means with the same letter are not significantly different.
Groups, Treatments and means
a        A1          50.66
b        A2          39.98
b        A3          36.48
> with(df, duncan.test(yield, B, DFerror=18, MSerror=6.6))
Study:
Duncan's new multiple range test for yield
Mean Square Error:  6.6
B,  means
      yield  std.err r Min. Max.
B1 30.82222 2.086649 9 25.8 39.8
B2 42.30000 1.829997 9 34.5 48.8
B3 51.23333 3.272359 9 42.0 69.7
B4 45.13333 2.846977 9 36.5 57.7

alpha: 0.05 ; Df Error: 18

Critical Range
       2        3        4
2.544343 2.669569 2.748584

Means with the same letter are not significantly different.
```

```
Groups, Treatments and means
a        B3              51.23
b        B4              45.13
c        B2              42.3
d        B1              30.82

> with(df, LSD.test(yield, A:B, DFerror = 18, MSerror = 6.6))

Study:
LSD t Test for yield
Mean Square Error:  6.6

A:B,  means and individual ( 95 % ) Cl
         yield  std.err r      LCL      UCL Min. Max.
A1:B1 39.13333 0.3756476 3 38.34413 39.92254 38.5 39.8
A1:B2 44.43333 1.0349450 3 42.25899 46.60767 43.3 46.5
A1:B3 63.13333 3.9976382 3 54.73461 71.53206 55.9 69.7
A1:B4 55.93333 1.6676664 3 52.42970 59.43697 52.6 57.7
A2:B1 27.13333 0.2027588 3 26.70735 27.55931 26.8 27.5
A2:B2 47.06667 1.1850926 3 44.57688 49.55645 44.8 48.8
A2:B3 47.26667 1.3836345 3 44.35976 50.17357 44.5 48.7
A2:B4 38.46667 1.6292466 3 35.04375 41.88959 36.5 41.7
A3:B1 26.20000 0.2081666 3 25.76266 26.63734 25.8 26.5
A3:B2 35.40000 0.5196152 3 34.30833 36.49167 34.5 36.3
A3:B3 43.30000 0.6806859 3 41.86993 44.73007 42.0 44.3
A3:B4 41.00000 1.6563011 3 37.52024 44.47976 39.1 44.3

alpha: 0.05 ; Df Error: 18
Critical Value of t: 2.100922

Least Significant Difference 4.406931
Means with the same letter are not significantly different.

Groups, Treatments and means
a        A1:B3           63.13
b        A1:B4           55.93
c        A2:B3           47.27
c        A2:B2           47.07
cd       A1:B2           44.43
cde      A3:B3           43.3
def      A3:B4           41
efg      A1:B1           39.13
fg       A2:B4           38.47
g        A3:B2           35.4
h        A2:B1           27.13
h        A3:B1           26.2
```

对于裂区设计，方差分析表实际上由主区和副区方差分析组成，将运行得到的方差分析结果整理成表 4-48：

表 4-48　裂区设计方差分析表

变异来源		自由度 df	平方和 SS	均方 MS	*F* 值	*p* 值
主区	区组 block	2	17.14			
	施肥量 A	2	1309.7	654.9	64.68	9e-04 * * *
	主区误差	4	40.5	10.1		
副区	品种 B	3	1976	658.7	99.28	2.18e-11 * * *
	A × B	6	422.4	70.4	10.6	4.34e-05 * * *
	副区误差	18	119.4	6.6		

由方差分析表可知，各种施肥量 A、不同品种 B 之间差异极显著；A、B 两因素的交互作用也极显著，故可做进一步多重比较。

裂区设计的多重比较，不论用 LSD 法，还是 SSR 法，计算标准误差都用误差均方及误差自由度。主区因素各水平之间比较时，利用主区误差均方及其自由度；副区因素各水平之间比较时，利用副区误差均方及其自由度。

主、副区因素的多重比较，采用 SSR 法，结果表明，A1 产量显著高于 A2 和 A3，A2 和 A3 之间差异不显著；不同品种之间产量均差异显著，B3 品种产量最高，B1 品种产量最低。处理之间的比较，一般采用 LSD 法，结果表明，A1B3 组合的产量显著高于其余组合，其次是 A1B4 组合，产量最低是 A2B1 和 A3B1。因此，本试验最优水平组合为 A1B3，即施肥量为 1500 kg/ha，辣椒品种为 B3。

此外，还可将多重比较的结果画成图形，本书不展示。绘图代码如下：

```
############# 代码清单 4.9.6b ############
library( gplots )
plot.stuff <-with( df, duncan.test(yield, A, DFerror =4, MSerror =10.1 ))
mu.i <-plot.stuff $means[ ,1]
se.i <-qt( 1 -0.05/2, 45 ) * plot.stuff $means[ ,2]
bp <-barplot2(mu.i, names.arg =rownames(plot.stuff $means), xlab ="Nitrogen",
        ylab ="Yield per Acre", plot.ci =T, ci.l =mu.i -se.i, ci.u =mu.i +se.i )
text( bp, 0, c("A", "B", "B"), cex =1, pos =3 )
```

4.9.7　巢式设计

巢式设计(nested design)，也称为嵌套设计或系统分组设计。把研究对象分成若干组，每组内又分若干亚组，每个亚组又有若干观测值的设计，称为巢式设计。根据因素数的不同，巢式设计可分为二因素(二级)、三因素(三级)等巢式设计。

方差分析基本过程：将全部 k 个因素按主次排列，依次称为 1 级，2 级，⋯，k 级因素，再将总离差平和及自由度进行分解，其基本思想与一般方差分析相同。所不同的是分解法有明显的区别，它侧重于主要因素，并且第 i 级因素的显著与否，是分别用第 i 级与第 $i+1$ 级因素的均方为分子和分母来构造 F 统计量，并以 F 检验为其理论根据。

【例 4.9.7】某试验欲研究药物品种、炮制方法以及剂量对小鼠凝血时间的影响，采用了巢式设计，因素主次顺序为炮制方法、剂量及药物品种，各有 2 个水平，其中炮制方法 type 有生品(SP)、炭品(TP)，剂量有 2.25 g/kg 体重、0.75 g/kg 体重，药物有绵马贯众(drug1)、单芽狗脊贯众(drug2)。连续灌胃给药 3d 后，以毛细管法测定小鼠凝血时间 Time(s)，测定结果如表 4-49 所示。试对试验结果做分析。

表 4-49　药物对小鼠凝血时间的影响

Type	Dose	Time/s			
		drug1		drug2	
SP	2.25	155.59	182.04	185.11	132.82
		129.76	174.66	158.70	167.54
		167.10	139.73	159.24	151.84
	0.75	154.71	185.22	137.97	175.61
		167.94	137.83	173.18	191.44
		172.75	173.65	164.19	189.69
TP	2.25	144.07	128.19	98.94	142.69
		150.35	91.98	108.09	102.25
		91.56	135.76	133.52	136.31
	0.75	145.45	143.09	140.96	113.51
		152.37	122.15	122.08	145.97
		118.37	114.77	143.65	150.12

分析代码如下：

```
########### 代码清单 4.9.7 nested design #########
library(asreml)
df <-asreml.read.table( file = 'd4.9.7.csv', header = T, sep = ',' )
#str(df)

fit <-aov( time ~ Type/Dose/Drug, data = df )                # test Drug:Dose:Type
fit1  <-aov( time ~ Type + Error( Dose:Type ), data = df )  # test Type
fit2  <-aov( time ~ Type/Dose + Error( Drug:Dose:Type ), data = df)
                                                             # test Dose:Type

summary(fit)
```

运行结果如下：

```
> fit <-aov( time ~ Type/Dose/Drug, data = df )
> summary( fit )
                    Df   Sum Sq  Mean Sq  F value  Pr( > F)
Type                 1    15127    15127    41.85   1e-07* * *
Type:Dose            2     1523      761     2.11     0.13
Type:Dose:Drug       4      204       51     0.14     0.97
Residuals           40    14457      361
- - -
Signif. codes:  0 '* * * ' 0.001 '* * ' 0.01 '* ' 0.05 '.' 0.1 ' ' 1
> fit1 <-aov( time ~ Type + Error( Dose:Type ), data = df ) # test Type
> summary( fit1 )

Error: Dose:Type
            Df   Sum Sq  Mean Sq  F value  Pr( > F)
Type         1    15127    15127     19.9   0.047*
Residuals    2     1523      761
- - -
Signif. codes:  0 '* * * ' 0.001 '* * ' 0.01 '* ' 0.05 '.' 0.1 ' ' 1

Error: Within
          Df Sum Sq Mean Sq F value Pr( > F)
Residuals 44  14661     333
> fit2 <-aov( time ~ Type/Dose + Error( Drug:Dose:Type ), data = df )
> summary( fit2 )

Error: Drug:Dose:Type
            Df   Sum Sq  Mean Sq  F value  Pr( > F)
Type         1    15127    15127    296.7 6.7e-05* * *
Type:Dose    2     1523      761     14.9   0.014*
Residuals    4      204       51
- - -
Signif. codes:  0 '* * * ' 0.001 '* * ' 0.01 '* ' 0.05 '.' 0.1 ' ' 1

Error: Within
          Df Sum Sq Mean Sq F value Pr( > F)
Residuals 40  14457     361
```

运行结果分三部分：第一部分，运行了三因素巢式设计的方差分析，结果仅有 Type：Dose：Drug 的 F 检验结果是正确的，F 值 $= 0.14$，p 值 $= 0.97 > 0.05$，表明不同药物的凝血时间差异不显著；第二部分，以 Dose：Type 的均方作为 F 统计量分母，对 Type 进行 F 检验，结果显示，F 值 $= 19.9$，p 值 $= 0.047 < 0.05$，说明不同炮制方法 Type 的凝血时间差异显著；第三部分，以 Drug：Dose：Type 的均方作为 F 统计量分母，对 Dose：Type 进行 F 检验，结果显示，F 值 $= 14.9$，p 值 $= 0.014 < 0.05$，说明不同炮制方法 Type 和剂量 Dose 水平组合的凝血时间差异显著。此外，还可通过 aggregate( ) 函数

计算炮制方法、剂量的各水平平均值，以判断哪种炮制方法、哪种剂量凝血时间短，这里不再详述，读者可自行分析。

4.9.8 全因子设计

全因子实验设计(full factorial experimental design)，也叫作析因设计。将所有实验因素的各水平全面组合形成不同的实验条件，每个实验条件下进行2次或2次以上的独立重复实验，称为全因子设计。全因子设计的最大优点是所获得的信息量很多，可以准确地估计各实验因素的主效应的大小，还可估计因素之间各级交互作用效应的大小；其最大缺点是所需要的实验次数最多，耗费的人力、物力和时间也较多，因此当所考察的实验因素和水平较多时，研究难度明显增大。

全因子设计有3个明显的特点：其一，它要求实验时全部因素同时施加，即每次做实验都将涉及到每个因素的一个特定水平(如果实验因素施加时有“先后顺序”之分，一般被称为“裂区设计”)；其二，因素对定量观测结果的影响是地位平等的，即在专业上没有充分的证据认为哪些因素对定量观测结果的影响大，而另一些影响小(如果实验因素对观测结果的影响在专业上能排出主、次顺序，一般就被称为“巢式设计”)；其三，可以准确地估计各因素及其各级交互作用的效应大小(如果某些交互作用的效应不能准确估计，就属于非正规的析因设计了，比如分式析因设计)。

【例4.9.8.1】为研究克拉霉素的抑菌效果，对28个短小芽孢杆菌平板依据菌株的来源不同分成了7个区组，每组4个平板，用随机的方式分配给标准药物高剂量组(SH)、标准药物低剂量组(SL)以及克拉霉素高剂量组(TH)、克拉霉素低剂量组(TL)。给予不同的处理后，观测抑菌圈的直径，结果见表4-50。

表4-50 不同处理后的抑菌圈直径 单位：mm

区组	抑菌圈直径			
	SL	SH	TL	TH
1	18.02	19.41	18.00	19.46
2	18.12	20.20	18.91	20.38
3	18.09	19.56	18.21	19.64
4	18.30	19.41	18.24	19.50
5	18.26	19.59	18.11	19.56
6	18.02	20.12	18.13	19.60
7	18.23	19.94	18.06	19.54

分析代码如下：

```
########### 代码清单 4.9.8.1 #########
library( asreml ); library( lsmeans )
df <-asreml.read.table( file = 'd4.9.8.1.csv', header = T, sep = ',' )
str( df )
```

```
fit <-aov( diameter ~ Block + Drug* Dose, data = df )
summary( fit )

lsmeans( fit, pairwise ~ Drug:Dose )
```

运行结果如下：

```
> fit <-aov( diameter ~ Block + Drug* Dose, data = df )
> summary( fit )
            Df Sum Sq Mean Sq F value   Pr( > F)
Block        6  1.100   0.183   3.986  0.0103 *
Drug         1  0.000   0.000   0.004  0.9515
Dose         1 16.067  16.067 349.258 3.1e-13 ***
Drug:Dose    1  0.049   0.049   1.063  0.3162
Residuals   18  0.828   0.046
---
Signif. codes:  0 '***' 0.001 '**' 0.01 '*' 0.05 '.' 0.1 ' ' 1
> lsmeans( fit, pairwise ~ Drug:Dose )
$`Drug:Dose lsmeans`
Drug Dose   lsmean        SE df lower.CL upper.CL
   1    1 18.14857 0.0810661 18 17.97826 18.31888
   2    1 18.23714 0.0810661 18 18.06683 18.40746
   1    2 19.74714 0.0810661 18 19.57683 19.91746
   2    2 19.66857 0.0810661 18 19.49826 19.83888

$`Drug:Dose pairwise differences`
             estimate        SE df   t.ratio p.value
1,1 -2,1 -0.08857143 0.1146448 18  -0.77257 0.86576
1,1 -1,2 -1.59857143 0.1146448 18 -13.94369 0.00000
1,1 -2,2 -1.52000000 0.1146448 18 -13.25835 0.00000
2,1 -1,2 -1.51000000 0.1146448 18 -13.17112 0.00000
2,1 -2,2 -1.43142857 0.1146448 18 -12.48577 0.00000
1,2 -2,2  0.07857143 0.1146448 18   0.68535 0.90133
   p values are adjusted using the tukey method for 4 means
```

分析结果为2个部分：第一部分是方差分析，结果显示，区组和药剂剂量所对应的 F 统计量和 p 值，分别为 F 值 = 3.986，p 值 = 0.0103 < 0.05，F 值 = 349.258，p 值 = 3.1e-13 < 0.001，即不同菌株来源和药剂剂量对抑菌圈直径的影响均有显著差异；第二部分，是全部实验组之间两两比较的结果：除 Durg1Dose1 与 Drug2Dose1、Durg1Dose2 与 Drug2Dose2 外，其余组合之间均差异显著。因此，当控制药物剂量 Dose 在低剂量或高剂量时，标准药物 Drug1 与克拉霉素 Drug2 对抑菌圈的直径影响没有显著差异。

【例 4.9.8.2】欲研究制造塑料胶片过程中挤压度和添加剂剂量对其性能的影响，随机抽样获得 20 个塑料胶片样品，按 2×2 析因设计，挤压度和添加剂剂量各选 2 个水平，塑料胶片的性能用 3 个指标表示，即抗泪度、光泽度和混浊度，数据见表 4-51。请问：塑料胶片制造过程中挤压度和添加剂剂量对其性能的影响有无统计学意义？

表 4-51 挤压度和添加剂剂量对塑料胶片的影响

挤压度 A	添加剂剂量 B	抗泪度 *y*1	光泽度 *y*2	混浊度 *y*3
1	1	6.5	9.5	4.4
1	1	6.2	9.9	6.4
1	1	5.8	9.6	3.0
1	1	6.5	9.2	4.1
1	1	6.5	9.2	0.8
1	2	6.9	9.1	5.7
1	2	7.2	10.0	2.0
1	2	6.9	9.9	3.9
1	2	6.1	9.5	1.9
1	2	6.3	9.4	5.7
2	1	6.7	9.1	2.8
2	1	6.6	9.3	4.1
2	1	7.2	8.3	3.8
2	1	7.1	8.4	1.6
2	1	6.8	8.5	3.4
2	2	7.1	9.2	8.4
2	2	7.0	8.8	5.2
2	2	7.2	9.7	6.9
2	2	7.5	10.1	2.7
2	2	7.6	9.2	1.9

分析代码如下：

```
########## 代码清单 4.9.8.2 #########
library(asreml)
df <-asreml.read.table( file = 'd4.9.8.2.csv', header = T, sep = ',' )
str( df )

attach( df )
y <-cbind( y1, y2, y3 )

fit <-manova( y ~ A* B )
fit2 <-manova( y ~ A + B)

summary( fit2, test = "Wilks" )  # "Pillai", "Hotelling-Lawley", and "Roy"
summary.aov( fit2 )
detach( df )
```

运行结果如下：

```
> fit <-manova( y ~ A* B )
> summary( fit, test = "Wilks" )  # "Pillai", "Hotelling-Lawley", and "Roy"
          Df   Wilks approx F num Df den Df    Pr( > F)
A          1 0.40375   6.8915      3     14 0.004417 * *
B          1 0.50025   4.6620      3     14 0.018451 *
A:B        1 0.80764   1.1115      3     14 0.377546
Residuals16
- - -
Signif. codes:  0 '* * * ' 0.001 '* * ' 0.01 '* ' 0.05 '.' 0.1 ' ' 1

> fit2 <-manova( y ~ A + B )
> summary( fit2, test = "Wilks" )
          Df   Wilks approx F num Df den Df    Pr( > F)
A          1 0.40579   7.3215      3     15 0.002996 * *
B          1 0.53049   4.4252      3     15 0.020335 *
Residuals17
- - -
Signif. codes:  0 '* * * ' 0.001 '* * ' 0.01 '* ' 0.05 '.' 0.1 ' ' 1
> summary. aov( fit2 )
Response y1 :
            Df Sum Sq Mean Sq F value      Pr( > F)
A           1 1.7405 1.74050  16.769 0.0007549 * * *
B           1 0.7605 0.76050   7.327 0.0149597 *
Residuals17 1.7645 0.10379
- - -
Signif. codes:  0 '* * * ' 0.001 '* * ' 0.01 '* ' 0.05 '.' 0.1 ' ' 1

Response y2 :
            Df Sum Sq Mean Sq F value   Pr( > F)
A           1 1.1045 1.10450  5.9712 0.02575 *
B           1 0.7605 0.76050  4.1115 0.05857
Residuals17 3.1445 0.18497
- - -
Signif. codes:  0 '* * * ' 0.001 '* * ' 0.01 '* ' 0.05 '.' 0.1 ' ' 1

Response y3 :
            Df Sum Sq Mean Sq F value Pr( > F)
A           1   0.421   0.4205   0.1038 0.7513
B           1   4.901   4.9005   1.2094 0.2868
Residuals17 68.885   4.0520
```

运行结果表明，除了 A × B 交互作用不显著外，A、B 因素都对 $y1$、$y2$、$y3$ 整体的影响有显著差异。舍弃 A × B 交互作用，重新进行模型拟合，结果表明，对于 A，Wilk's λ 值 =0.406，F 值 =7.32，p 值 =0.003 <0.05；对于 B，Wilk's λ 值 =0.530，

F 值 =4.43，p 值 =0.020 <0.05，说明 A、B 因素都对 $y1$、$y2$、$y3$ 整体的影响有显著差异。summary. aov(fit2)还输出了 $y1$、$y2$、$y3$ 分别对 A、B 因素的方差分析，结果显示，$y1$ 在 A、B 因素上都有显著差异；$y2$ 仅在 A 因素上有差异；$y3$ 在 A、B 因素上都无显著差异。

4.10 功效分析

功效分析(power analysis)是指在给定置信度条件下，判断可以检测到指定效应值时所需的样本量，或者计算在某样本量内能检验到指定效应值的概率。下文将对多种统计检验进行功效分析，包括方差分析、t 检验、χ^2 检验和相关分析等。

在研究过程中，人们通常关注 4 个变量：样本量、显著性水平、功效和效应值。

①样本量　试验设计中观测的数目；

②显著性水平　效应不发生的概率；

③功效　真实效应发生的概率；

④效应值　在备择或研究假设下效应的量。

上述 4 个变量紧密相关，指定其中任意 3 个变量值时，就可推算出第 4 个变量值。一般来说，研究的目的是维持一个可接受的显著性水平，尽量使用较小的样本量，然后最大化统计检验的功效。换言之，最大化真实效应的发生概率，最小化错误效应的发生概率，同时把研究成本控制在合理的范围内。

下文将采用 pwr 包中的各种函数进行功效分析的演示。

4.10.1 功效分析

如表 4-52 所示，罗列了 pwr 包中各种函数及其功能。使用 pwr 包前，需先安装。

表 4-52　pwr 包中的函数和功能

函数模式	描述
pwr. 2p. test( )	双样本比例检验(n 相等)
pwr. 2p2n. test( )	双样本比例检验(n 不等)
pwr. anova. test( )	单因素方差分析
pwr. chisq. test( )	χ^2 检验
pwr. f2. test( )	广义线性模型
pwr. p. test( )	单样本比例检验
pwr. r. test( )	相关检验
pwr. t. test( )	t 检验(单样本，双样本，配对双样本)
pwr. t2n. test( )	双样本 t 检验(n 不等)

4.10.1.1 方差分析

pwr. anova. test( )函数的使用格式为：

```
pwr.anova.test(k =, n =, f =, sig.level =, power =)
```

其中，k 是试验分组的个数；n 是各组中的样本量。

效应值可用 f 来计算：

$$f = \sqrt{\frac{\sum_{i=1}^{k} \rho_i \times (\mu_i - \mu)^2}{\sigma^2}}$$

式中，$\rho_i = n_i/N$，$n_i = i$ 组的观测数目，N = 总观测数目；$\mu_i = i$ 组的平均值；μ = 总体平均值；σ^2 = 组内误差方差。

例如单因素方差分析，有 5 个组，显著性水平 =0.05，效应值 =0.25，要达到 0.8 的功效，计算各组需要的样本量。分析代码如下：

```
library(pwr)
> pwr.anova.test(k=5, f=0.25, sig.level=0.05, power=0.8)
    Balanced one-way analysis of variance power calculation
                k=5
                n=39
                f=0.25
      sig.level=0.05
          power=0.8
NOTE: n is number in each group
```

从运行的结果可知，组内样本量 $n=39$，所以总体样本量 $N=k\times n=5\times 39=195$。

4.10.1.2 *t* 检验

pwr.t.test( ) 函数的使用格式为：

```
pwr.t.test(n =, d =, sig.level =, power =, type =, alternative =)
```

其中，n 是试验样本量；d 是效应值；sig.level 是显著性水平；power 是功效水平；type 是检验类型(单样本“one.sample”，双样本“two.sample”，配对双样本“paired”)；alternative 是双尾检验(“two.sided”)或单尾检验(“less”或“greater”)。

$$d = (\mu_1 - \mu_2)/\sigma$$

式中，μ_1、μ_2 为组 1、组 2 的平均值；σ 为误差方差。

现假设要研究使用手机对驾驶员反应时间的影响。根据经验知道反应时间有 1.25s 的标准偏差，并认定 1s 的反应时间差值是巨大的差异，则效应值 $d=1/1.25=0.8$。同时假定功效水平 power =0.9，即 90% 的把握可检验到反应的差异，并且要在 0.05 的水平上是显著差异的。试分析至少需要多少试验者？

分析代码和运行结果如下：

```
library(pwr)
>pwr.t.test(d=0.8, sig.level=0.05, power=0.9, type="two.sample", alterna-
tive="two.sided")
     Two-sample t test power calculation
              n=34
              d=0.8
      sig.level=0.05
          power=0.9
    alternative=two.sided
NOTE: n is number in * each* group
```

从运行的结果可知，每组中的人数为 34 个，故总共需要 68 人，这样才能保证有 90% 的把握检测到 0.8 的效应值，并且最多 5% 的概率会发生误报。

4.10.1.3 χ^2检验

χ^2检验常用于 2 个类别变量关系的评价。pwr.chisq.test( ) 函数可评估 χ^2检验的功效、效应值和所需的样本量。其使用格式如下：

```
pwr.chisq.test(w=, N =, df =, sig.level =, power=)
```

其中，w 为效应值；N 为总样本量；df 为自由度；sig.level 为显著性水平；power 为功效。

现假设要研究学历与工作晋升的关系。假设试验样本中 50% 是本科生，10% 是研究生，40% 是高中生。同时调查表明，与 20% 的高中生和 50% 的研究生相比，60% 的本科生更容易晋升，晋升的概率如表 4-53 所示。试分析该研究需要多少试验者?

表 4-53　预期晋升的人群比例

学历	晋升比例	未晋升比例
研究生	0.05	0.05
本科生	0.30	0.20
高中生	0.08	0.32

显著性水平 = 0.05，功效 power = 0.9，$df=(r-1)\times(c-1)=(3-1)\times(2-1)=2$。

首先计算效应值，代码和结果如下：

```
library(pwr)
prob <-matrix(c(0.05, 0.05, 0.30, 0.20, 0.08, 0.32), byrow=T, nrow=3)
ES.w2(prob)
[1] 0.3837797
```

接下来，就可计算所需的样本量，代码和结果如下：

```
library(pwr)
>pwr.chisq.test(w=0.3838, df=2, sig.level=0.05, power=0.9)

Chi squared power calculation
              w=0.3838
```

```
            N = 85.90446
           df = 2
    sig. level = 0.05
        power = 0.9

NOTE: N is the number of observations
```

从上面的结果可知，需要 86 人才能保证达到预期的研究结果。

4.10.1.4 相关检验

pwr. r. test( )函数的使用格式为：

```
pwr.r.test(n = , r = , sig.level = , power = , alternative = )
```

其中，n 为试验样本量；r 为相关值；sig. level 为显著性水平；power 为功效水平；alternative 为双尾检验(“two. sided”)或单尾检验(“less”或“greater”)。

假设研究某林木树高与胸径的相关。零假设(H_0)和备择假设(H_1)为：H_0：$r \leq 0.45$ 和 H_1：$r > 0.45$。其中，r 是树高和胸径的相关值。同时，假定显著性水平 $\alpha = 0.05$，功效 power = 0.9（即 90% 的概率拒绝 H_0），则至少需要观测多少棵树？

分析代码和运行结果如下：

```
library(pwr)
> pwr.r.test(r = 0.45, sig.level = 0.05, power = 0.90, alternative = "greater")

approximate correlation power calculation (arctangh transformation)

             n = 39.06017
             r = 0.45
     sig.level = 0.05
         power = 0.9
   alternative = greater
```

从运行的结果可知，要达到预期的研究目的，需要观测 40 棵以上。

4.10.2 绘制功效分析图

绘制各种效应值下，显著相关所需的样本量曲线。作法：给定显著水平值，并指定一系列效应值和功效水平值后，利用 pwr. r. test( )函数计算对应的样本量再绘制成图。

程序代码如下：

```
############ 代码清单 4.10.2 ############
library(pwr)

sgl <-c(0.1, 0.05, 0.01, 0.001)  # 显著性水平

r <-seq(0.1, 0.5, 0.01)          # 设置相关值
nr <-length(r)
```

```
p <-seq(0.4, 0.9, 0.1)   #设置功效水平
np <-length(p)

hvn <-0
samsize <-array(numeric(4* nr* np), dim=c(4, nr, np))   #计算样本量
for( hv in sgl ){
  hvn <-hvn + 1
  for ( i in 1:np ){
     for ( j in 1:nr ){
       result <-pwr.r.test(n=NULL, r=r[j], sig.level=hv, power=p[i],
                              alternative="two.sided")
       samsize[hvn, j, i] <-ceiling(result $ n)
     }
  }
}

par(mfrow=c(1, 1))  #创建图形
for( k in 1:4 ){
  xrange <-range(r)
  yrange <-round(range(samsize[k, , ]))
  colors <-rainbow( length(p) )
  plot( xrange, yrange, type="n",
       xlab="Correlation Coefficient (r)", ylab="Sample Size (n)" )

  for ( i in 1:np ){
    lines( r, samsize[k, ,i], lty=c(i), lwd=2, col=colors[i] )
  }

  title(main=paste( "Sig=", sgl[k], "(Two-tailed)", sep=" " ), cex.main=1)

  legend( "topright", inset=0.05, title="Power", as.character(p),
       lty=c(1:np), col=colors[1:np], lwd=2, cex=0.8 )

  abline( v=0, h=seq(0, yrange[2], 50), lty=2, col="grey80" )
  abline( h=0, v=seq(xrange[1], xrange[2], 0.02), lty=2, col="gray80" )
}
```

运行代码生成的图形如图 4-21 所示。由图 4-21 可知，在某个固定显著水平下，对于一个相关值，样本量随着功效水平的提高而增大。比如，显著性水平 =0.05 时，如 $r=0.2$，当功效水平 $p=0.4$ 时，样本量 N 大约为 75；当 $p=0.9$ 时，样本量增大到 260。同理，对于同样的功效水平 p 和相关值 r 时，样本量随显著值的降低而增大。

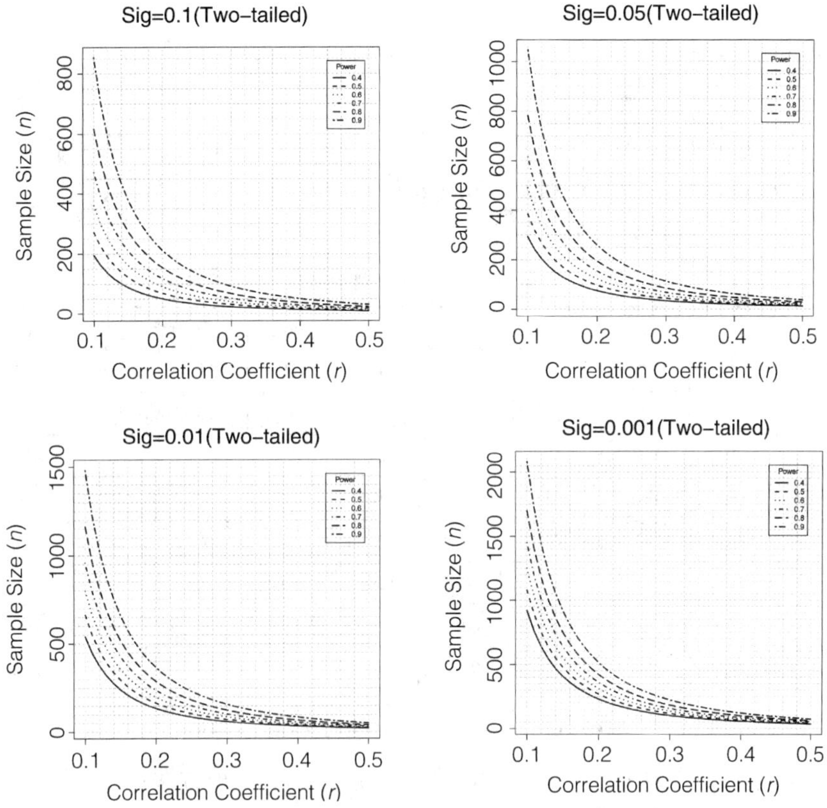

图 4-21 在不同显著水平、不同功效水平下检测到显著相关所需的样本量

4.11 主成分和因子分析

主成分分析(principle component analysis, PCA)是把多维空间的相关多变量的数据集，通过降维化简为少量而且相互独立的新综合指标，同时又使简化后的新综合指标尽可能多的包括原指标群中的主要信息，或是尽可能不损失原有指标的主要信息的一种多元统计分析方法。

因子分析(factor analysis, FA)最早于 1904 年由英国著名统计学家、心理学家 Charles Spearman 提出，主要目的是研究相关矩阵的内在依赖关系，把多个可直接观测的变量综合为少数几个不可观测的“潜在因子”或称公共因子，来说明原始多变量系统的内部结构，并解释原始多变量与少数“潜在因子”之间的内在联系和相关关系。然后，根据专业知识和定性分析对综合因子所反映的独特含义进行命名和解释的一种多元统计分析方法。

4.11.1 主成分分析

R 中 psych 包可以进行主成分分析，其分析的步骤为：

① 判断主成分的个数；

② 提取主成分；

③ 获取主成分得分；

④ 列出主成分方程，解释主成分意义。

【例 4.11.1】测定 20 株杨树树叶，每个叶子测定 4 个变量(叶长 x1，2/3 处叶宽 x2，1/3 处叶宽 x2，1/2 处叶宽 x2)，测定结果如表 4-54 所示。试进行本样本的主成分分析。

表 4-54　杨树树叶测定结果

sample	a1	a2	a3	a4	a5	a6	a7	a8	a9	a10
x1	108	90	130	114	113	120	87	94	115	90
x2	95	95	95	85	87	90	67	66	84	75
x3	118	117	140	113	121	122	97	88	118	103
x4	110	110	125	108	110	114	88	86	106	96
sample	b1	b2	b3	b4	b5	b6	b7	b8	b9	b10
x1	117	134	150	140	126	118	136	145	161	155
x2	60	73	73	64	75	43	55	63	64	60
x3	84	104	110	95	96	59	89	97	112	100
x4	76	92	96	87	90	52	75	84	94	83

首先，进行主成分的个数判断。判断方法大致有以下 3 种方法：

① 根据经验和理论知识；

② 根据解释变量方差的累积值的阈值；

③ 根据变量间 $k \times k$ 的相关系数矩阵。

最常见的是基于特征值的方法。每个主成分都与相关系数矩阵的特征值相关联，第一主成分与最大的特征值相关联，第二主成分与最大的特征值相关联，依此类推。据此，保留那些特征值大于 1 的主成分。psych 包中的 fa. parallel( ) 函数可以判断主成分的个数，其使用格式为：

```
fa.parallel(x, fa =, n.iter =)
```

其中，x 为待研究的数据集或相关系数矩阵；fa 为主成分分析(fa = "pc")或者因子分析(fa = "fa")；n. iter 指定随机数据模拟的平行分析的次数。分析代码如下：

```
########## 代码清单 4.11.1a ##########
library(psych) # 载入 psych 包

df <-read.table(file = 'd4.11.1.csv', header = T, sep = ',') # 读入数据
# df.cor <-cor(df[, -1]) # 计算相关矩阵

#### 判断主成分的个数
fa.parallel(df[, -1], fa = "pc", n.iter = 100,
            show.legend = F, main = "Scree plot with parallel analysis")
```

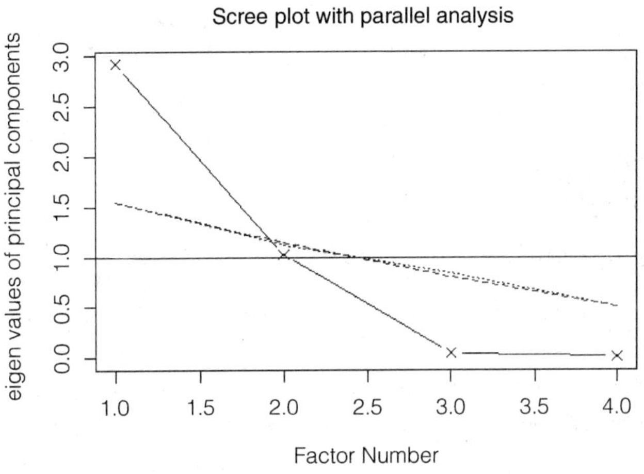

图 4-22 评价杨树样本中要保留的主成分个数

运行结果如图 4-22：

图 4-22 中，直线与 × 符号链接的曲线为碎石图，1.0 水平线为 1 准则的特征值，虚线为 100 次随机数据模拟的平行分析。碎石图画出了特征值与主成分分数的图形。结果表明，选择 2 个主成分即可保留样本中的大量分信息。

第二步，提取主成分。psych 包中的 principal( ) 函数可以根据原始数据或相关系数矩阵做主成分分析，其使用格式为：

```
principal(x, nfactors =, rotate =, scores =)
```

其中，*x* 为原始数据或相关系数矩阵；nfactors 指定主成分个数；rotate 指定旋转的方法 ("none"或"varimax")；scores 为是否需要计算主成分得分("T"或"F")。

分析代码和运行结果如下：

```
library(psych)
pc <-principal(df[ , -1], nfactors =2, score =T, rotate ="varimax")

> pc     ### 运行结果 ###
Principal Components Analysis
Call: principal(r =df[, -1], nfactors =2, rotate ="varimax", scores =T)
Standardized loadings (pattern matrix) based upon correlation matrix
       RC1    RC2    h2     u2
x1   -0.07   1.00  1.00 0.0031
x2    0.94  -0.28  0.97 0.0297
x3    0.99   0.09  0.98 0.0175
x4    0.99  -0.10  0.99 0.0060
```

```
                         RC1   RC2
SS loadings              2.86  1.09
Proportion Var           0.71  0.27
Cumulative Var           0.71  0.99
Proportion Explained     0.72  0.28
Cumulative Proportion    0.72  1.00

Test of the hypothesis that 2 components are sufficient.

The degrees of freedom for the null model are  6  and the objective function was
6.8
The degrees of freedom for the model are -1  and the objective function was  0.42
The total number of observations was  20  with MLE Chi Square =  6.6  with prob
<  NA

Fit based upon off diagonal values = 1
```

从上述的结果中可以看出，RC1、RC2 栏包含了旋转的成分载荷(component loadings)，成分载荷是观测变量与主成分的相关系数。成分载荷可用于解释主成分的含义。在本例中，第一主成分(RC1)与 $x2$、$x3$、$x4$ 高度相关(相关值 >0.9)，第二主成分(RC2)与 $x1$ 高度相关(相关值 $=1$)。

h2 栏是成分公因子方差，是主成分对每个变量的方差解释度。u2 栏是成分唯一性，是主成分无法解释变量方差的比例，其值 = 1 - h2。比如，本例中，第一主成分对 $x2$ 变量方差的解释为 97%，不能解释为 2.97%。

SS loadings 包含了与主成分相关联的特征值，其含义是与特定主成分相关联的标准化后的方差值。比如，本例中，第一主成分的值为 2.86。接下来的 proportion var 和 cumulative var 分别为主成分对整个数据集的方差解释度和累积解释度。本例中，第一主成分解释了 4 个变量 71% 的方差，第二主成分解释了 27% 的方差，累计方差的解释度为 99%。

第三步，获取主成分的得分。在第二步的代码基础上，加上下面的代码，即可获得主成分的得分。

```
round(unclass(pc$weights),2)## 获取主成分得分的系数
```

运行结果如下：

```
> round(unclass(pc$weights),2)
    RC1   RC2
x1 0.09  0.94
x2 0.31 -0.16
x3 0.37  0.20
x4 0.35  0.02
```

根据上述的结果，即可写出第一和第二主成分的方程：

$$y1 = 0.09\ x1 + 0.31\ x2 + 0.37\ x3 + 0.35\ x4$$

$$y2 = 0.94\ x1 - 0.16\ x2 + 0.20\ x3 + 0.02\ x4$$

从上述的 2 个方程中可知，第一主成分中，$x2$、$x3$、$x4$ 的系数相差不多，$x1$ 的系数较小，而 $x2$、$x3$、$x4$ 均是叶宽的变量，因此第一主成分是表示叶宽的综合因子。同理，第二主成分主要由 $x1$ 决定，是表示叶长的综合因子。总之，叶片之间的差异主要表现为叶宽，其次是叶长。

最后，还可画出样本排序图，如图 4-23 所示。横坐标为各样本第一主成分的得分，纵坐标为各样本第二主成分的得分，图中可直观地看出样本间的相互关系。全部叶片大致可分为两组：a1 ~ a10 样本为一组，b1 ~ b10 样本为一组。事实上，a1 ~ a10 样本来自树种 *Populus gelrica*，b1 ~ b10 样本来自树种 *Populus txt*。如果仅仅从原始数据中分析，很难作出这种判断。

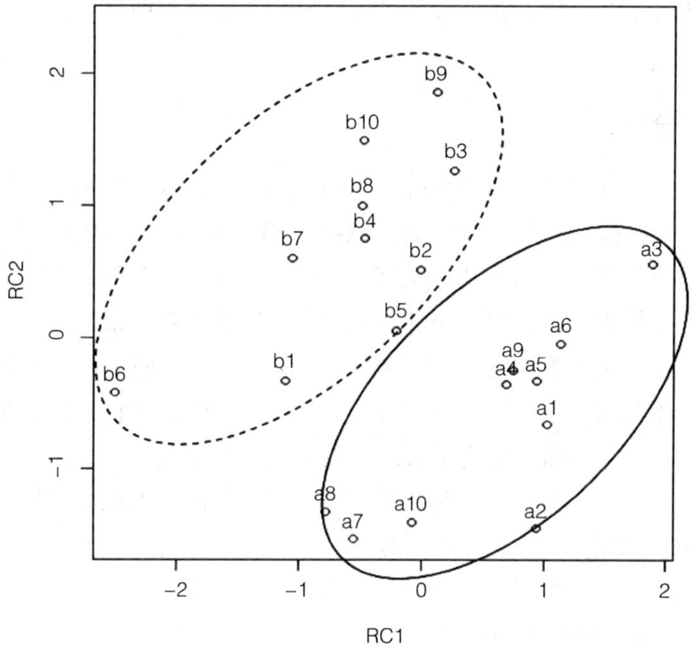

图 4-23　杨树叶片的样本排序图

绘制样本排序图的代码如下：

```
########## 代码清单 4.11.1 b ##########
df.score <-pc $ scores
df.score <-as.data.frame( df.score )
df.score[ ,"Sample"] <-df[ ,1]
attach( df.score )
plot(RC2 ~ RC1, ylim = c( min(RC2), (max(RC2) + 0.5 )))
text(RC1, RC2, labels = Sample, pos = 3, offset = 0.5, cex = 1.0)
detach(df.score)
```

上述的分析都是基于原始数据，读者可自行以相关系数矩阵为对象，进行主成分分析。方法也很简单，只需将上面代码中的原始数据集 df[, -1] 替换为相关系数矩阵 df. cor 即可。最后得到的结果是一样的。不过，需要注意的是，当使用相关系数矩阵时，就不能再获得每个观测的主成分得分，而只能计算主成分得分的系数。

此外，R 自带的 princomp( ) 函数也可进行主成分分析，其使用方法如下：

```
pc1b <-princomp(df[ , -1], cor = F)
summary(pc1b, loadings = T)
```

第一行代码中，cor 参数指定数据集是以相关系数矩阵(cor = *T*) 或协方差矩阵(cor = *F*) 做主成分分析。第二行代码，将输出各主成分的标准差、方差解释度(或贡献率)和累积解释度(或累积贡献率)，以及各主成分对应原始变量的系数。但是与 psychn 包得到的结果相比，R 自带的 princomp( ) 函数所得的结果并不理想。读者可自行运行并比较，这里不再详述。

4. 11. 2　因子分析

因子分析方法根据研究对象和分析方法的不同，分为 R 型和 Q 型 2 种不同的类型。R 型因子分析研究指标(变量)之间的相互关系，通过对多变量相关系数矩阵内部结构的研究，找出控制所有变量的几个主因子(主成分)；Q 型因子分析研究样品之间控制所有样品的几个主要因素。由于这两种因子分析方法的相关关系，所以通过样品相似系数矩阵与通过变量相关系数矩阵内部结构的研究，找出分析的全部运算过程都是一样的，只是出发点不同而已：R 型分析从相关系数矩阵出发，而 Q 型分析从相似系数矩阵出发。此外，R 型分析须考虑变量量纲与数量级，但 Q 型分析则不必考虑这一问题，在多变量的量纲及数量级差别很大时，更为方便。对于同一批观测数据，可以根据其所要求的目的而决定采用哪一类型的因子分析。

因子分析的过程，与主成分分析类似，大致步骤如下：

① 判断需要的公共因子数量；

② 提取公共因子；

③ 获取因子得分；

④ 列出公共因子的模型并解释其意义。

【例 4. 11. 2】已知 1992 年 10 个国家的消费支出构成，如表 4-55 所示。其中 *x*1：食品饮料，*x*2：服装和鞋类，*x*3：住房、燃料和能源，*x*4：家用设备及支出，*x*5：医疗保健，*x*6：交通和通信，*x*7：教育、休闲和娱乐，*x*8：其他。试进行本数据集的因子分析。

表 4-55　10 个国家的消费支出构成

Id	x1	x2	x3	x4	x5	x6	x7	x8
Singapore	18.7	7.1	10.2	8.9	4.6	14.5	14.5	21.5
Japan	20.1	6.2	20.2	6.1	11.0	9.8	10.3	16.3
Italy	19.9	9.8	15.9	9.3	6.8	12.1	8.9	17.2
Netherlands	14.9	6.7	18.5	7.0	13.1	13.4	10.1	16.3
Denmark	21.2	5.3	28.2	6.2	2.3	15.3	10.1	11.4
Sweden	19.8	6.5	31.4	5.8	3.1	16.1	9.8	7.6
USA	12.0	6.1	18.3	5.9	17.5	13.6	10.2	16.5
Canada	15.8	5.3	24.5	8.8	4.7	14.4	11.1	15.5
Mexico	33.6	7.1	12.8	10.4	4.2	12.2	5.2	14.6
Australia	20.6	5.5	20.3	6.6	7.1	14.8	9.8	15.0

首先，进行公共因子数量的判断，分析代码和运行结果如下：

```
########## 代码清单 4.11.2 ##########
library(psych)
df <-read.table( file = ' d4.11.2.csv', header = T, sep = ',' )
df.cor <-cor(df[ , -1])
fa.parallel(df.cor, n.obs = 80, fa = "both", n.iter = 100,
            main = "Scree plots with parallel analysis")

#### 运行结果 ####
> fa.parallel( df.cor, n.obs = 80, fa = "both" , n.iter = 100,
+ main = "Scree plots with parallel analysis" )
Parallel analysis suggests that the number of factors =  4  and the number of
components = 3
```

仍然使用 psychn 包，其中的 fa.parallel( ) 函数可判断所需提取的因子数量。其中，df.cor 为相关系数矩阵；n.obs 为观测值的数量；fa 指定分析方法是主成分（"PC"），因子分析（"fa"），或两者都分析（"both"），n.inter 设定随机数据矩阵模拟的平行分析次数。

上述代码运行后，会产生一个所需提取的因子数，如图 4-24 所示。与主成分分析 PCA 不同的是，对于因子分析 FA，特征值准则是大于 0，而不是 1，因此，需要提取因子数为 4 个，而主成分是 3 个。这里，需要注意的是，PCA 方法所需的主成分的数量，与 FA 方法所需要的公共因子数，往往不一致。这时，一般选择高公共因子数，因为这样会减少曲解"真实"情况。

第二步，提取公共因子。fa( ) 函数可以根据原始数据或相关系数矩阵做因子分析，其使用格式为：

```
principal(x, nfactors =, n.obs =, rotate =, scores =, fm =)
```

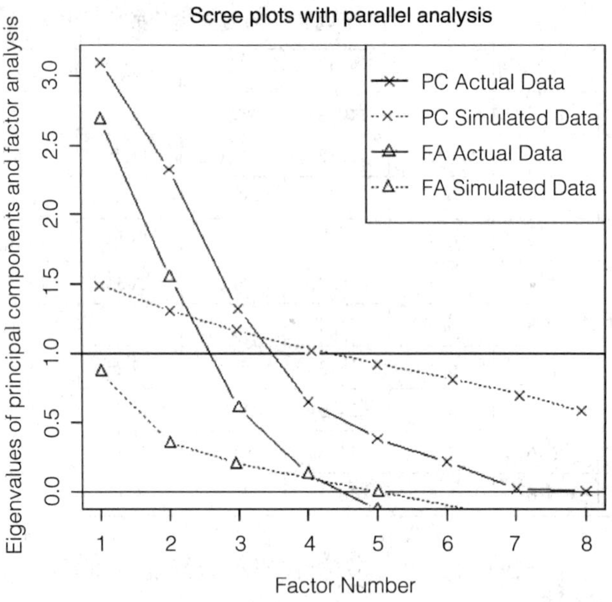

图 4-24　判断消费支出构成需保留的因子数

其中，*x* 为原始数据或相关系数矩阵；nfactors 指定公共因子个数；n. obs 为观测值的数量；rotate 指定旋转的方法(未旋转"none"，正交旋转"varimax"或斜交旋转"promax")；scores 为是否需要计算因子得分("T"或"F")；fm 设定因子化方法(默认情况为极小残差法)。

与主成分分析不同，因子分析中，因子化方法很多，包括：最大似然法(ml)、主轴迭代法(pa)、加权最小二乘法(wls)、广义加权最小二乘法(gls)和极小残差法(minres)。一般使用最大似然法(ml)和主轴迭代法(pa)，但前者有时不能收敛，这时使用主轴迭代法效果会更好。

本例中，使用主轴迭代法，提取因子数的代码和结果如下：

```
fa <-fa(df.cor, n.obs = 80, nfactors = 4, rotate = "none", fm = "pa")

> fa   ### 运行结果 ###
Factor Analysis using method =   pa
Call: fa(r = df.cor, nfactors = 4, n.obs = 80, rotate = "none", fm = "pa")
Standardized loadings (pattern matrix) based upon correlation matrix
          PA1     PA2     PA3     PA4     h2      u2
x1        0.33   -0.83   -0.10   -0.26   0.88    0.116
x2        0.71   -0.15   -0.06    0.70   1.03   -0.034
x3       -0.91   -0.16   -0.09    0.17   0.88    0.116
x4        0.71   -0.39    0.25   -0.05   0.72    0.281
x5        0.17    0.83   -0.70   -0.04   1.21   -0.205
x6       -0.57   -0.07    0.38    0.08   0.48    0.516
x7       -0.17    0.65    0.64    0.08   0.86    0.137
x8        0.80    0.55    0.33   -0.21   1.10   -0.097
```

```
                         PA1  PA2  PA3  PA4
SS loadings              2.97 2.31 1.24 0.65
Proportion Var           0.37 0.29 0.15 0.08
Cumulative Var           0.37 0.66 0.81 0.90
Proportion Explained     0.41 0.32 0.17 0.09
Cumulative Proportion    0.41 0.74 0.91 1.00
```

从运行的结果可知，4 个因子解释了 8 个变量 90% 的方差。此时，因子载荷矩阵未能很好解释变量，因此，有必要使用因子旋转。

本例采用正交旋转因子，代码和结果如下：

```
> fa(df.cor, nfactors=4, rotate="varimax", fm="pa")

Factor Analysis using method =  pa
Call: fa(r=df.cor, nfactors=4, rotate="varimax", fm="pa")
Standardized loadings (pattern matrix) based upon correlation matrix
      PA1    PA2    PA3    PA4    h2     u2
x1    0.18  -0.82   0.42   0.04  0.88   0.116
x2    0.29  -0.12   0.00   0.97  1.03  -0.034
x3   -0.90   0.10   0.11  -0.24  0.88   0.116
x4    0.61  -0.32   0.38   0.32  0.72   0.281
x5    0.14   0.15  -1.08  -0.02  1.21  -0.205
x6   -0.43   0.33   0.39  -0.21  0.48   0.516
x7    0.14   0.90   0.10  -0.14  0.86   0.137
x8    0.97   0.34  -0.17   0.09  1.10  -0.097

                          PA1  PA2  PA3  PA4
SS loadings               2.46 1.86 1.69 1.17
Proportion Var            0.31 0.23 0.21 0.15
Cumulative Var            0.31 0.54 0.75 0.90
Proportion Explained      0.34 0.26 0.24 0.16
Cumulative Proportion     0.34 0.60 0.84 1.00
```

PA1、PA2、PA3、PA4 栏是因子结构矩阵，表示变量与因子的相关系数。h2 和 u2 栏，与主成分分析类似，分别表示因子可以和不可以解释变量方差的解释度。SS loadings 包含了与因子相关联的特征值，Proportion Var、Cumulative Var 栏分别为每个因子对整个数据集方差的解释度和累积解释度。结果显示，*x*3、*x*4、*x*6 和 *x*8 在第一因子上载荷较大，*x*1 和 *x*7 在第二因子上载荷较大，*x*5 在第三因子上载荷较大，*x*2 在第四因子上载荷较大。此外，还可用 fa.diagram( ) 函数绘制正交结果的图形，如图 4-25 所示，代码如下：

```
fa.diagram(fa.varimax, simple=T)
```

本例采用了正交旋转，强制将 4 个因子设为不相关。如果想允许因子间存在相关时，可以采用斜交旋转法，比如把 rotate 设为 promax。具体操作可参考《R 语言实战》的相关内容。

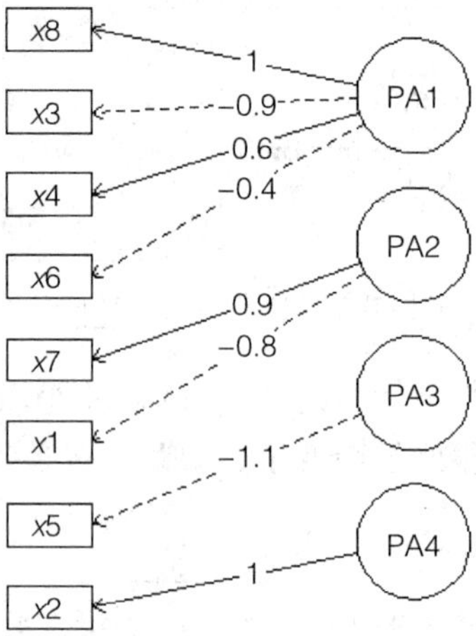

图 4-25　变量的 4 因子正交旋转结果图

4.12　聚类分析

聚类分析(cluster analysis)是把研究对象(样本或变量)分组为由类似的对象组成多个类的一种统计方法。聚类结果一般在 4 ~ 6 类，不宜太多或太少。聚类分析目的在于将相似的事物归类，同一类中的个体(变量)相似性较大，不同类的个体(变量)差异性很大。2 个个体间(或变量间)的对应程度或联系紧密程度的度量可以用 2 种方式来测量：①采用描述个体对(变量对)之间的接近程度的指标，例如“距离”，“距离”越小的个体(变量)越具有相似性；②采用表示相似程度的指标，例如“相关系数”，“相关系数”越大的个体(变量)越具有相似性。

对于距离常用的有：绝对值距离(absolute distance)、欧氏距离(euclidean distance)、马氏距离(mahalanobis distance)、切贝雪夫距离(chebychev distance)、卡方距离(chi-aquare measure)等。类与类之间的距离有不同的定义方法，计算方式不同，会产生不同的聚类方法。常见的聚类方法有：离差平方和法(ward method)、类平均法(average linkage)、中间距离法(median method)、最长距离法(complete method)、最短距离法(single method)和重心法(centroid method)。其中离差平方和法和类平均法是比较常用的 2 种聚类方法。

聚类分析已被应用于很多领域：在商业上，聚类分析被用于发现不同的客户群，并且通过购买模式来描述不同的客户群的特征；在生物上，聚类分析被用于对动植物或基因进行分类，获取对生物种群固有结构的认识；在地理上，聚类分析能有助于研究地球上被观察的数据库中趋于的相似性；在保险行业上，聚类分析通过一个高的平均消费来鉴定汽车保险单持有者的分组，同时根据住宅类型、价值和地理位置来鉴定一个城市的房产分组。

聚类分析方法包括：系统聚类法(hierarchical cluster)、动态聚类法(dynamic cluster)、有序样本聚类法(fisher cluster)和模糊聚类法(fuzzy cluster)等。在 R 的工程网站上，专门设置了一个专栏(http://cran.r-project.org/web/views/Cluster.html)介绍有关各种聚类分析方法的程序包。本书只介绍较常用的系统聚类法和动态聚类法。

4.12.1　系统聚类法

系统聚类法，也称为层次聚类法，是将 n 个样品分成若干类的方法，其基本思想是：先将 n 个样品各自看成一类，然后规定类与类之间的距离(类之间的距离有多种定义方法)，选择距离最小的一对合并成新的一类，计算新类与其他类的距离，再将距离最近的两类合并，这样每次减少一类，直至所有的样品都成为一类为止。聚类分析的结果可以画成一张聚类图(或称谱系图)，把所有研究对象之间的亲疏关系形象地展示出来。

以 R 基础包自带的鸢尾花(iris)数据进行聚类分析。

假设我们只知道数据内有 3 种品种的鸢尾花而不知道每朵花的真正分类，这时只能凭借花萼及花瓣的长度和宽度去分成 3 类，这就是聚类分析。

分析代码及运行结果如下：

```
###### 代码清单 4.12.1a #######
data(iris); attach(iris)
iris.hc <-hclust( dist(iris[ ,1:4]))
# plot( iris.hc, hang = -1)
plclust( iris.hc, labels =F, hang = -1)
re <-rect.hclust(iris.hc, k =3)
iris.id <-cutree(iris.hc, 3)
table( iris.id, Species )
detach(iris)
###### 运行结果 #######
 > table( iris.id, Species )
       Species
iris.id setosa versicolor virginica
      1     50          0         0
      2      0         23        49
      3      0         27         1
```

程序代码中调用 R 内置数据集 iris，利用函数 hclust( )进行聚类分析，输出结果保存在 iris.hc 中，通过函数 rect.hclust( )按给定的类的个数(或阈值)进行聚类，并采用函数 plclust( )代替 plot( )绘制聚类的谱系图(两者使用方法基本相同)，各类用边框界定，参数 labels = F 表示省去数据的标签。函数 cuttree( )将 iris.hc 输出并编成若干组。

运行代码绘成的图形如图 4-26 所示。

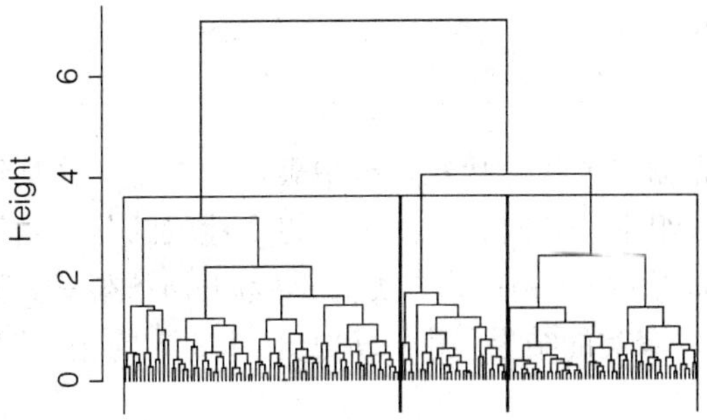

图 4-26　鸢尾花花萼及花瓣的长度和宽度系统聚类图

同时，函数 cuttree( )将数据 iris 分类结果 iris. hc 编为 3 组分别以 1，2，3 表示，保存在 iris. id 中。将 iris. id 与 iris 中 Species 作比较发现：1 应该是 setosa 类，2 应该是 virginica 类(因为 virginica 的个数明显多于 versicolor)，3 是 versicolor。

此外，还可对变量进行聚类。现以例 4. 8. 1. 1 的杉木数据集 df 为例，以各性状的相关矩阵为数据，进行性状的聚类分析。

分析代码如下：

```
###### 代码清单 4.12.1b #######
library(amap )
options(digits =3)
d.4.8 <-read.table( file ='d4.8.1.1.csv', header =T, sep =',' )
df.corr <-cor( d.4.8[ , -1] )
df <-df.corr

chcluster <-hclusterpar( na.omit( df ), method ="manhattan" )

centers.hclust(na.omit(df), chcluster, 3) # 聚类中心

# 产生树形图,用矩形显示聚类结果
plot( chcluster, sub ="", hang = -1 )  #  labels =F
rect.hclust( chcluster, k=3 )
(tree.id <-cutree(chcluster, 3)) # 显示聚类结果
```

运行结果如下：

```
> centers.hclust(na.omit(df), chcluster, 3)
            h     dbh       v    cpro      wd    wpro      tl      tw     lrt
[1,]    0.771   0.809   0.829 -0.3810 -0.5011  0.5352 -0.1403 -0.0797 -0.0859
[2,]   -0.360  -0.383  -0.406  0.6107  0.6107 -0.6148  0.0445 -0.0794  0.0977
[3,]   -0.135  -0.134  -0.143  0.0997 -0.0578  0.0041  0.6520  0.2315  0.4413

> (tree.id <-cutree(chcluster, 3))
   h  dbh    v cpro   wd wpro   tl   tw  lrt
   1    1    1    2    2    1    3    3    3
```

运行的结果，首先输出了各性状在每组中聚类的中心，在某组中的中心值越大，就表明该性状越应分到该组中。其次，输出了最终个性状的分类结果，杉木 9 个性状分为 3 类：第一类为 *h*，*dbh*，*v* 和 *wpro*；第二类为 *wd* 和 *cpro*；第三类为 *tw*，*tl* 和 *lrt*。该结果与图 4-27 一致。此外，聚类的结果(图 4-27)与例 4. 8. 3 的相关图结果类似。

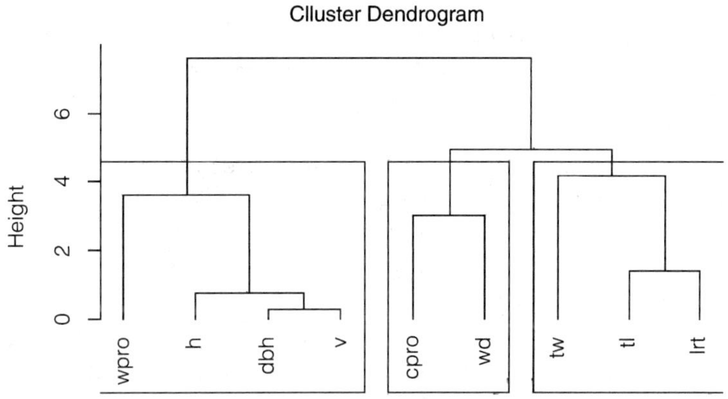

图 4-27　杉木各性状相关系数的聚类图

4.12.2　动态聚类法

动态聚类法是先选择若干个样本作为聚类中心，再按照事先确定的聚类准则进行聚类，在聚类过程中，根据聚类准则对聚类中心反复修改，直到分类合理为止。动态聚类法主要用于大数据集(通常观测数在 100 以上)。常用的方法为：K-均值聚类法。

K-均值聚类法表示空间中以 k 个点为中心进行聚类，对最靠近他们的对象归类。例如：数据集合为三维，聚类以两点 $X=(x1, x2, x3)$，$Y=(y1, y2, y3)$。中心点 Z 变为 $Z=(z1, z2, z3)$，其中 $z1=(x1+y1)/2$，$z2=(x2+y2)/2$，$z3=(x3+y3)/2$。

算法归纳为：

① 选择聚类的个数 k；

② 任意产生 k 个聚类，然后确定聚类中心，或者直接生成 k 个中心；

③ 对每个点确定其聚类中心点；

④ 再计算其聚类新中心；

⑤ 重复以上步骤直到满足收敛要求(通常就是确定的中心点不再改变)。

该算法的最大优势在于简洁和快速。劣势在于对于一些结果并不能够满足需要，因为结果往往需要随机点的选择非常巧合。

仍以 R 基础包自带的鸢尾花(iris)数据进行 K-均值聚类分析。

分析代码如下：

```
###### 代码清单 4.12.2 ######
library(fpc)
data(iris)
df <-iris[ ,c(1:4)]
set.seed(252964) #设置随机值,为了得到一致结果。

(kmeans <-kmeans(na.omit(df), 3)) # 显示 K-均值聚类结果

plotcluster(na.omit(df), kmeans $ cluster) # 生成聚类图
```

运行结果如下：

```
> (kmeans <-kmeans(na.omit(df), 3))
K-means clustering with 3 clusters of sizes 38, 62, 50

Cluster means:
  Sepal.Length Sepal.Width Petal.Length Petal.Width
1         6.85        3.07         5.74       2.071
2         5.90        2.75         4.39       1.434
3         5.01        3.43         1.46       0.246

Clustering vector:
   1   2   3   4   5   6   7   8   9  10  11  12  13  14  15  16  17  18  19
   3   3   3   3   3   3   3   3   3   3   3   3   3   3   3   3   3   3   3
  20  21  22  23  24  25  26  27  28  29  30  31  32  33  34  35  36  37  38
   3   3   3   3   3   3   3   3   3   3   3   3   3   3   3   3   3   3   3
  39  40  41  42  43  44  45  46  47  48  49  50  51  52  53  54  55  56  57
   3   3   3   3   3   3   3   3   3   3   3   3   2   2   1   2   2   2   2
  58  59  60  61  62  63  64  65  66  67  68  69  70  71  72  73  74  75  76
   2   2   2   2   2   2   2   2   2   2   2   2   2   2   2   2   2   2   2
  77  78  79  80  81  82  83  84  85  86  87  88  89  90  91  92  93  94  95
   2   1   2   2   2   2   2   2   2   2   2   2   2   2   2   2   2   2   2
  96  97  98  99 100 101 102 103 104 105 106 107 108 109 110 111 112 113 114
   2   2   2   2   2   1   2   1   1   1   1   2   1   1   1   1   1   1   2
 115 116 117 118 119 120 121 122 123 124 125 126 127 128 129 130 131 132 133
   2   1   1   1   1   2   1   2   1   2   1   1   2   2   1   1   1   1   1
 134 135 136 137 138 139 140 141 142 143 144 145 146 147 148 149 150
   2   1   1   1   1   2   1   1   1   2   1   1   1   2   1   1   2
```

运行的结果，首先输出了 3 个分类内数量分别为 38、62 和 50，其次是每个变量在各个类内均值，最后是各个样本的分类结果。生成的聚类图如图 4-28 所示，与图 4-27（系统聚类图）比较，发现除了 setosa 都组成一个独立的类外，virginica、versicolor 大部分组成一个类，但少数却聚到其他类中，而且动态聚类结果与系统聚类结果刚好相反，这可能是由于聚类方法不同导致的。

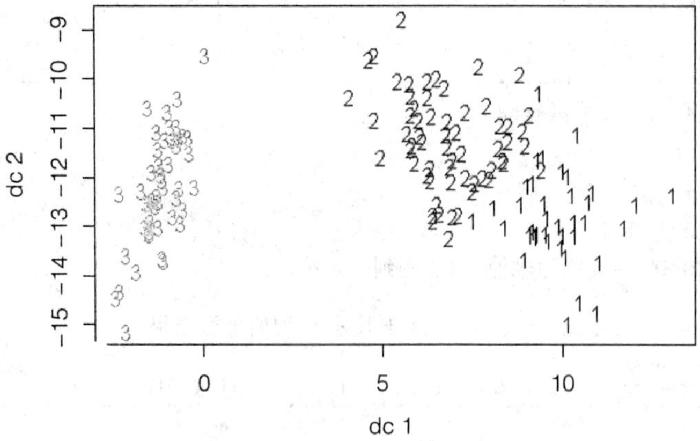

图 4-28　鸢尾花花萼及花瓣的长度和宽度动态聚类图

▶▶▶第 5 章　统计图形绘制

统计图形的意义在于引导我们观察到统计数据中的信息。著名统计学家 John Tukey 认为“图形的最大价值就是使我们注意到我们从来没有料到过的信息”。尤其当数据集中的变量比较多且数据比较大时，统计图形的重要性不言而喻，因此有“一图胜千言”的说法。

5.1　基础绘图

5.1.1　条形图

条形图(bar plots)是目前各种统计图形中应用最广泛的图形之一，它通过垂直的或水平的条形展示类别变量的频数分布。R 绘制条形图的函数为 barplot()，用法如下：

```
barplot(x)
```

其中，x 为一个向量或矩阵。

下文以 vcd 包中的 Arthritis 数据集为例，示范条形图的绘制。该数据集有关类风湿关节炎新疗法的研究结果。

5.1.1.1　简单的条形图

Arthritis 数据集的变量 Improved 记录了每位患者对安慰剂或药物的治疗结果。

```
library(vcd)
counts <-table(Arthritis $ Improved)
> counts
None   Some Marked
42     14     28
```

从上述的数据中，可以看出，患者中，28 人得到了明显改善，14 人有部分疗效，而 42 人毫无疗效。

对数据框 counts，可以用 barplot()函数绘制垂直或水平的条形图。代码如下：

```
###### 代码清单 5.1.1.1 ######
par(mfrow=c(1, 2))
barplot(counts,
        main="Simple Bar Plot",
        xlab="Improvement", ylab="Frequency")
```

```
barplot(counts,
        main = "Horizontal Bar Plot",
        xlab = "Frequency", ylab = "Improvement",
        horiz = TRUE)
```

上述的代码，分别绘制出垂直和水平的条形图，如下图 5-1 所示：

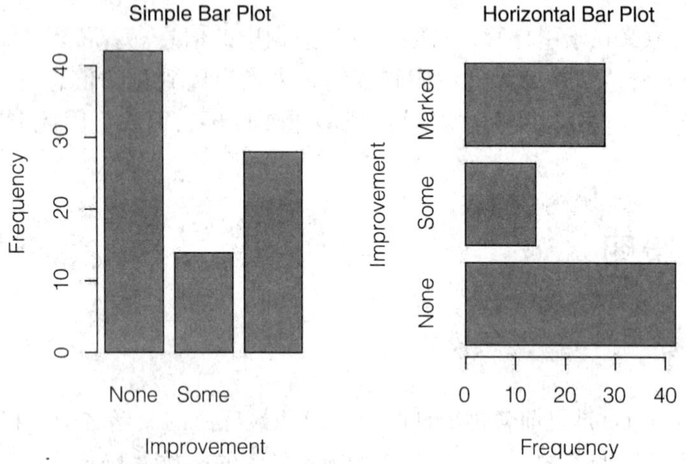

图 5-1　垂直和水平的条形图

5.1.1.2　堆砌和分组条形图

当参数 ***x*** 是矩阵时，barplot( ) 函数就会画出堆砌条形图或分组条形图。

仍以数据集 Arthritis 为例，生成一个治疗方法和治疗效果的矩阵或列联表，代码如下：

```
> counts <-table(Arthritis $ Improved, Arthritis $ Treatment)
> counts

         Placebo  Treated
 None         29       13
 Some          7        7
 Marked        7       21
```

现在可以绘制堆砌或分组的条形图，绘图代码如下：

```
###### 代码清单 5.1.1.2 #######
barplot(counts,                              # 绘制堆砌条形图
        main = "Stacked Bar Plot",
        xlab = "Treatment", ylab = "Frequency",
        col = c("red", "yellow","green"),
        legend = rownames(counts))
```

```
barplot(counts,                              # 绘制分组条形图
        main = "Grouped Bar Plot",
        xlab = "Treatment", ylab = "Frequency",
        col = c("red", "yellow", "green"),
        legend = rownames(counts), beside = TRUE)
```

生成的图形如图 5-2 所示：

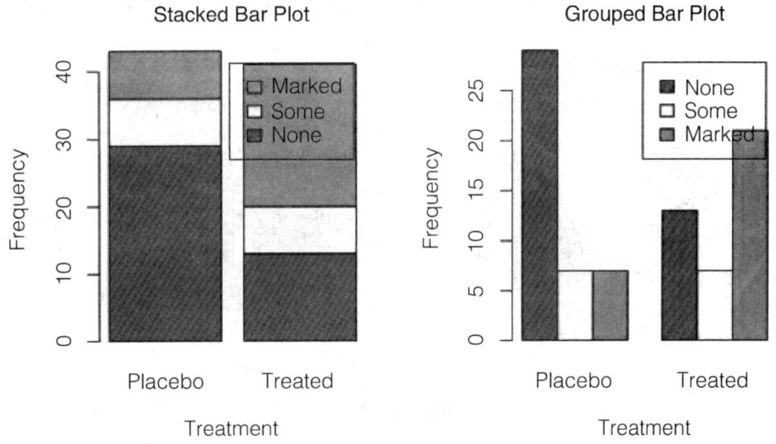

图 5-2　堆砌条形图和分组条形图

堆砌条形图容易看出安慰剂和药物治疗两组患者的频数差不多，而分组条形图则容易看出不同治疗方法下疗效的差异，比如，接受安慰剂的患者，风湿症没有改善的比例明显高于药物治疗组的患者。一般而言，人的眼睛对长度比频数(或比例)更敏感，因此，分组条形图更容易展示差异的信息。

5.1.2　饼图

饼图(pie chart)用于表示计数资料、质量性状资料的百分比。饼图虽然是应用非常广泛的统计图形，但在 R 语言领域内，并不推荐使用饼图，而是使用条形图或点图，原因是相对于面积，人们对长度的判断更为精确。饼图的原理很简单，把整个饼图的面积视为 100%，按各类别、等级的百分比将圆面积分成若干个扇形，每一个扇形与相应数据的数值大小成比例。R 提供了函数 pie( )制作饼图，用法如下：

```
pie(x, labels)
```

其中，***x*** 是一个非负数的数值型向量，表示每个扇形的面积；labels 是每个扇形的标签，是字符型向量。

示例如下：

```
###### 代码清单 5.1.2a #######
par(mfrow = c(1, 2))
slices <-c(12, 3, 26, 16, 11, 4)
lbls <-c("Blueberry", "Cherry", "Apple","Peach", "Banana", "other")
```

```
pct <-round(slices / sum(slices) * 100)
lbls2 <-paste(lbls, "\n  ", pct, "% ", sep = "")
pie(slices, labels = lbls2, col = rainbow(length(lbls2)),
    main = "Pie Chart with Percentages")

###### 代码清单 5.1.2b #######
library(plotrix)
pie3D(slices, labels = lbls, explode = 0.1, main = "3D Pie Chart ", labelcex = 1.0)
```

生成的图形如图 5-3 所示：

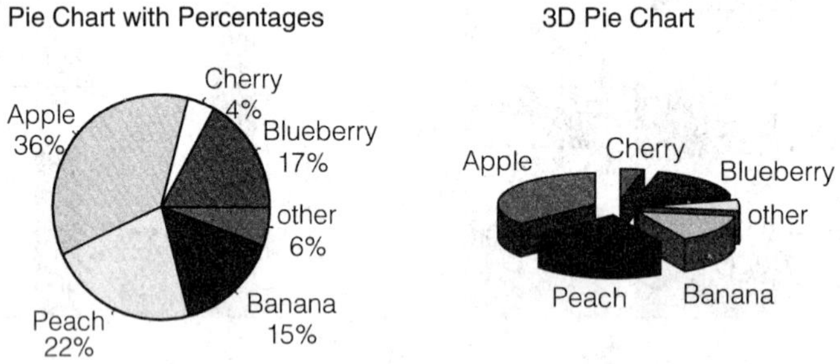

图 5-3　饼图

上述的饼图中，如果没有添加比例数据，很难从图形中直接分辨出 Blueberry 和 Banana 之间，哪个值更大。因此，R 中有种扇形的新型饼图，可以更好地展示相对数量和相对差异。这种扇形饼图通过 plotrix 包中的 fan. plot( ) 函数来绘制。

代码如下：

```
library(plotrix)
fan.plot(slices, labels = lbls, main = "Fan Plot")
```

生成的图形如图 5-4 所示：

从图 5-4 中很容易看出，Apple 对应的扇形最大，Cherry 的最小。同时，可以看出 Blueberry 的扇形比 Banana 的稍大些。通过上面的典型饼图和扇形饼图的比较可知，根据扇形饼图更容易分辨出图形中各成分的大小。

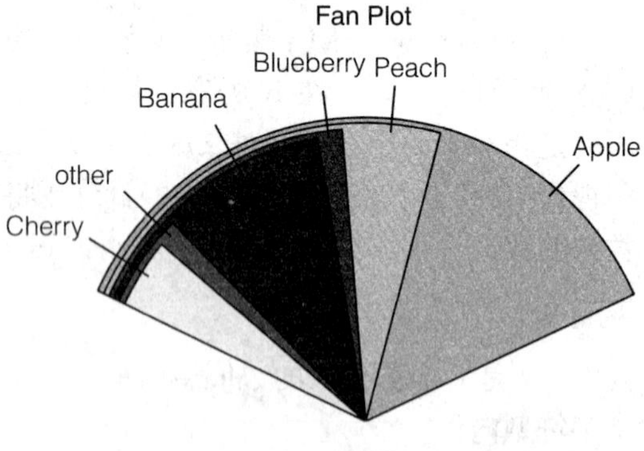

图 5-4　扇形饼图

5.1.3　直方图

直方图(histogram)，又称为柱状图或质量分布图，是一种统计报告图，由一系列高度不等的纵向条纹或线段表示数据分布的情况。一般用横轴表示数据类型，纵轴表示分布情况。直方图是展示连续数据分布最常用的工具，它本质上是对密度函数的一种估计。

R 中使用 hist( ) 函数来绘制直方图，其使用格式如下：

```
hist(x, breaks =, freq =)
```

其中，*x* 是一个数值型向量；breaks 用于控制组的数量；freq 用于选择概率密度(freq = *F*)或频数(freq = *T*)。默认情况下，直方图将生成等距切分。

绘图代码如下：

```
###### 代码清单 5.1.3 ######
par(mfrow = c(2, 2), mar = c(2, 3, 2, 0.5), mgp = c(2, 0.5, 0))
data(geyser, package = "MASS")
hist(geyser $ waiting, main = "(1) freq = TRUE", xlab = "waiting")
hist(geyser $ waiting, freq = FALSE, xlab = "waiting",
    main = "(2) freq = FALSE")
hist(geyser $ waiting, breaks = 5, density = 10, xlab = "waiting",
    main = "(3) breaks = 5")
hist(geyser $ waiting, breaks = 40, col = "grey", xlab = "waiting",
    main = "(4) breaks = 40")
```

生成的图形如图 5-5 所示：

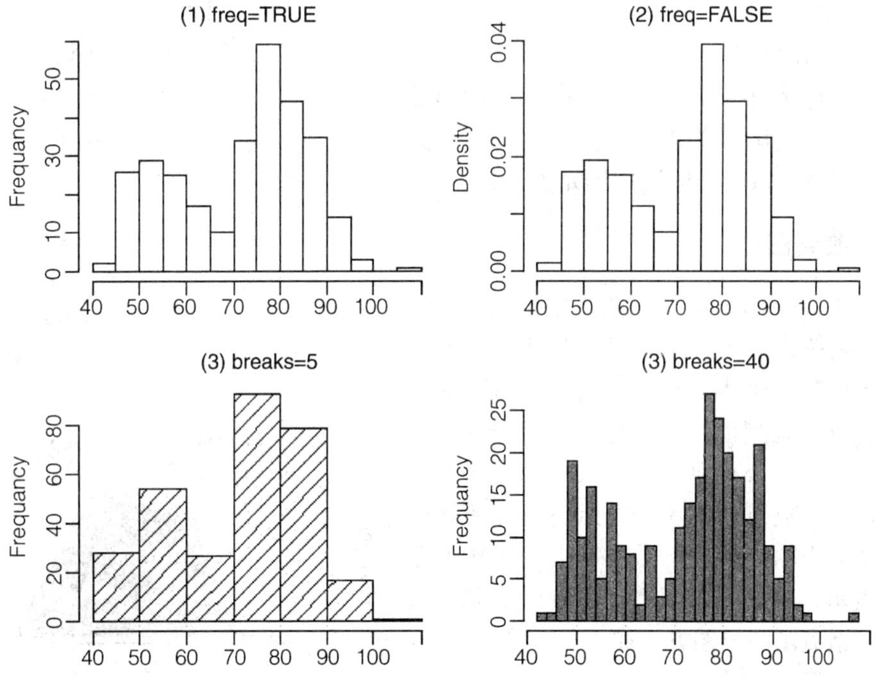

图 5-5 直方图示例

图 5-5 中包括 4 个直方图：①使用默认参数值(作频数图)；②概率密度直方图；③减小区间段数，直方图看起来更平滑(偏差大，方差小)；④增大区间段数，直方图更突兀(偏差小，方差大)。

5.1.4 核密度图

核密度估计(kernel density estimation)是在概率论中用来估计未知的密度函数的一种非参数检验方法。核密度图是观察连续型变量分布的有效方法之一。

核密度图的绘图方法为:

```
plot(density(x))
```

其中,*x* 为一个数值型向量。

以鸢尾花 iris 数据集为例,绘制花萼长度(sepal length)的核密度图,代码如下:

```
###### 代码清单 5.1.4 ######
par(mfrow=c(2, 1))
data(iris)
d <-density(iris[ ,1])
plot(d)    # 绘制第 1 张

plot(d, main="Kernel Density of Sepal length") # 绘制第 2 张
polygon(d, col="blue", border="red")  # 添加曲线颜色和区域颜色
```

生成的图形如图 5-6 所示:

图 5-6(a)采用了默认设置,画出的图形比较简单。图 5-6(b)添加了标题,并将曲线设为红色,而且将曲线下方的区域填充了蓝色。

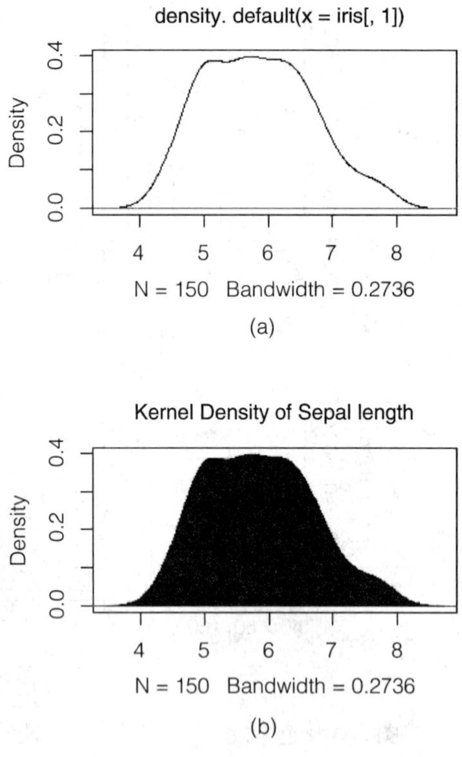

图 5-6 鸢尾花花萼长度的核密度图

5.1.5 散点图

散点图(scatter diagram)通常用来展示 2 个变量之间的关系,这种关系可能是线性或非线性的。图中每一个点的横纵坐标都分别对应 2 个变量各自的观测值,考察坐标点的分布,判断两变量之间是否存在某种关联或总结坐标点的分布模式。散点图将序列显示为一组点,值由点在图表中的位置表示,类别由图表中的不同标记表示。散点图还可用于比较跨类别的聚合数据。散点图的绘图方法如下:

```
plot(x, y, type=)
```

其中,*x*,*y* 为数值型向量;type 为指定图形的类型。

以鸢尾花 iris 数据集为例,绘制散点图,代码如下:

```
###### 代码清单 5.1.5a ######
par(mfrow=c(2, 2))
tv <-c("p", "l", "b", "o")
for( i in1 : 4 ){ plot(iris[ ,1], iris[ ,3], type=tv[i], main=paste( "type=",
tv[i] )) }
```

生成的散点图如图 5-7 所示：

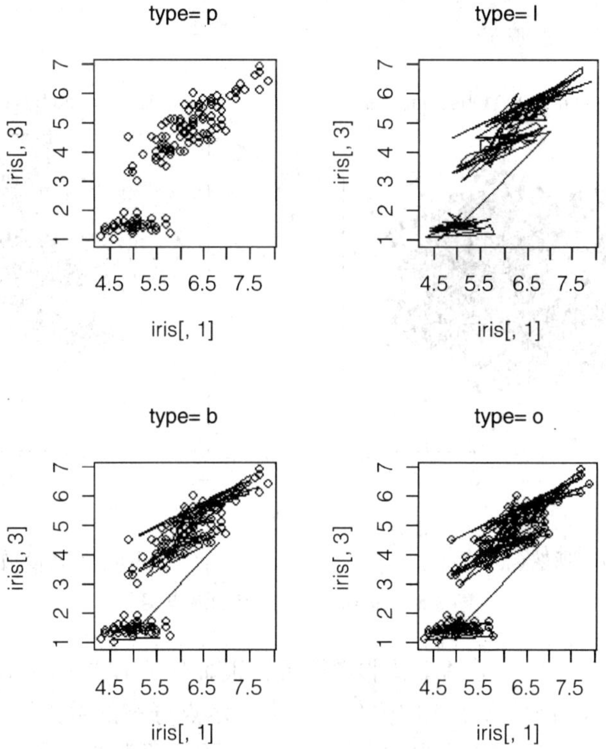

图 5-7　花瓣长度对花萼长度的散点图

图 5-7 中，横坐标为花萼长度，纵坐标为花瓣长度。4 幅图具体情况如下：“p”仅有点；“l”：仅有线；“b”：点连线；“o”：点连线且线在点上。

不过，当数据集中某变量或成对变量的数据点严重重叠时，上述普通的散点图就很难观察变量之间的关系。这时，就可以绘制高密度的散点图。

高密度的散点图绘制代码如下：

```
###### 代码清单 5.1.5b ######
set.seed(1234)

n <-10000
c1 <-matrix(rnorm(n, mean=0, sd=0.5), ncol=2)
c2 <-matrix(rnorm(n, mean=3, sd=2), ncol=2)
```

```
mydata <-rbind(c1, c2)
mydata <-as.data.frame(mydata)
names(mydata) <-c("x", "y")

with(mydata, plot(x, y, pch=19, main="Scatter Plot with 10000 Observations"))
with(mydata, smoothScatter(x, y, main="Scatterplot Colored by Smoothed Densi-
ties"))
```

生成的图形如图 5-8 所示：

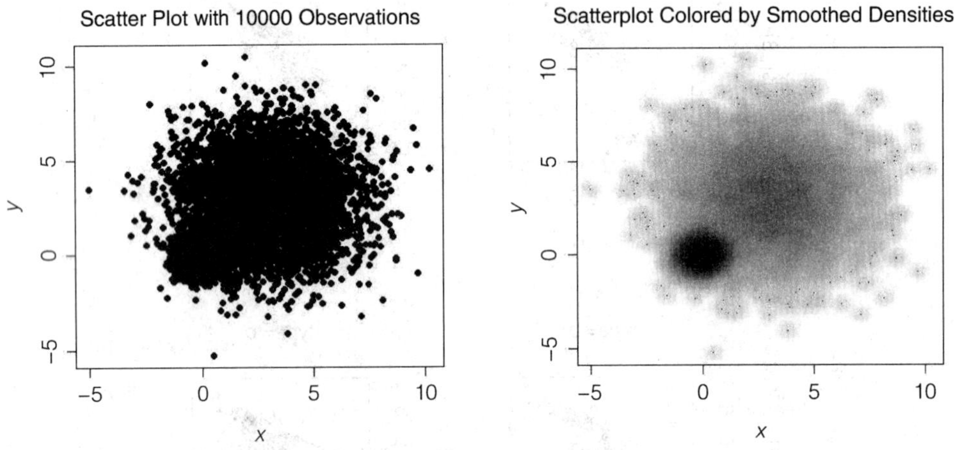

(a)普通散点图　　(b)平滑密度散点图

图 5-8　10000 个观察值的散点图

从图 5-8(a)可以看出，数据重叠非常严重，很难分析 x 与 y 之间的关系。这时利用 R 中的 smoothScatter( )函数来生成用颜色密度来表示点分布的散点图，颜色越深处，就代表数据点越密集。从图 5-8(b)中的左下方，可见有一个数据密集处。

此外，hexbin 包中的 hexbin( )函数也作出与 smoothScatter( )函数相似的效果，其原理是将变量的数值封箱到六边形中来表示数据的密集程度，具体代码如下：

```
###### 代码清单 5.1.5c ######
library(hexbin)
with(mydata, {
  bin <-hexbin(x, y, xbins=50)
  plot(bin, main="Hexagonal Binning with 10000 Observations")}
)
```

生成的图形如图 5-9 所示：

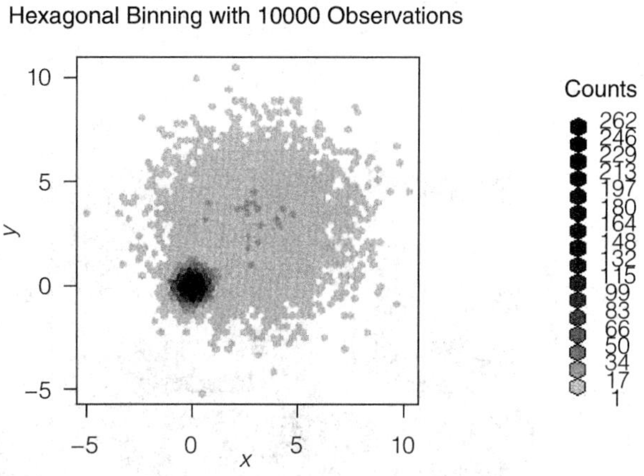

图 5-9　10000 个观察值的散点图（六边形封箱法）

5.1.6　热图

热图（heat map）是对矩阵的行或列进行层次聚类，获得聚类的结果之后将行或列以聚类的顺序排列，并在颜色图的边界区域加上聚类的谱系图。热图也是将一个矩阵中单元格数值用颜色表达，如颜色深表示数值大。

数据请见本节末尾，绘图代码如下：

```
###### 代码清单 5.1.6 ######
df <-read.table( file = 'd5.1.6.csv', header = T, sep = ',' )
df.2 <-as.matrix(df[ , -1])
rownames(df.2) <-df[ ,1]
heatmap(df.2, scale = "column", margins = c(4, 8))
```

生成的图形如图 5-10 所示，虽然颜色深表示数值大，但仍难以识别出极端值。因此，利用 RColorBrewer 包调用极端化调色板，以强调最大或最小值。

绘图代码如下：

```
library(RColorBrewer)
heatmap(df.2 col = brewer.pal(9, "RdYlBu"),
        scale = "column", margins = c(4, 8))
```

生成的图形如图 5-11 所示。

通过比较图 5-10 和图 5-11，可以发现，使用了极端化调色板（用以强调极端值），容易观察到各项值较大或较小的种源试验性状指标，比如木材密度 *wd* 最大的是 Prov031。从行的聚类来说，可以看到哪些种源容易聚在一起，比如 Prov15 和 Prov16。通过颜色的比较，我们还可以看出聚为一类的种源中，差异在哪个或哪些性状指标上，对于 Prov15 和 Prov16，除了材积 *v* 和木材密度 *wd* 有所差异外，其他性状比较一致。从列的聚类来说，木材密度 *wd* 和管胞宽度 *tw* 2 个变量比较相似，聚为一类，但是它们最

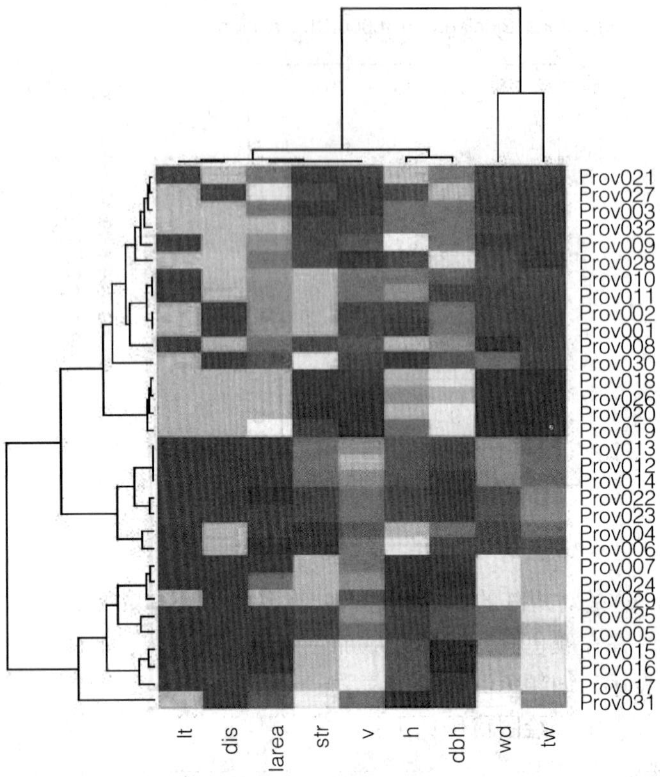

图 5-10　种源试验数据的热图

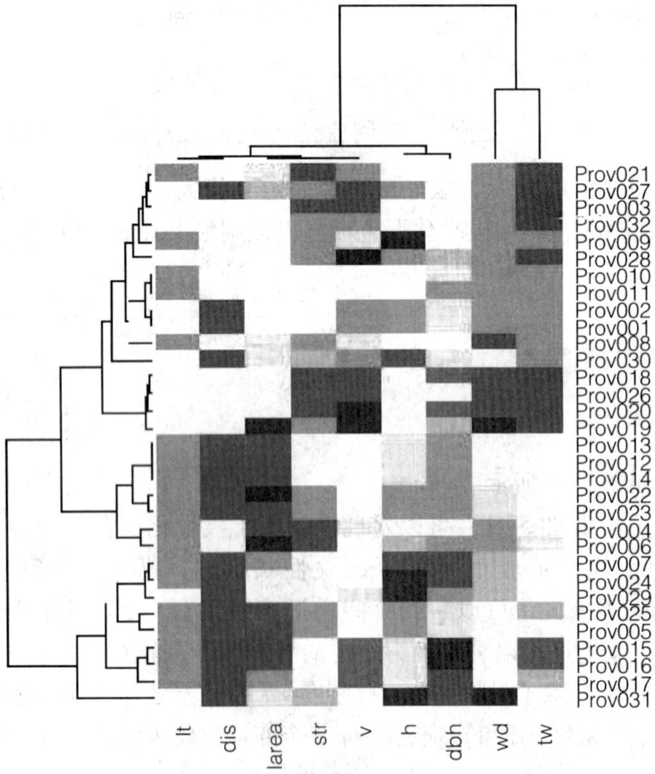

图 5-11　种源试验数据的热图(使用极端化调色板)

后才和其他指标聚成一类，说明这 2 个指标和其他指标的差异较大，因此，如果做主成分分析，这 2 个指标也许可以提取一个成分。由上可知，极端化调色板的使用，更易于热图中各变量的聚类结果分析。不过，要注意的是图中数据需对列进行标准化处理，否则聚类结果就容易被数量级大的变量主导，导致一些误解的产生。

【例 5. 1. 6】在某树种种源试验林内，每个种源随机抽取 30 棵树，测定了树高 *h*（m）、胸径 *dbh*（cm）、材积 *v*（m^3）、干形通直度 *str*、木材基本密度 *wd*（kg/m^3）、管胞宽度 *tw*（μm）、叶面积 *la*（cm^2）、抗病性 *dis* 和耐低温性 *lt*，测试结果的平均值如表 5-1 所示。

表 5-1　种源试验林各性状测定结果

种源	*h*	*dbh*	*v*	*str*	*wd*	*tw*	*la*	*dis*	*lt*
Prov001	16. 46	21. 0	2. 62	4	110	160. 0	3. 90	0	1
Prov002	17. 02	21. 0	2. 88	4	110	160. 0	3. 90	0	1
Prov003	18. 61	22. 8	2. 32	1	93	108. 0	3. 85	1	1
Prov004	19. 44	21. 4	3. 22	1	110	258. 0	3. 08	1	0
Prov005	17. 02	18. 7	3. 44	2	175	360. 0	3. 15	0	0
Prov006	20. 22	18. 1	3. 46	1	105	225. 0	2. 76	1	0
Prov007	15. 84	14. 3	3. 57	4	245	360. 0	3. 21	0	0
Prov008	20. 00	24. 4	3. 19	2	62	146. 7	3. 69	1	0
Prov009	22. 90	22. 8	3. 15	2	95	140. 8	3. 92	1	0
Prov010	18. 30	19. 2	3. 44	4	123	167. 6	3. 92	1	0
Prov011	18. 90	17. 8	3. 44	4	123	167. 6	3. 92	1	0
Prov012	17. 40	16. 4	4. 07	3	180	275. 8	3. 07	0	0
Prov013	17. 60	17. 3	3. 73	3	180	275. 8	3. 07	0	0
Prov014	18. 00	15. 2	3. 78	3	180	275. 8	3. 07	0	0
Prov015	17. 98	10. 4	5. 25	4	205	472. 0	2. 93	0	0
Prov016	17. 82	10. 4	5. 42	4	215	460. 0	3. 00	0	0
Prov017	17. 42	14. 7	5. 35	4	230	440. 0	3. 23	0	0
Prov018	19. 47	32. 4	2. 20	1	66	78. 7	4. 08	1	1
Prov019	18. 52	30. 4	1. 62	2	52	75. 7	4. 93	1	1
Prov020	19. 90	33. 9	1. 84	1	65	71. 1	4. 22	1	1
Prov021	20. 01	21. 5	2. 47	1	97	120. 1	3. 70	1	0
Prov022	16. 87	15. 5	3. 52	2	150	318. 0	2. 76	0	0
Prov023	17. 30	15. 2	3. 44	2	150	304. 0	3. 15	0	0
Prov024	15. 41	13. 3	3. 84	4	245	350. 0	3. 73	0	0
Prov025	17. 05	19. 2	3. 85	2	175	400. 0	3. 08	0	0
Prov026	18. 90	27. 3	1. 94	1	66	79. 0	4. 08	1	1
Prov027	16. 70	26. 0	2. 14	2	91	120. 3	4. 43	0	1
Prov028	16. 90	30. 4	1. 51	2	113	95. 1	3. 77	1	1
Prov029	14. 50	15. 8	3. 17	4	264	351. 0	4. 22	0	1
Prov030	15. 50	19. 7	2. 77	5	175	145. 0	3. 62	0	1
Prov031	14. 60	15. 0	3. 57	5	335	301. 0	3. 54	0	1
Prov032	18. 60	21. 4	2. 78	2	109	121. 0	4. 11	1	1

注：对于 *dis*，0 代表不抗病，1 代表抗病；对于 *lt*，0 代表不耐低温，1 代表耐低温。

5.1.7 等高图

等高图(contour plot)和等高线(contour line)相似，所谓等高图或等高线，就是将平面上对应的 z 值(高度)相等的点用颜色或线连接起来。表面上看起来是二维形式，但实际上展示的是三维数据。不过，等高图所展示数据的形式，与三维数据有所不同：并非 3 个数值向量，而是 2 个数值向量 $\boldsymbol{x}$、$\boldsymbol{y}$ 和 1 个相应的矩阵 $\boldsymbol{z}$。R 中使用 contour( )函数来绘制等高图。

以新西兰 Maunga Whau 火山的高度数据为例做等高图，绘图代码如下：

```
###### 代码清单 5.1.7 ######
data(volcano)
x <-10* (1 : nrow(volcano))
y <-10* (1 : ncol(volcano))
image(x, y, volcano, col = terrain.colors(100), axes = FALSE)  # 产生不同颜色填充的网格
contour(x, y, volcano, levels = seq(90, 200, by = 5), add = TRUE, col = "peru")  # 画等高线
```

生成的图形如图 5-12 所示：

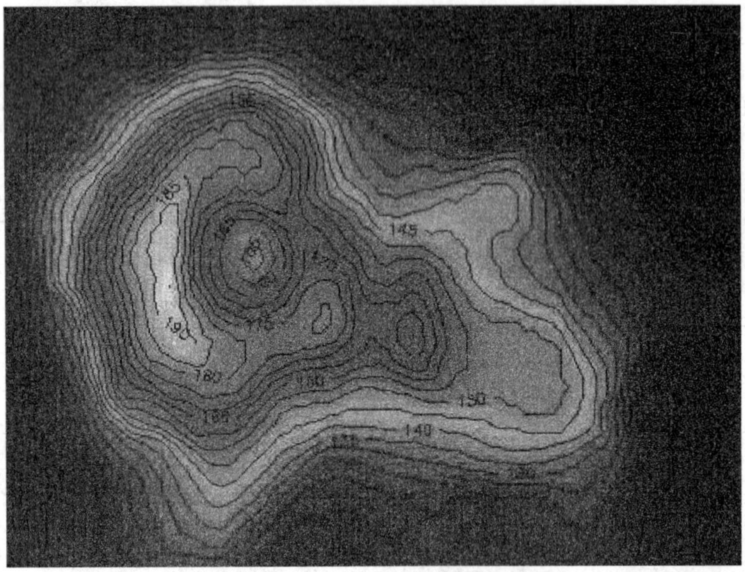

图 5-12 新西兰 Maunga Whau 火山高度的等高图

从图 5-12 中可以看出，颜色由绿色向粉色、白色渐变时，火山的海拔高度也越来越高。换言之，颜色越绿时，海拔越低；颜色越趋粉色、白色时，海拔越高。本例中，以中心的火山口为中心，周边布满了不同的等高线，海拔高度基本上由火山口边向四周降低。

5.1.8 三维透视图

三维透视图(perspective plot)的数据基础是网格数据，它将一个矩阵中包含的高度数值用曲面连接起来而形成图形。使用 persp( )函数可以画出三维透视图。

以新西兰 Maunga Whau 火山高度数据集 valcano 为例，具体代码如下：

```
###### 代码清单 5.1.8 ######
data(volcano)
z <-3 * volcano
x <-10 * (1 : nrow(z)), y <-10 * (1 : ncol(z))
par(mar = rep(1, 4))
persp(x, y, z, theta = 150, phi = 30, col = "green3", axes = T,
          scale = F, ltheta = - 120, shade = 0.75, border = NA, box = T)
```

persp( )函数代码中参数的含义如下：

theta，phi：设定视觉角度，theta 设定方位角，phi 设定余纬角。

scale = *F*：当 R 在画图前会将各个维度的数据转换到［0，1］区间，若是 scale 设为 *T*，则各个维度会分开转换；若是设为 *F*，则转换的过程会保留各个坐标之间的比例。

box = *T*：设定是否要画出外框，默认值为 *T*。若是要画出坐标轴，必须设为 *T*。

axes = *T*：设定是否要画出坐标刻度与刻度标记，默认值为 *T*。若要画出坐标轴则 box 参数必须设为 *T*。

ticktype = "detailed"：设定坐标轴的样式，可以为 "simple"(只画出标示坐标方向的箭头)或 "detailed"(与 2D 图一样画出坐标刻度)，预设为 "simple"。

nticks = 5：设定概略的坐标轴刻度数目。

生成的图形如图 5-13 所示：

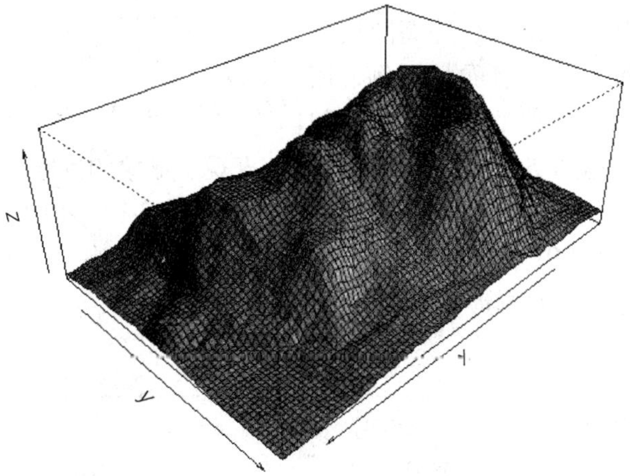

图 5-13 新西兰 Maunga Whau 火山的三维透视图

5.1.9 小提琴图

小提琴图(violin plot)是核密度图与箱线图的结合，由于它的外观与小提琴的形状比较相似，所以称之为小提琴图。小提琴图的本质是利用密度值生成的多边形，但该多边形同时还沿着一条直线作了另一半对称的“镜像”，这样 2 个左右或上下对称的多边形拼起来就形成了小提琴图的主体部分，最后一个箱线图也会被添加在小提琴的中轴线上。

vioplot 包的 vioplot ( ) 函数可专门用于小提琴图的绘制，其使用格式为：

```
vioplot (X1,X2, …, names =, col =)
```

其中，***X*1**，***X*2**，…表示一个或多个数值型向量；names 为图形中标签的字符型向量；col 是指定图形的颜色的向量。

```
###### 代码清单 5.1.9 ######
library(vioplot)
f <-function(mu1, mu2){ c(rnorm(300, mu1, 0.5), rnorm(200, mu2, 0.5)) }
x1 <-f(0, 2); x2 <-f(2, 3.5); x3 <-f(0.5, 2)
vioplot(x1, x2, x3, horizontal = F, col = "bisque", names = c("A", "B", "C"))
```

生成的图形如图 5-14 所示：

图 5-14 中，可以看到 3 幅小提琴图，每幅图形中的白点是中位数，黑色狭长方块的范围是下四分位到上四分位，细黑线表示须。外部的小提琴状曲线就是核密度。

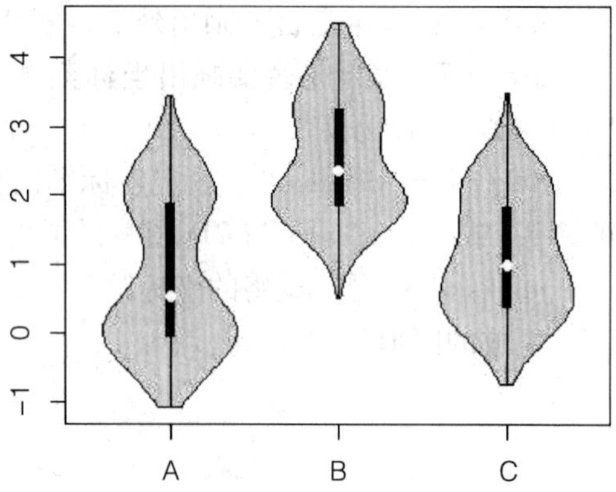

图 5-14 3 组双峰数据的小提琴图

5.1.10 颜色等高图

颜色等高图，又称为层次图(level plot)，与等高图的原理类似，只是颜色等高图用不同颜色表示不同高度，并配有颜色图例，用以说明图中的颜色与高度值的对应关系。颜色等高图对于试验数据的空间分析，可以做一个直观、形象的判断。

以某松树某个林分的 10 年生胸径为例，试验林是 35 行、40 列，共 1400 个数据。其中的缺失值一律用 0.001 替代，以减少缺失值对图形的影响(由于默认情况下，缺失值对应的颜色为白色，会对图形干扰)。

绘图代码如下：

```
########## 代码清单 5.1.10 Topography  ##########
par(mar = c(4, 4, 2, 2), cex.main = 1)
df <-read.table( file = 'd5.1.10.csv', header = F, sep = ',' )
df <-as.matrix(df)
```

```
x = 1 : nrow(df)
y = 1 : ncol(df)
filled.contour(x, y, df, color = terrain.colors,
               plot.title = title(main = "The Topography of dbh10 in Pinus Loc 8",
                                  xlab = "Col", ylab = "Row"),
                  plot.axes = {
                    axis(1, seq(5, 40, by = 5))
                    axis(2, seq(5, 35, by = 5))
                  },
                  key.title = title(main = "DBH \n(cm)", cex.main = 0.7)
  )
```

对于 10 年生的林分，胸径不会很小，所以图中很绿的小块表示缺失值所在，如图 5-15 所示。颜色越往粉色，表示胸径越大。其次，图形的色彩分布并不均匀，有些粉色的小块连成一小片，代表着所在的小空间范围内，林木的胸径值较大，可能存在微环境的空间效应，这可为后续的空间分析提供一个直观的参考。

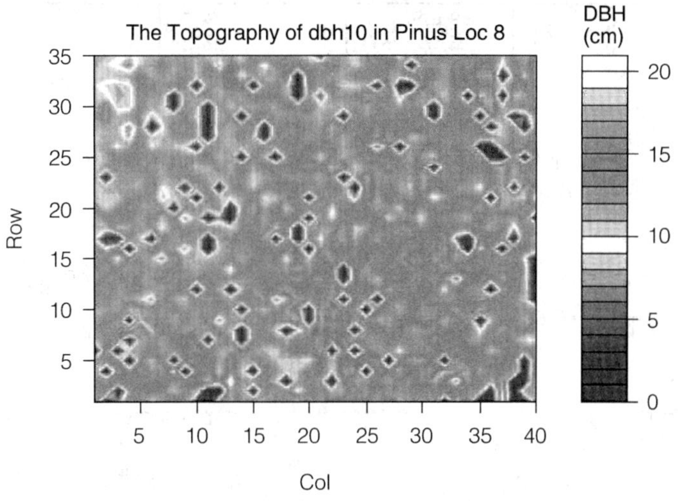

图 5-15　10 年生松树胸径的颜色等高图

5.1.11　散点图矩阵

散点图矩阵(scatter plot matrices)是散点图的高维扩展，它的基本构成是普通散点图，只是将多个变量的两两散点图以矩阵的形式排列起来，就构成了所谓的散点图矩阵，它通常包含 $p \times p$ 个窗格(p 为变量个数)。散点图矩阵从一定程度上克服了在平面上展示高维数据的困难，对于我们查看变量之间的两两关系非常有用。可以用 pairs( ) 函数产生所有列(column)之间两两成对的散点矩阵图。

以 R 自带的鸢尾花 iris 数据集为例，绘图代码为：

```
pairs(iris[ ,1:4])
```

可以得到如图 5-16 的图形：

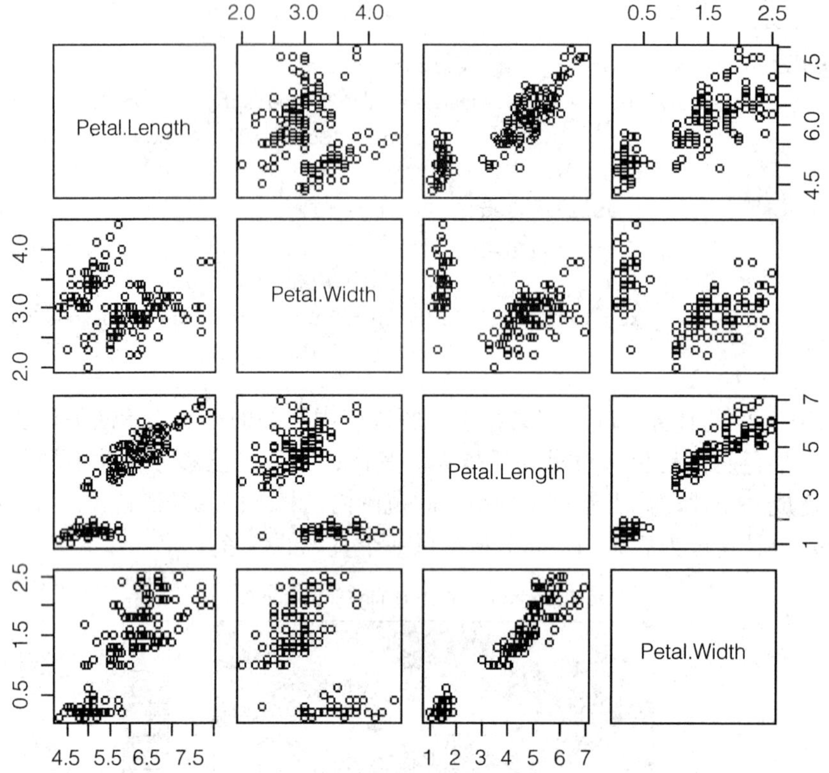

图 5-16　鸢尾花 iris 数据集的二元图

此外，pairs( )函数还可通过 panel 相关参数指定绘图样式，例如：指定对角线的图形为自定义的直方图，其余的图形则使用内置的 panel. smooth( )函数。

绘图代码为：

```
###### 代码清单 5.1.11a ######
panel.hist <-function(x, ...) {                # 指定对角图形为直方图
  usr <-par("usr"); on.exit(par(usr))
  par(usr = c(usr[1:2], 0, 1.5) )
  h <-hist(x, plot = FALSE)
  breaks <-h$breaks; nB <-length(breaks)
  y <-h$counts; y <-y/max(y)
  rect(breaks[-nB], 0, breaks[-1], y, col = "cyan", ...)
}
pairs(iris[,1:4], panel = panel.smooth, pch = 20, bg = "blue", diag.panel =
panel.hist)
```

生成的图形如图 5-17 所示：

现对上面的图形进一步指定右上角输出各变量之间的相关值。

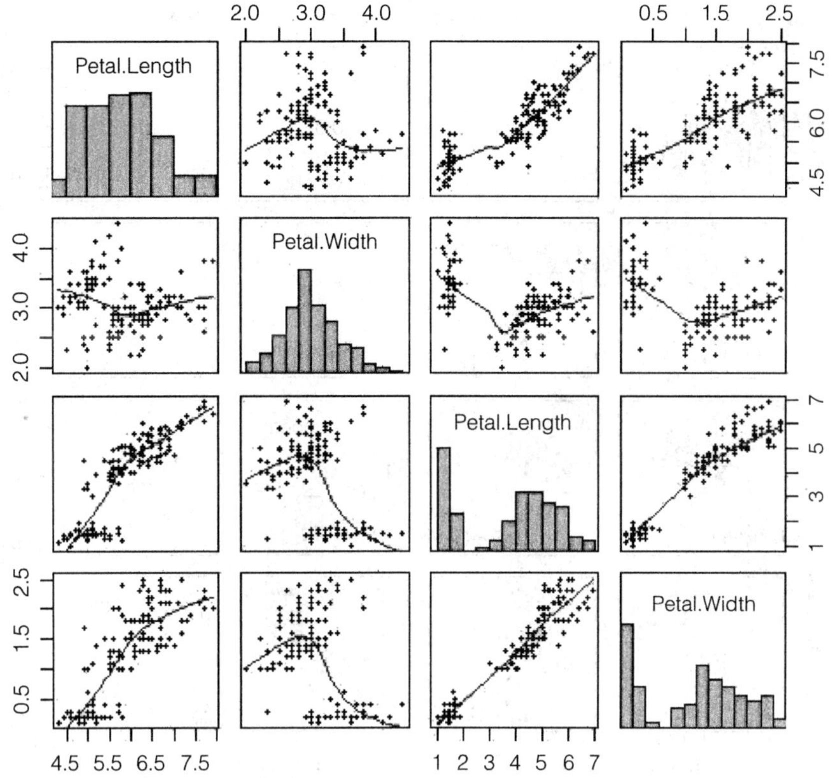

图 5-17 鸢尾花 iris 数据集的二元图

```
###### 代码清单 5.1.11b ######
panel.cor <-function (x, y, digits =2, prefix ="", cex.cor, ...) {
  usr <-par( "usr" ); on.exit( par( usr ) )
  par( usr =c(0, 1, 0, 1))
  r <-abs(cor(x, y, use ="complete.obs" ))
  txt <-format(c(r, 0.123456789), digits =digits ) [1]
  txt <-paste( prefix, txt, sep ="" )
  text(0.5, 0.5, txt, cex =1.5, col ="blue")
}
```

上述的代码设定了一个函数 panel. cor ( )，用于计算、输出各变量之间的相关值。现在就可对图 5-17 做进一步地调整，绘图代码为：

```
###### 代码清单 5.1.11c ######
pairs ( iris[ ,1:4], upper.panel =panel.cor,
        panel =panel.smooth, pch =20, bg ="blue",
        diag.panel =panel.hist )
```

生成的图形如图 5-18 所示：

与图 5-16 和图 5-17 相比，上述的图 5-18，可使我们对鸢尾花 iris 数据集里的 4 个

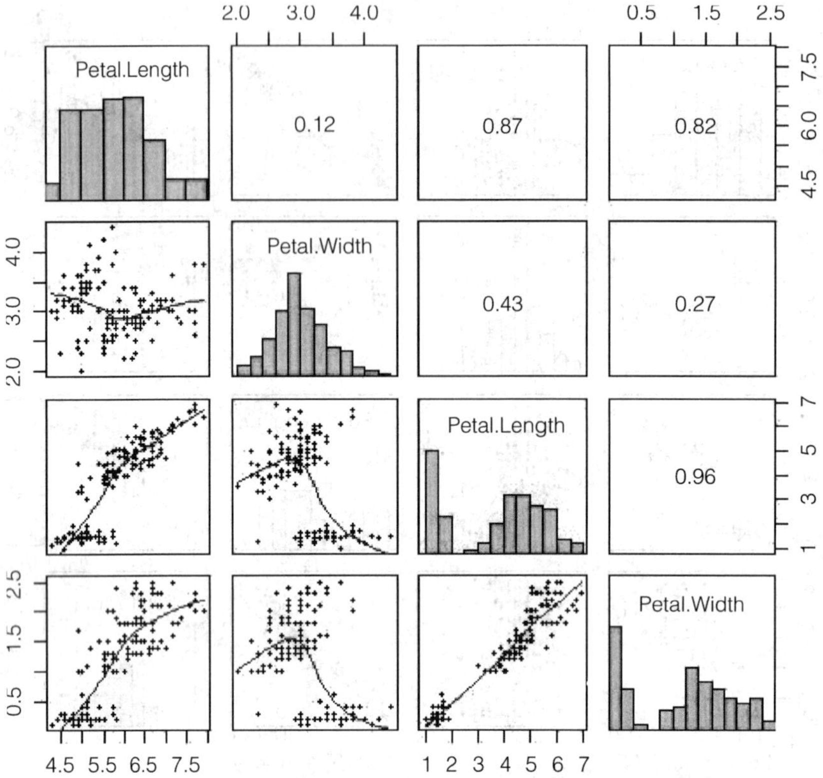

图 5-18　鸢尾花 iris 数据集的二元图

变量有了更为直观、全面的了解。对角线上的图形，可有助于判断各变量数据的正态性验证。左下方的散点图，可有助于了解变量两两之间的数据分布。右上方的相关值，可有助于了解变量之间的相关性和相关程度。

5.1.12　条件图

coplot( )函数可以画出条件图(conditioning plot)。coplot( )函数能够说明数据集中变量的三向甚至四向关系，它特别适合于观察当给定其他预测变量时，响应变量如何根据一个预测变量变化。

以例 5.1.6 的数据集为例，绘图代码如下：

```
coplot(dbh ~ h |as.factor(str), data = df)  # 单个条件变量的条件图
coplot(dbh ~ h |as.factor(str) + as.factor(dis), data = df)  # 双条件变量
```

从图 5-19(a)可知，对于单条件变量的条件图，coplot( )函数根据通直度 *str* 的值产生出几个区间(有时也可能重叠)，依照各个 *str* 区间画出在区间内胸径 *dbh* 与树高 *h* 的散点图，图的最上方是 coplot( )对通直度 *str* 自动产生的区间(这里总共有 5 个区间)，而最下方 3 个散点图就依序对应上方的前 3 个区间，其他的 2 个散点图就依序对应剩余的 2 个区间。此外，coplot( )也可以画出 2 个变量的条件图，如图 5-19(b)所示，其原理与图 5-19(a)一样，不再详述。

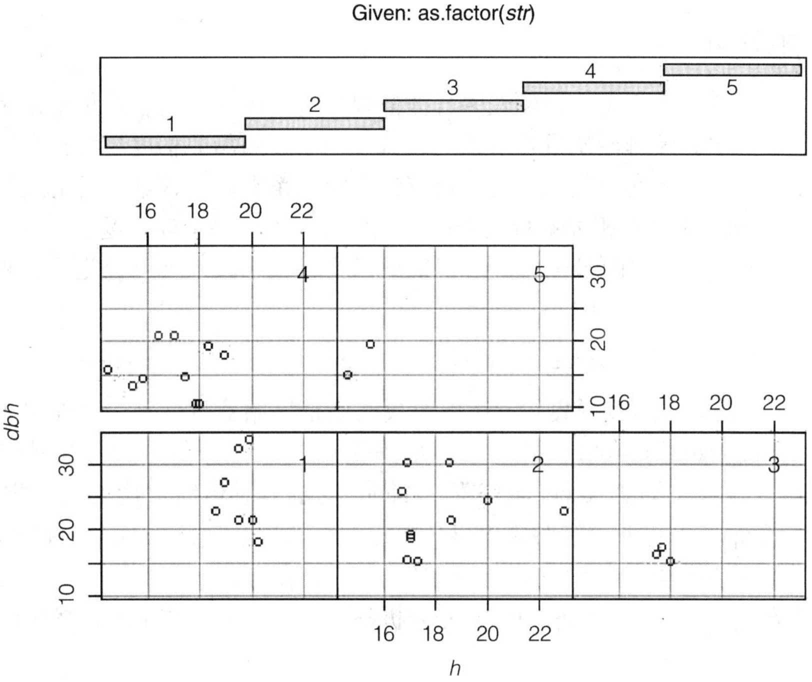

（a）单条件变量

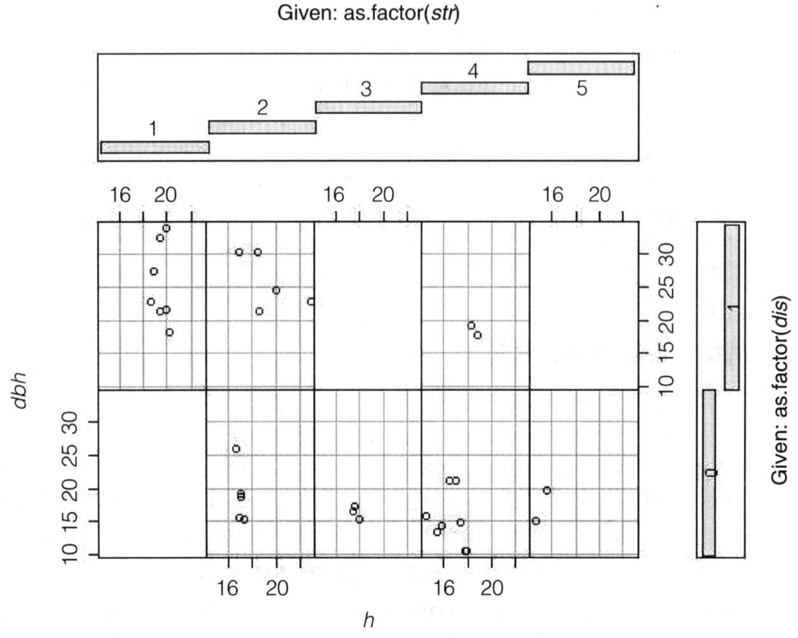

（b）双条件变量

图 5-19　种源试验数据的条件图

5.1.13 相关图

当一个数据集中的变量数目比较多且数值很多时，计算相关系数矩阵是多元统计分析的一个基本方法，但哪些变量相对独立，哪些变量之间相关程度最大？变量之间是否以某种特定的方式聚集在一起？这时，仅仅依靠相关系数矩阵很难分析上述问题，而相关图(correlograms)通过对相关系数矩阵的可视化，就可回答上述问题。

在 R 中，corrgram 包的 corrgram ( )函数就可将相关系数矩阵可视化，其使用格式如下：

```
corrgram (x, type =, order =, panel =, text.panel =, diag.panel =)
```

其中，*x* 为一个待研究的数据集；type 指定数据集是原始数据(type = "data")或相关值(type = "cor"或"corr")；order 指定相关矩阵使用主成分分析对变量重排序(order = "*T*")或保持变量顺序不变(order = "*F*")；panel 设定非对角线使用的元素类型(其中，lower. panel 和 upper. panel 分别对应主对角线左下方和右上方)；text. panel 和 diag. panel 控制对角线的元素类型。

以例 4. 8. 1. 1 的杉木数据集为例，先分析各变量的相关系数矩阵，然后以相关矩阵绘制相关图，代码如下：

```
###### 代码清单 5.1.13 ######
options (digits=2)  # 输出 2 位小数点
d.4.8 <-read.table( file='d4.8.1.1.csv', header=T, sep=',' )
df.cor <-cor(d.4.8[ , -1])  # 计算相关系数矩阵

library (corrgram)
corrgram (df.cor, type="cor", order=T, lower.panel=panel.shade,
          upper.panel=panel.pie, text.panel=panel.txt,
          main="Correlogram of fir intercorrelations" )
```

运行结果如下：

首先，输出相关系数矩阵，具体如下：

```
> df.cor
           h      dbh      v     cpro       wd     wpro      tl       tw     lrt
h       1.000   0.862   0.90  -0.430 -0.2896   0.3202  -0.204  -0.037 -0.1650
dbh     0.862   1.000   0.98  -0.413 -0.3529   0.3908  -0.178  -0.152 -0.0715
v       0.900   0.984   1.00  -0.430 -0.3825   0.4297  -0.199  -0.113 -0.1161
cpro   -0.430  -0.413  -0.43   1.000  0.2214  -0.2503   0.175  -0.075  0.1988
wd     -0.290  -0.353  -0.38   0.221  1.0000  -0.9793  -0.086  -0.084 -0.0035
wpro    0.320   0.391   0.43  -0.250 -0.9793   1.0000   0.020  -0.017  0.0091
tl     -0.204  -0.178  -0.20   0.175 -0.0864   0.0198   1.000   0.163  0.7928
tw     -0.037  -0.152  -0.11  -0.075 -0.0836  -0.0165   0.163   1.000 -0.4689
lrt    -0.165  -0.071  -0.12   0.199 -0.0035   0.0091   0.793  -0.469  1.0000
```

但仅仅从上述的相关系数矩阵来分析 9 个变量之间的两两关系，显然有点力不从心。现生成如图 5-20 所示的相关图。

图 5-20 的相关图是以杉木数据的相关矩阵为对象，采用了主成分分析对变量重新排序后画出的图形。相关图以中间的主对角线为界，左下方的方块图和右上方的饼图，表示的信息是一样的，都表示变量之间的两两相关系数值。蓝色代表正相关，红色代表负相关。颜色越深，代表相关值越大。

从图 5-20 中可知，*lrt*、*tl* 和 *cpro* 两两之间呈正相关，*h*、*v*、*dbh* 和 *wpro* 两两之间也呈正相关；但这两组变量之间呈负相关。此外，*wpro* 和 *lrt*、*tl*、*tw*，*lrt* 和 *wd*，两两之间的相关性很弱。

现在，把 order 设置为 order = *F*，看看相关图(图 5-21)的变化。

比较图 5-20 和图 5-21，很容易发现差异所在：前者采用了主成分分析法对变量间的关系进行了聚集并重新排序，后者则按数据集中变量的原始顺序保持不变。图 5-21 看起来，比较费劲，似乎有点杂乱无章。因此，相对而言，在分析变量之间的两两关系时，图 5-20 显得更为有效。

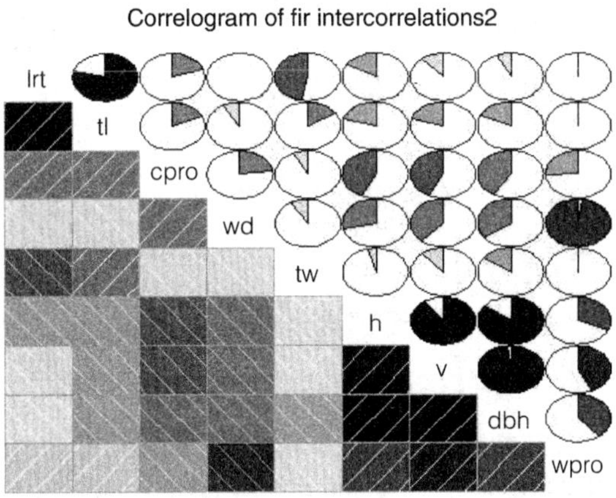

图 5-20　杉木数据集中各变量之间的相关图

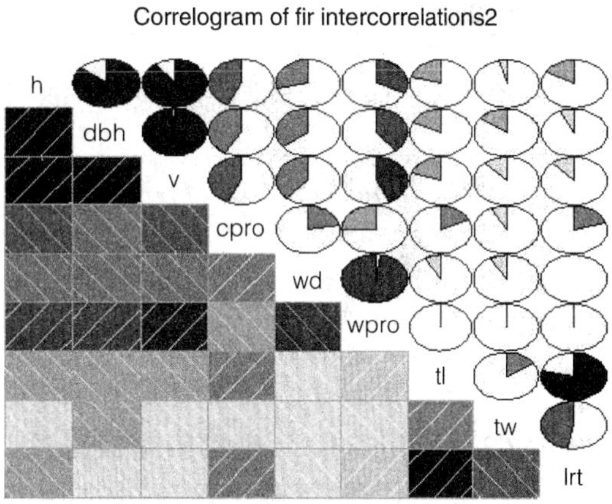

图 5-21　杉木数据集中各变量之间的相关图

上述的相关图，都是以杉木数据的相关矩阵绘制的，读者可自行尝试，将杉木数据的相关矩阵换成杉木原始数据。输出的图形与上述的结果是一样的。

对于林业来说，因林木是多年生植物，故往往可以积累多年份的多性状、多地点的数据，利用 corrgram( ) 函数可以直接绘制变量之间的表型相关，而对于林业生产而言，变量之间的遗传相关更为重要，此时，corrgram ( ) 函数无法直接展示遗传相关图。但可通过 ASReml 或 SAS 等软件，先计算各变量之间的遗传相关值，再将相关值转换为相关矩阵，就可用 corrgram ( ) 函数画出变量之间的遗传相关图，并可采用 corrgram ( ) 函数自带的主成分分析法，对变量之间的聚集模式进行重新排序，进一步分析各变量之间遗传相关的聚集模式。

5.1.14　地图

地图(map)的本质是多边形，而多边形的边界则由地理经纬度数据确定。地图毫无疑问是展示地理信息数据最直观的工具，尤其是当地图和统计量结合时，其功效则会进一步加强。

R 中，可以绘制地图的程序包比较多，下文将介绍几种常见的方法。

(1)采用程序包 maps 和 mapdata 绘制世界地图和中国地图。

maps 包中存有世界地图、美国地图、美国各州郡地图、法国地图以及加拿大城市地图等，加载了这个包，就可轻松地绘制上述地图。mapdata 包中存有中国地图数据，但是数据比较旧。

```
###### 代码清单 5.1.14a #######
library(maps)
map( "world", fill = TRUE, col = rainbow(200),
        ylim = c( -60, 90), mar = c(0, 0, 0, 0))
title("世界地图")
```

类似地，也可以绘制中国地图，这时需额外加载 mapdata 包。

```
###### 代码清单 5.1.14b #######
library(maps)
library(mapdata)
map( "china", col = "black", ylim = c(18, 54), panel.first = grid())
title( "中国地图")
```

(2)采用 maptools 包绘制中国地图。

首先，从网站下载中国地图的 GIS 数据并解压为 3 个文件（下载网址：http://cos.name/wp-content/uploads/2009/07/chinaprovinceborderdata_ tar_ gz.zip)，将这 3 个文件拷贝到 R 中设好的工作空间下，然后运行下述代码：

```
###### 代码清单 5.1.14c #######
library(maptools)
x.map  <-readShapePoly('bou2_4p.shp')
plot(x.map, col = rainbow(300))
```

该包还附有很多实用的命令，详见网页 http://www.dataguru.cn/article-2642-1.html。

(3)采用 ggmap 包绘制地图。

David Kahle 和 Hadley Wickham 开发的 ggmap 包，可以连接 Google Map 的 API 获取地图的相关数据，因此就不会再受程序包中数据集的限制。ggmap 包中不仅可以调取 Google Map 的数据，还可以调取 OpenStreetMap（“osm”）、Stamen Maps（“stamen”）和 CloudMade maps（“cloudmade”）。此外，地图的表现形式也是多样化的，有“terrain”(地

势图)、“satellite”(卫星图)、“roadmap”(道路图)和“hybrid”(混合)等。该方法要比上述 2 种方法好，因为可以及时获得最新的地图信息和数据。

下面简单介绍 ggmap 包的使用方法。

ggmap 包中的 geocode( )函数可以获取目标地点的地址和经纬度。

```
> geocode("Guangzhou")
Information from URL : http://maps.googleapis.com/maps/api/geocode/json? address=Guangzhou&sensor=false
Google Maps API Terms of Service : http://developers.google.com/maps/terms
       lon      lat
1 113.2644 23.12916

> geocode("South China Agricultural University", output="more")
Information from URL : http://maps.googleapis.com/maps/api/geocode/json? address=South+China+Agricultural+University&sensor=false
Google Maps API Terms of Service : http://developers.google.com/maps/terms
       lon      lat              type     loctype
1 113.3512 23.15808 point_of_interest approximate
address
1 south china agricultural university, 483 号 五山路 tianhe, guangzhou, guangdong, china, 510640
     north    south     east     west postal_code country
1 23.16834 23.14782 113.3672 113.3352      510640   china
  administrative_area_level_2 administrative_area_level_1  locality street
1                        <NA>                   guangdong guangzhou 五山路
  streetNo                   point_of_interest
1       NA south china agricultural university
                                query
1 South China Agricultural University
```

mapdist( )函数可获取目标地点之间的距离以及不同到达方法的用时。

```
> mapdist("South China Agricultural University", "Guangzhou Tower", "walking")
Google Maps API Terms of Service : http://developers.google.com/maps/terms
                                 from              to     m     km    miles
1 South China Agricultural University Guangzhou Tower 41557 41.557 25.82352
  seconds minutes    hours
1   31467  524.45 8.740833
```

从上面获取的结果可知，在广州，从华南农业大学到广州塔，距离为 41.557 公里，步行时间需要 8.74 小时。

现在介绍如何绘制地图，代码如下：

```
###### 代码清单 5.1.14d #######
library(ggmap)
library(mapproj)

## Google 获取中国的地图数据
map <-get_map(location = 'China', zoom = 4)
ggmap(map)

## Google 获取广州的公路地图数据
map <-get_map(location = 'Guangzhou', zoom = 10, maptype = 'roadmap')
ggmap(map)
```

此外，ggmap 包还可输出卫星地图等，读者可自行修改 maptype 的值，这里就不再详述。

5.2 高级绘图

除了基础绘图外，lattice 和 ggplot2 包提供了更为复杂、有用的作图系统。lattice 包可以绘制一维、二维或三维的图形，尤其对于多元变量，可通过栅栏图形更为直观地展示。ggplot2 包则提供了一种全新的绘图方法，其目标是允许用户创建新颖的、创新性的数据可视化图形。

5.2.1 lattice 包

lattice 包很容易实现单变量或多变量的数据可视化，生成的图形为栅栏图。在一个或多个其他变量的条件下，栅栏图可展示某个变量的分布或与其他变量间的关系。同时，lattice 包提供了丰富的图形函数，可生成单变量图形(点图、核密度图、直方图、柱形图和箱线图)、双变量图(散点图、带状图和平行箱线图)和多变量图形(三维图和散点图矩阵)。

lattice 包中图形函数的使用格式为：

```
graph_function(formula, data =, options)
```

其中，graph_ function 为图形函数；formula 指定要展示的变量和条件变量；data 为数据框；options 为图形参数，用以指导图形的摆放方式和标注。

formula 的通用表达式为：

$$y \sim x \mid A \times B$$

式中，竖线("|")左边的变量为主要变量(primary variable)，右边的变量为条件变量(conditioning variable)。主要变量将变量反映在每个面板的坐标轴上，$y \sim x$ 表示将变量分别反映在纵轴和横轴上，$y \sim x \mid A \times B$ 则表示在因子 A 和 B 各水平组合下，x 变量和 y 变量间的关系。对于三维图形，表达式为 $z \sim x \times y$。

lattice 包中的图形类型和对应函数见表 5-2。

表 5-2　lattice 包中的图形类型和对应函数

图形类型	图形函数	表达式
三维等高线图	contourplot( )	$z \sim x \times y$
三维水平图	levelplot( )	$z \sim y \times x$
三维散点图	cloud( )	$z \sim x \times y \mid A$
三维线框图	wireframe( )	$z \sim y \times x$
条形图	barchart( )	$x \sim A$
箱线图	bwplot( )	$x \sim A$
点图	dotplot( )	$\sim x \mid A$
直方图	histogram( )	$\sim x$
核密度图	denstiyplot( )	$\sim x \mid A \times B$
平行坐标图	parallel( )	data
散点图	xyplot( )	$y \sim x \mid A$
散点图矩阵	splom( )	data
带状图	stripplot( )	$x \sim A$

注：表达式中的字母，小写代表数值型向量，大写代表类别型向量。

现以笔者分析某松树胸径育种值排名的预测结果 plot. data 为数据集，演示 lattice 绘制 *xy* 散点图和三维水平图。该数据集中有家系 *Fam*，种植密度 *Spacing*，树龄 *ca*，胸径育种值排名 *rank*。

xy 散点图的绘图代码如下：

```
############ 代码清单 5.2.1a ############
library(lattice); library(asreml)
plot.data <-asreml.read.table(file = 'lattice.pdata.csv', header = T, sep = ',' )
colors = c("red", "blue", "green")
points = c(15, 16, 17)
xyplot( rank ~ ca | reorder(Fam, Spacing), data = plot.data,
       type = "b", groups = Spacing, pch = points, col = colors,
       main = "Rank of dbh BV in Fam with ca",
       key = list( title = "Spacing", space = "right", cex = 0.8,
                   text = list(levels(plot.data $ Spacing)),
                   points = list(pch = points, col = colors), border = T, lines = T)
)
```

生成的图形如图 5-22 所示：

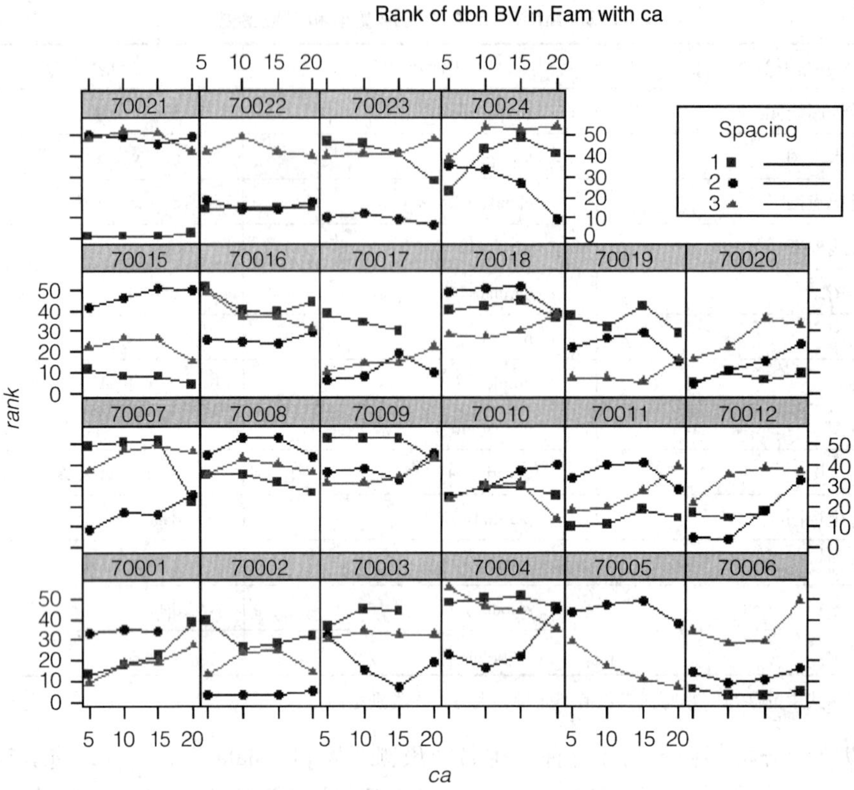

图 5-22　松树胸径育种值排名对树龄的 *xy* 散点图

从图 5-22 中可知，不同家系 *Fam*，在不同种植密度 *Spacing* 下，胸径育种值排名 *rank* 会随着树龄 *ca* 的增加而呈现不同的表现：有的家系，比如 70006，*rank* 基本保持不变，即该家系胸径与种植密度之间没有交互作用；有的家系，比如 70012，*rank* 在种植密度 2 条件下，变化幅度较大，与其余的 *rank* 线存在交叉，表明该家系胸径与种植密度之间存在较强的交互作用。此外，还可以直观地看出不同家系的胸径在不同种植密度下的表现差异，比如家系 70021，在种植密度 1 条件下，表现一直不错，而其他 2 种种植密度下，表现比较差；家系 70022，在种植密度 1 和 2 条件下，胸径表现中等，而在第 3 种种植密度下，表现比较差。总之，图形化后，更易于比较不同家系的胸径表现，以及便于 G × E 效应的分析。

现仍以 plot. data 为数据集，进行三维水平图的绘制，代码如下：

```
############ 代码清单 5.2.1b ############
library(lattice); library(asreml)

levelplot( rank ~ Spacing* Fam | reorder(ca, Spacing), data = plot.data,
          xlab = "Spacing", subset = ca! = 5,
          main = "dbh BV rank in Fam with Spacing of ca",
          col.regions = terrain.colors(100)
)
```

生成的图形如图5-23所示：

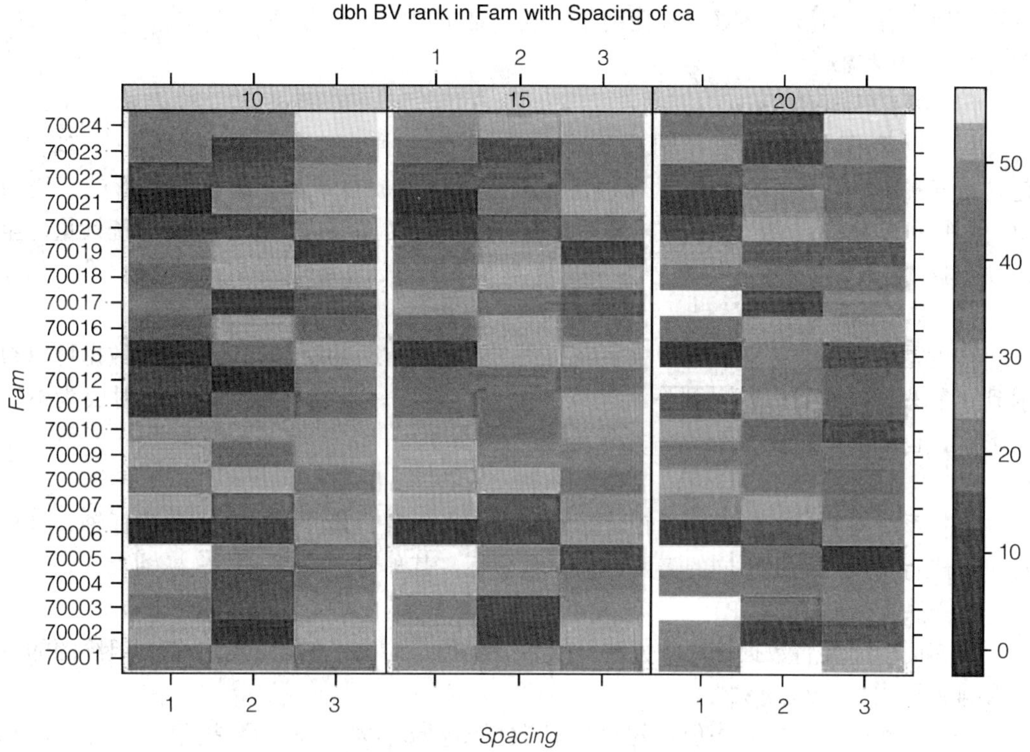

图5-23 松树胸径育种值排名对树龄的三维水平图

图5-23与图5-22类似，只不过横轴现为种植密度 *Spacing*。图5-23可用于不同家系 *Fam* 在相同树龄 *ca* 下，胸径育种值排名 *rank* 随着种植密度的变化情况。颜色越近绿色，代码排名 *rank* 越靠前，即胸径表现越好，反之则反。

上述示例演示的是用lattice包绘制栅栏图，栅栏图可便于展示某个变量的分布或与其他变量间的关系。更多的lattice包的绘图方法，请阅读Sarkar(2008)所编写的书籍 *Lattice：Multivariate data visualization with R*。

5.2.2 ggplot2包

5.2.2.1 ggplot2简述

ggplot2是用于绘图的R语言扩展包，其理念根植于 *Grammar of Graphics* 一书。它将绘图视为一种映射，即从数字空间映射到图形元素空间。例如将不同的数值映射到不同的色彩或透明度。该绘图包的特点在于并不去定义具体的图形(如直方图，散点图)，而是定义各种底层组件(如线条、方块)来合成复杂的图形，这使它能以非常简洁的函数构建各类图形，而且默认条件下的绘图品质就能达到出版要求。

5.2.2.2 与lattice包的比较

ggplot2和lattice都属于高级的格点绘图包，初学R语言的读者可能会在二者选择上有所疑惑。从各自特点上来看，lattice入门较容易，作图速度较快，图形函数种类较多，比如它可以进行三维绘图，而ggplot2就不能。ggplot2需要一段时间的学习，但当用户跨过这个门槛之后，就能体会到它的简洁和优雅，而且 ggplot2 可以通过底层组件构造前所未有的图形，此时，所受到的限制只是用户的想象力。

5.2.2.3 基本概念

(1) 图层(layer)

如果读者用过 photoshop，则对于图层一定不会陌生。一个图层好比是一张玻璃纸，包含有各种图形元素，我们可以分别建立图层然后叠放在一起，组合成图形的最终效果。图层可以允许用户一步步地构建图形，方便单独对图层进行修改、增加统计量甚至改动数据。

(2) 标度(scale)

标度是一种函数，它控制了数字空间到图形元素空间的映射。一组连续数据可以映射到 *X* 轴坐标，也可以映射到一组连续的渐变色彩。一组分类数据可以映射成为不同的形状，也可以映射成为不同的大小。

(3) 坐标系统(coordinate)

坐标系统控制了图形的坐标轴并影响所有图形元素，最常用的是直角坐标轴，坐标轴可以进行变换以满足不同的需要，如对数坐标。其他可选的还有极坐标轴。

(4) 位面(facet)

很多时候需要将数据按某种方法分组，分别进行绘图。位面就是控制分组绘图的方法和排列形式。

现以笔者曾参与过的一份松树试验林数据 ggplot. pdata. csv 为数据集，进行 ggplot2 绘图的演示。该数据集包括有测试林木个体 TreeID，种植密度 *Spacing*，重复 *Rep*，心材密度 *dj*，边材密度 *dm*，木材基本密度 *wd*，10 年生胸径 *dbh*10 和单位面积的晚材比例 *awlwp*10。

首先，绘制散点图，代码如下：

```
############ 代码清单 5.2.2a ############
library(ggplot2)

df <-read.table( file = 'ggplot.pdata.csv', header = T, sep = ',' )
for( i in 1:3 ){ df[ ,i] <-as.factor(df[ ,i]) }
str(df)
names(df)
p <-ggplot(data = df, aes(x = dj , y = dbh10)) + geom_point() # 图 5-29A
p1 <-ggplot(df, aes(x = dj , y = dbh10, shape = Spacing, colour = Spacing)) + geom_
point() # 图 5-29B
p2 <-p1 + stat_smooth() # 图 5-29C
#p3a <-p1 + geom_point(aes( size = dbh10 ))
p3 <-p1 + geom_point(aes( size = dj )) # 图 5-29D

p4 <-p3 + scale_size_continuous( range = c(1, 10 )) # 图 5-29E
p5 <-p1 + facet_wrap( ~Spacing, ncol = 1 ) # 图 5-29F
print(p) # 查看图片
```

生成的图形如图 5-24 所示：

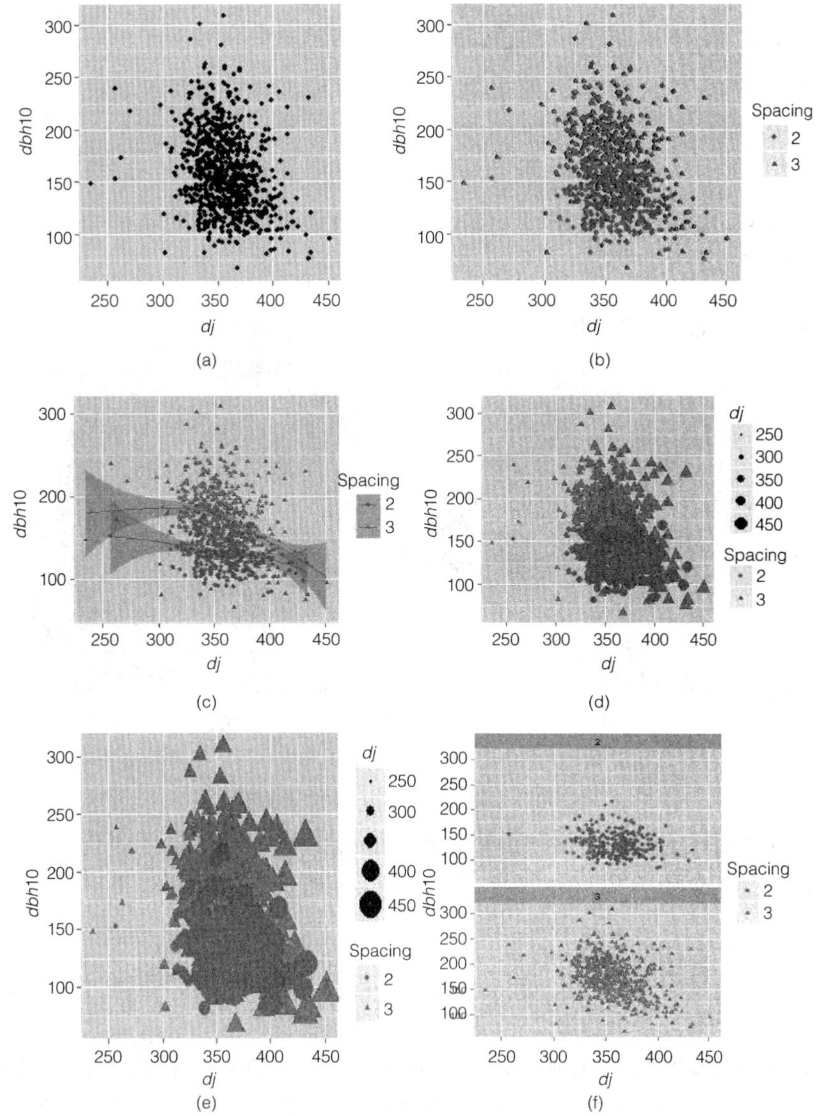

图 5-24　松树胸径 *dbh*10 对心材密度 *dj* 的散点图

图 5-24 为 ggplot2 包所绘制的各种散点图。图 5-24(a)为试验中所有胸径 *dbh*10 对心材密度 *dj* 的散点图，图 5-24(b)是从前者中根据种植密度 *Spacing*，将种植密度映射到颜色属性上。之后，再添加平滑曲线，就是图 5-24(c)。图 5-24(d)是根据图 5-24(b)以心材密度 *dj* 的值来控制每个点的大小。图 5-24(e)是在图 5-24(d)基础上，进一步强调每个点的最大和最小尺寸。图 5-24(f)是根据图 5-24(b)以种植密度为类别分别显示散点图。从图 5-24(c)中可知，种植密度 2 的胸径整体上小于种植密度 3，此外胸径 *dbh*10 都随着心材密度 *dj* 的增加而呈下降的趋势。图 5-24(d)中可知，心材密度 *dj* 大的点大部分靠左下角，即胸径 *dbh*10 比较小，换言之，密度大的往往胸径小，这也符合林木生长的实际情况。

接下来，以心材密度 *dj* 为目标数据，演示绘制直方图的过程，代码如下：

```
############ 代码清单 5.2.2b ############
library(ggplot2)
h1 <-ggplot( df, aes ( x = dj )) + geom_histogram ( aes ( color = Spacing, fill =
Spacing))
h2 <-h1 + facet_wrap( ~ Spacing )
# h3 <-h2 + stat_bin( geom = "line" )
print(h1) # 查看图片
```

生成的直方图如图 5-25 所示：

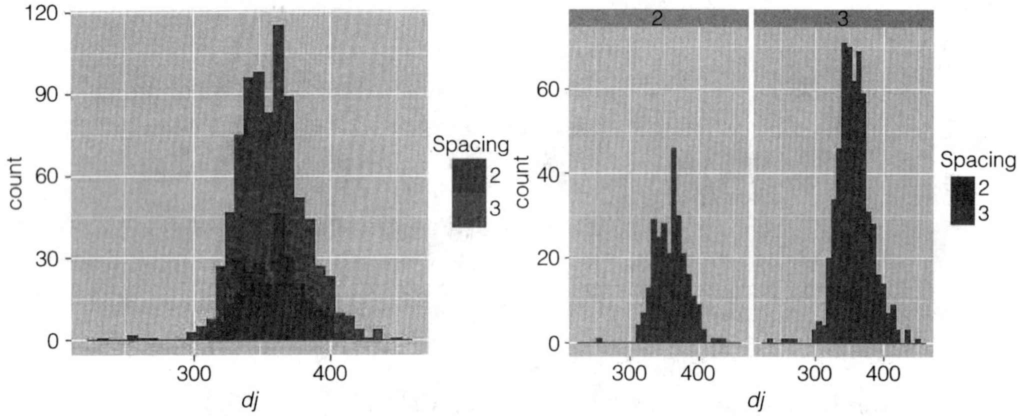

图 5-25　松树心材密度 *dj* 的直方图

直方图的结果显示，不论哪种种植密度，心材密度 *dj* 基本处于 300 ~ 400 之间。

现在仍以心材密度 *dj* 为目标数据，演示绘制核密度图，代码如下：

```
ggplot(df) + geom_density(aes( x = dj, colour = Spacing))
```

生成的图形如图 5-26 所示：

核密度图(图 5-26)的结果显示，从分布上来看，2 种种植密度下，心材密度 *dj* 的核密度图基本一致，差异不大。这与直方图的结果相似。上述这两图均未能显示心材密度 *dj* 是否会随种植密度的不同而有差异，原因可能是数据分布过于集中，无法显示出差异的细节，这时，就可采用二维密度图来加以区分。

在上述的数据基础上，进一步演示二维密度图的绘制，代码如下：

```
############ 代码清单 5.2.2c ############
ggplot( df, aes(dj, dbh10)) + stat_density2d(aes(fill =.. level..), geom = "pol-
        ygon") + scale_fill_continuous(high = "darkred", low = "darkgreen") +
        facet_wrap( ~ Spacing )
```

生成的图形如图 5-27 所示：

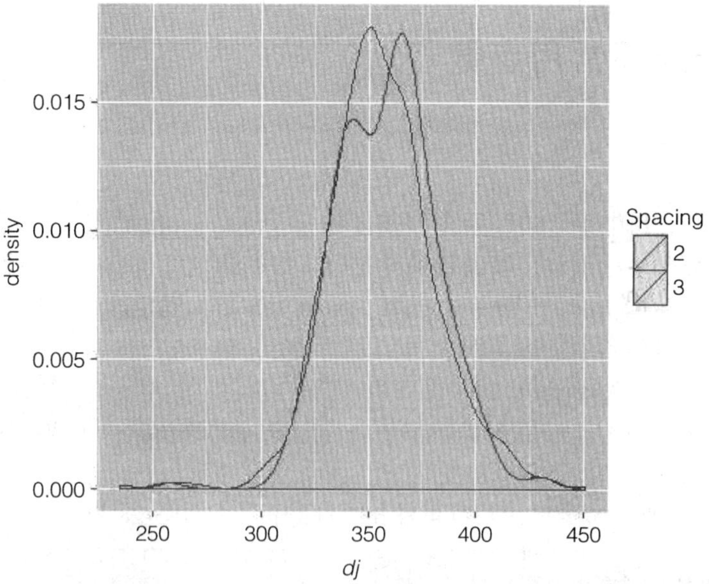

图 5-26　松树心材密度 ***dj*** 的核密度图

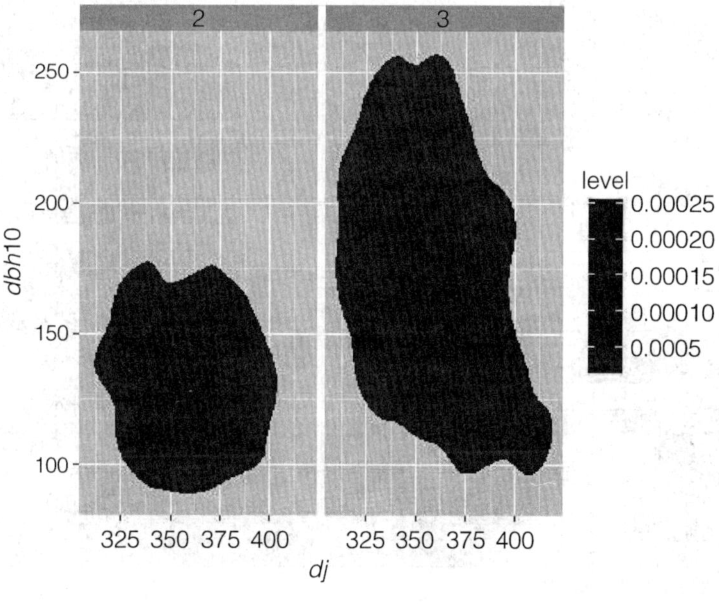

图 5-27　松树心材密度 ***dj*** 的二维密度图

现在就可明显看出二维密度图与直方图、核密度图的差异。从图 5-27 中可知，与种植密度 3 相比，种植密度 2 的总体数据分布靠下，而且数据分布的中心偏右下方，即心材密度大的，胸径也小。而在种植密度 3 中，数据分布比较均匀。

5.3 基础绘图常用参数

5.3.1 颜色

默认情况下，R 中颜色的设置主要需要依靠 grDevices 包的支持，其中提供了大量的颜色选择函数和生成函数，以及几种预先设置好的调色板(palette)，用以表现不同的主题。grDevices 包中所有关于颜色的函数大致分为 3 类：固定颜色选择函数、颜色生成和转换函数和特定颜色主题调色板。

5.3.1.1 固定颜色选择函数

固定颜色选择函数也就是 R 提供的它自带固定种类的颜色，主要是函数 colors( ) 和 palette( )。

colors( ) 不需要任何参数，其可生成 657 种颜色，如图 5-28 所示：

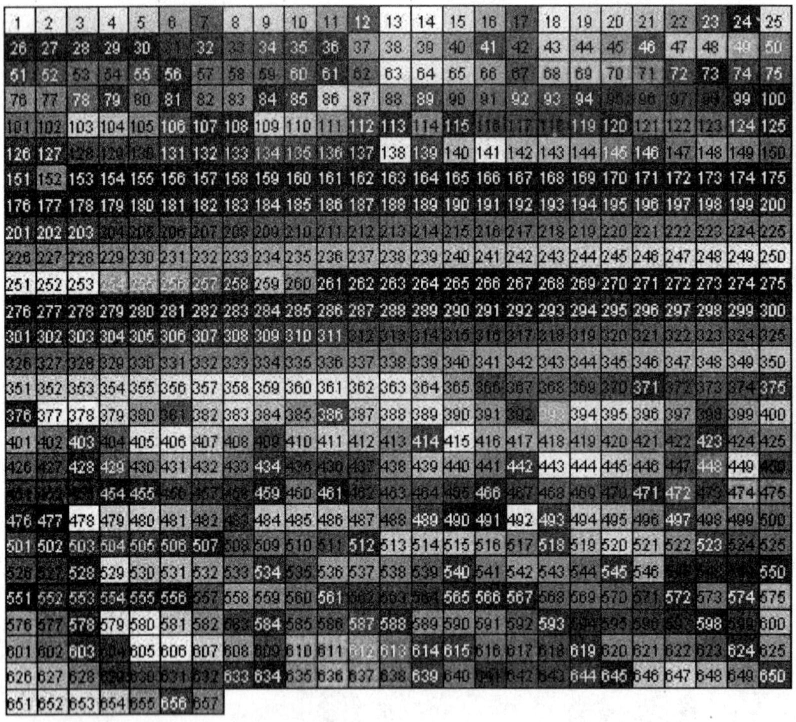

图 5-28 colors( ) 函数生成的 657 种颜色

palette( ) 调色板函数：用法 palette(value)，该函数用来设置调色板或者获得调色板颜色值。注意，实际上这个函数的结果并非“固定”颜色，但是只要设定好调色板，它的取值就不会再改变(直到下一次重新设定调色板)。如果不写任何参数，则该函数返回当前的调色板设置。

5.3.1.2 颜色生成和转换函数

R 提供了一系列利用颜色生成原理如 RGB 模型(红绿蓝三原色混合)、HSV 色彩模型(色调、饱和度和纯度)、HCL 色彩模型(色调、色度和亮度)和灰色生成模型等构造的颜色。

rgb()函数为红绿蓝三原色混合，其用法如下：

```
rgb(red, green, blue, alpha, names = NULL, maxColorValue = 1)
```

其中，前4个参数都取值于区间[0, maxColorValue]；names 参数用来指定生成颜色向量的名称。前3个参数，值越大说明颜色的成分越高；alpha 是颜色的透明度，取0表示完全透明，取最大值表示完全不透明(默认值)。

hsv()函数用色调(hue)、饱和度(saturation)和纯度(value)来构造颜色，其用法如下：

```
hsv(h = 1, s = 1, v = 1, gamma = 1, alpha)
```

其中，前3个参数分别对应色调、饱和度和纯度，取值于区间[0, 1]。参数 gamma 表示伽玛校正(Gamma Correction)；alpha 意思同上，但取值于区间[0, 1]。

hcl()函数用色调(hue)、色度(hroma)和亮度(luminance)构造颜色，其用法如下：

```
hcl(h = 0, c = 35, l = 85, alpha, fixup = TRUE)
```

其中，参数 h 取值于区间[0, 360]，可以想象为角度，0表示红色，120表示绿色，240表示蓝色，中间的都是过渡色；参数 c 取值受 h 和 l 限制；参数 l 取值于区间[0, 100]，取值越大生成的颜色越亮；fixup 表示是否修正生成的颜色值。

5.3.1.3 特定颜色主题调色板

上文介绍的颜色生成过程，对于一般读者来说也许显得太复杂，因此，R 提供了第三种选择，那就是特定颜色主题的调色板。这些调色板都用一系列渐变的颜色表现了特定的主题，例如彩虹颜色系列、白热化颜色系列和地形颜色系列等。

① rainbow()函数　用彩虹的颜色(红橙黄绿青蓝紫)来产生一系列颜色。

② heat. colors()函数　从红色渐变到黄色再变到白色。

③ terrain. colors()函数　从绿色渐变到黄色再到棕色最后到白色。

④ topo. colors()函数　从蓝色渐变到青色再到黄色最后到棕色。

⑤ cm. colors()函数　从青色渐变到白色再到粉红色。

5.3.2 符号和线条

R 图形由点、线、文本和多边形(填充区)组成。下文的图形参数控制了图形元素的绘制。

(1) pch = " + "

用来绘点的字符。这个默认值随不同的图形设置是不同的，不过通常都是“ ± ”。除非使用“. ”作为绘图字符，否则绘制的点都会比适当的位置高一点或者低一点，而不是恰好在指定位置。

(2) pch = 4

pch 参数取值从1到25及其他符号。注意：21 ~ 25 的点可以指定边界颜色(col =)

和填充背景颜色(bg =)。本图的代码可参考 example(points)，或者简单用 plot(0:25, pch =0:25)观察，如图 5-29 所示。

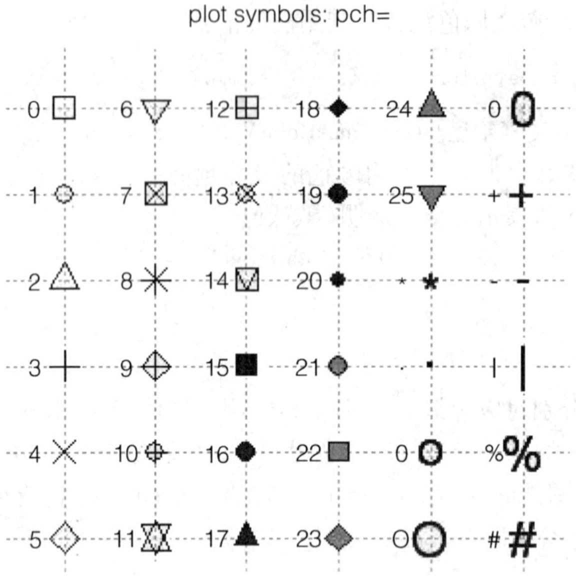

图 5-29　参数 pch 指定的绘图符号

(3) lty =2

线条类型。并不是所有图形都支持多种线条类型(在那些支持的图形上也会有差异)，不过线条类型 1 始终是实线，2 及以上的是点、划线或者它们的组合，如图 5-30 所示。

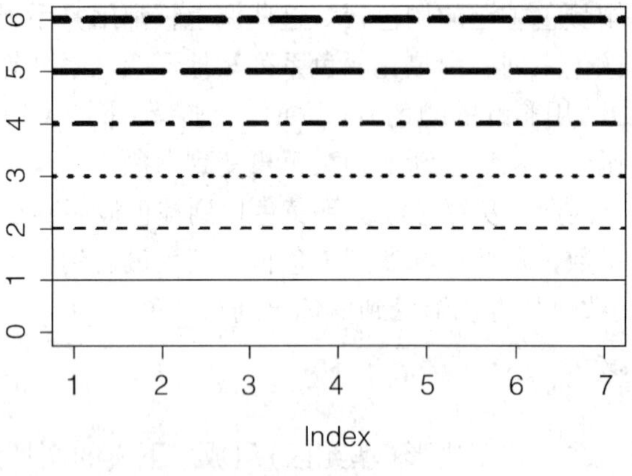

图 5-30　参数 lty 指定的线条类型

(4) lwd =2

线条宽度。所需的线条宽度，是“标准”线条宽度的倍数。对 line( ) 等函数绘制的线条和坐标轴都有效果。

(5) col =2

点、线、文本、填充区和图像使用的颜色。每种图形元素都有其可用的颜色列表，这个参数的值就是颜色列表中的序号，而且仅对有限的一类图形有效。

(6) col. axis　col. lab　col. main　col. sub

分别指定坐标轴刻度文字，x、y 轴标签，主、副标题的颜色。

(7) font = 2

指定文本所使用字体的一个整数。1 对应普通文本，2 对应粗体，3 对应斜体，4 对应粗斜体。

(8) font. axis　font. lab　font. main　font. sub

分别指定坐标轴刻度文字，x、y 轴的标签，主、副标题所用的字体类型。

(9) adj = -0.1

文本对齐和绘图位置有关。0 代表左对齐，1 代表右对齐，0.5 代表水平的中间位置。-0.1 即代表在文本和绘图位置之间留 10% 的空白。

(10) cex = 1.5

字符缩放。这个值是所需文本字符(包括绘图字符)的大小，与默认文本大小相关。

(11) cex. axis　cex. lab　cex. main　cex. sub

分别指定坐标轴刻度文字，x、y 轴的标签，主、副标题的字符缩放倍数。

5.3.3　标题

title( )函数可为图形添加标题和坐标轴标签，其使用格式为：

```
title(main = "My Title", col.main = "red",
      sub = "My Sub - title", col.sub = "blue",
      xlab = "My X label", ylab = "My Y label",
      col.lab = "green", cex.lab = 0.75)
```

上述的命令，可指定图形标题、副标题及其颜色，x 轴、y 轴的标签、颜色及其缩放为默认大小的 75%。

5.3.4　图例

legend( )函数可为当前图形的指定位置添加图例，其使用格式如下：

```
legend(location, title, legend, ...)
```

其中，location 指定图例的位置，可以设为：bottom，bottomleft，left，topleft，top，topright，right，bottomright 或 center；title 指定图例的标题；legend 指定绘制的字符、线条类型、颜色等。

除此之外，至少还要给出一个参数，与绘图单元的相应值，分别有：

① legend(, fill =)　填充方框的颜色。

② legend(, col =)　绘制点线的颜色。

③ legend(, lty =)　线条类型。

④ legend(, lwd =)　线条宽度。

⑤ legend(, pch =)　绘制字符(字符向量)。

5.3.5 坐标轴

很多 R 的高级图形都有坐标轴，读者可以使用低级图形函数 axis( ) 创建坐标轴。坐标轴包含 3 个主要组件：轴线 axis line(线条类型由参数 lty 控制)，标记 tick mark(沿着轴线划分单元)，标号 tick label(用来标出这些单元)。这些组件可以用下文的参数定制。

(1) lab = c(5, 7, 12)

前 2 个数值分别是 x 和 y 轴上所要划分的区间数，第 3 个数值是坐标轴标签的长度，用字符数来衡量(包括小数点)。参数的值如果设置太小可能导致所有标号都聚在一起。

(2) las = 1

设置坐标轴标签的方向。0 代表总是和坐标轴平行，1 代表总是水平的，2 代表总是垂直于坐标轴。

(3) mgp = c(3, 1, 0)

设置坐标轴组件的位置。第 1 个数值是坐标轴标签到坐标轴的距离，单位是文本行(text lines)。第 2 个数值是标号到坐标轴的距离，最后一个数值是轴的位置到轴线的距离(一般都是 0)。正数代表绘图区域外，负数代表区域内。

(4) tck = 0.01

设置标号的长度，绘图区域大小的一个分数作单位。当 tck 比较小时(小于 0.5)，就强制 x 和 y 轴上的标记为相同大小。当 tck = 1 时，则生成网格线。tck 取负值时，将标记画在绘图区域外。内部标记可以使用 tck = 0.01 和 mgp = c(1, -1.5, 0)。

(5) xaxs = "s"　　yaxs = "d"

分别是 x、y 轴的类型。如果是 s(standard)或 e(extended)类型，则最大和最小的标记都始终在数据区域之外。如果有某个点离边界非常近，则扩展型(extended)的轴会稍稍扩展一下。这种类型的轴有时会在边界附近留出大片空白。而 i(internal)或 r(默认值)类型的轴，标记始终在数据区域内，不过 r 类型会在边界留出少量空白。

如果这个参数设为 d，就锁定当前轴，对之后绘制的所有图形都用这个轴(直到参数被重新设定为其他值)。这个参数适用于生成一系列固定尺度的图。

5.3.6 多图组合

R 允许在一页上创建一个 $n \times m$ 的图形阵列。每个图有自己的边缘，图的阵列还有一个可选的外部边缘，如图 5-31 所示。

与多图环境相关的图形参数有：

(1) mfcol = c(3, 2)　mfrow = c(2, 4)

设定多图阵列的大小。第 1 个数值是行数，第 2 个数值是列数。这 2 个参数唯一的区别是 mfcol 把图按列排入，mfrow 把图按行排入。图 5-31 所示的版式可用 mfrow = c(3, 2)创建：图形显示的是绘制 4 幅图后的情况。

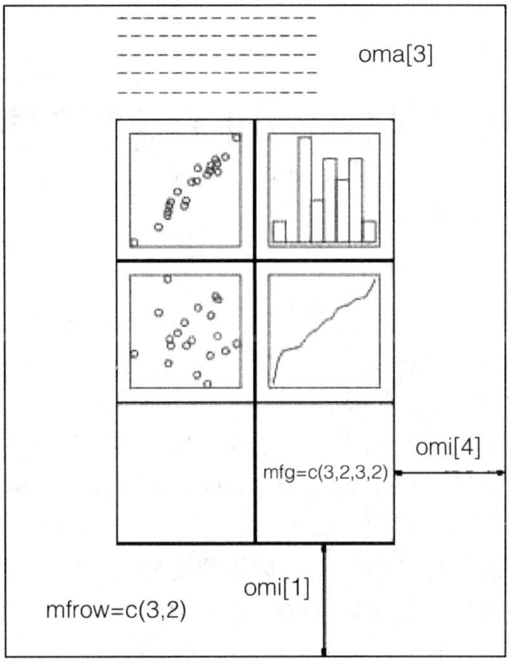

图 5-31　与多图环境相关的图形参数

(2) mfg = c(2，2，3，2)

设定当前图在多图环境下的位置。前2个数值是当前图的行、列数；后2个数值是其在多图阵列中的行列数。这个参数用来在多图阵列中跳转。甚至可以在后2个参数中使用和真值(true value)不同的值，从而在同一页上得到大小不同的图。

(3) fig = c(4，9，1，4) / 10

设定当前图在页面的位置，取值分别是左下角到左边界，右边界，下、上边界的距离与对应边的百分比数。给出的例子是一个页面右下角的图。这个参数可以设定图在页面的绝对位置。

(4) oma = c(2，0，3，0)　　omi = (0，0，0.8，0)

设定外部边缘的大小。与 mar 和 mai 相似，第1个用文本行作单位，第2个以英寸作单位，从下方开始按照顺时针顺序指定。外部边缘对页标题很有用。文本可以通过带 outer = T 参数的 mtext( ) 函数加入外部边缘。默认情况下是没有外部边缘的，因此必须通过函数 oma( ) 或 omi( ) 指定。

此外，函数 split. screen( ) 和 layout( ) 还可以对多个图形作更复杂的排列。

▶▶▶第 6 章　ASReml-R 包与遗传参数估算

6.1　ASReml 程序包的介绍

目前用于遗传分析的主要统计软件有 SAS 和 SPSS 等，并也开发了包括 WOMBAT、MCMCglmm(R 语言的程序包)等在内的一系列遗传方差组分估计软件。ASReml 是一个非常强大的统计软件，由澳大利亚 NSW Department of Primary Industries（澳大利亚新南威尔士州第一产业部)的 Arthur Gilmour 开发。该软件专门用于海量数据的混合模型分析，并可估算许多重要的遗传参数，而且运算速度要比 SAS、SPSS 及其他统计软件快得多，因此被公认为是遗传评估的先锋软件，现已广泛应用于畜牧、渔业、农业和林业等领域的遗传分析，但其在我国林业领域内的应用仍然薄弱。

ASReml 是一个基于混合线性模型(mixed line model)分析的统计软件包，可做复杂的遗传分析，包括估算随机效应的方差组分、固定效应值和预测随机效应值。ASReml 利用限制性极大似然法(restricted maximum likelihood，REML)来估算随机效应的方差组分，并通过混合线性模型方程组(mixed model equations，MME)的求解来估算固定效应值和预测随机效应值。其最突出的优点是它的算法及其误差方差结构和随机效应方差结构的多样性，所采用的平均信息算法(average information，AI)可大大节省计算时间和存储空间。此外，根据观测值和设计的关联矩阵，利用最佳线性无偏估计方法(best linear unbiased estimation，BLUE)获得固定效应估计值和最佳线性无偏预测方法(best linear unbiased prediction，BLUP)获得随机效应预测值。

ASReml 分析采用的通用混合线性模型如下：

$$\boldsymbol{y} = \boldsymbol{Xb} + \boldsymbol{Zu} + \boldsymbol{e} \tag{6.1.1}$$

式中，$\boldsymbol{y}$ 是观测值构成的向量；$\boldsymbol{b}$ 是固定效应构成的向量；$\boldsymbol{X}$ 是固定效应 $\boldsymbol{b}$ 的关联矩阵；$\boldsymbol{u}$ 是随机效应构成的向量；$\boldsymbol{Z}$ 是随机效应 $\boldsymbol{u}$ 的关联矩阵；$\boldsymbol{e}$ 是随机误差向量。假定上式中随机向量 $\boldsymbol{y}$、$\boldsymbol{u}$、$\boldsymbol{e}$ 的数学期望分别为 $E(\boldsymbol{y}) = \boldsymbol{X}\,\boldsymbol{b}$，$E(\boldsymbol{u}) = E(\boldsymbol{e}) = 0$；方差分别为 $\mathrm{Var}(\boldsymbol{y}) = \boldsymbol{ZGZ'} + R$，$Var(\boldsymbol{u}) = \mathrm{G}$（称为 G 结构），$\mathrm{Var}(\boldsymbol{e}) = \mathrm{I}\,\sigma_e^{\,2} = \mathrm{R}$(R 结构)，$\mathrm{Cov}(\boldsymbol{u}, \boldsymbol{e}) = 0$。

BLUP 法就是按照最佳线性无偏的原则求解或估计式(6.1.1)中的固定效应向量 $\boldsymbol{b}$ 和随机效应向量 $\boldsymbol{u}$。Henderson 1950 年提出了 MME 解法，即混合模型方程组法(mixed model equations)，如下：

$$\begin{bmatrix} X'R^{-1}X & X'R^{-1}Z \\ Z'R^{-1}X & Z'R^{-1}Z + G^{-1} \end{bmatrix} \begin{bmatrix} \hat{b} \\ \hat{u} \end{bmatrix} = \begin{bmatrix} X'R^{-1}y \\ Z'R^{-1}y \end{bmatrix} \tag{6.1.2}$$

由式(6.1.2)进一步求解可得：

$$\begin{bmatrix}\hat{b}\\ \hat{u}\end{bmatrix}=\begin{bmatrix}X'R^{-1}X & X'R^{-1}Z\\ Z'R^{-1}X & Z'R^{-1}Z+G^{-1}\end{bmatrix}^{-1}\begin{bmatrix}X'R^{-1}y\\ Z'R^{-1}y\end{bmatrix} \tag{6.1.3}$$

现定义随机效应向量 $\boldsymbol{u}$ 为个体育种值向量，且个体无重复观察值，这时 $\boldsymbol{u}$ 的方差 $\mathrm{Var}(\boldsymbol{u})=G=\boldsymbol{A}\,\sigma_u^2$。其中 $\boldsymbol{A}$ 是加性遗传相关矩阵或分子亲缘相关矩阵。将 G 和 R 代入(6.1.3)式，整理可得：

$$\begin{bmatrix}\hat{b}\\ \hat{u}\end{bmatrix}=\begin{bmatrix}X'X & X'Z\\ Z'X & Z'Z+A^{-1}\kappa\end{bmatrix}^{-1}\begin{bmatrix}X'y\\ Z'y\end{bmatrix} \tag{6.1.4}$$

式中，$k=\sigma_e^2/\sigma_u^2$，σ_e^2是随机误差方差，σ_u^2是加性遗传方差。

基于上述的理论方法，ASReml 可以处理各种不同信息来源的资料并对具有不同育种值的个体进行遗传评定。即便在群体规模大、群体结构复杂和观测数据不平衡的条件下，ASReml 仍可获得较为准确的育种值。

(1) ASReml 能做什么分析？

① 多年份平衡与不平衡试验数据分析；

② 重复测量数据分析；

③ 平衡与不平衡试验设计数据分析；

④ 多地点试验和海量数据分析；

⑤ 规则与不规则空间分析；

⑥ 遗传参数评估。

(2) 为何选用 ASReml-R 程序包？

① 程序代码简洁、明了；

② 无需定义数据结构域；

③ 没有繁多的运行结果文件；

④ 定义 G 结构、R 结构的命令简单；

⑤ 更换、运行模型的操作简单；

⑥ 结合 R 语言的优势可直接画图；

⑦ 可同时使用 R 语言的其他程序包。

(3) ASReml 包的下载与安装

① 网络免费注册　ASReml 的 win 版本和 R 版本对第三世界国家的科研教学人员均免费开放。申请网址：http://www.vsni.co.uk/software/free-to-use/asreml-discovery/registration。

② 网络下载安装包　成功申请后，即可获得 ASReml 下载网址。同时下载 ASReml 的 win 版本和 R 版本。win 版本用于授权软件 license 的申请，有了授权软件才能使用 ASReml-R。

③ 本地安装 ASReml-R 包　通过 R 程序的本地安装程序包，安装好 ASReml-R 包。

④ 获取授权文件及安装　运行 win 版本成功获取 ASReml 的授权 license 后，对于

XP 系统，把文件拷贝至目录(C:\ Program Files\ Common Files\ VSN International\ Licenses)下，如果没有该路径，请直接通过新建文件夹的方式完成。其他系统，请按 license 文件中的说明操作。

6.2 ASReml-R 的基本语法

由于 R 语言是模块化的，启动 R 语言时只载入了内嵌的基本包，对于混合线性模型，需要载入额外的程序包。在 R 语言中，常用的混合线性模型分析程序包有 nlme、lme4、MCMCglmm 等，这些程序包都是免费和开源的，部分功能与 ASReml-R 相似。ASReml-R 是商业化软件，功能更强大，运行速度更快，且可分析更为复杂的混合线性模型。

ASReml-R 数据分析的基本模型如下：

```
library(asreml)                               # 载入 asreml 程序包
fm <-asreml( response ~ fixed.factors,        # 固定效应的因子
             random = ~ random.factors,       # 随机效应的因子
             data =mydata                     # 目标数据集
           )
```

①固定效应(fixed effects)　因子包含的水平，也就是整个研究的水平。因此分析结果只适用于当前研究中的因子水平，并不能将其结论扩展到未加考虑的其他水平。

②随机效应(random effects)　因子包含的水平，只是群体所有水平中的随机样本。因此分析结果对应的是整个群体的水平，而不只是当前研究样本中的抽样水平。

有时，固定效应与随机效应很难区分。此时，可以根据因子的水平是否可以人为严格地控制来加以区分。对于固定效应的因子，其水平可以严格地人为控制，且效应值是固定的。而随机效应的因子，其水平难以严格地人为控制，且即使水平确定后，其效应值仍不固定。

此外，ASReml-R 常用的线性模型有：

```
y ~1                    # 总体均值
y ~ x                   # 单协变量 (x 是数值型变量)
y ~ f                   # 单因子 (f 是因子)
y ~ f1/f2               # 因子 f2 内嵌于 f1 因子
y ~ x + f               # 含单协变量的单因子
y ~f1* f2               # 双因子且有交互作用
y ~f1 + f2 + f1:f2      # 等价于 f1* f2
```

其中，*f1*：*f2* 代表因子 *f1* 和 *f2* 之间的交互作用。

现在举个简单的例子，了解下 ASReml-R 的基本语法和分析过程。

【例 6.2】现有某林分数据(fm.csv)，含有如下变量：树木个体 TreeID，种植密度 *Spacing*，区组 *Rep*，家系 *Fam*，小区 *Plot*，木材密度(心材密度 *dj*，边材密度 *dm* 和基本密度 *wd*)，树高 *h1* ~ *h5*。试验为随机完全区组设计，部分数据如图 6-1 所示。

	TreeID	Spacing	Rep	Fam	Plot	dj	dm	wd	h1	h1.5	h2	h3	h4	h5
1	80001	3	1	70048	1	0.334	0.405	0.358	29	46	130	239	420	630
2	80002	3	1	70048	2	0.348	0.393	0.365	24	32	107	242	410	600
3	80004	3	1	70048	4	0.354	0.429	0.379	19	21	82	180	300	500
4	80005	3	1	70017	1	0.335	0.408	0.363	46	61	168	301	510	700
5	80008	3	1	70017	4	0.322	0.372	0.332	33	49	135	271	470	670
6	80026	3	1	70002	2	0.359	0.450	0.392	30	42	132	258	390	570
7	80028	3	1	70002	4	0.368	0.509	0.388	37	41	124	238	380	530
8	80033	3	1	70010	1	0.358	0.381	0.369	32	42	126	290	460	660
9	80034	3	1	70010	2	0.323	0.393	0.347	34	55	153	251	430	600
10	80035	3	1	70010	3	0.298	0.361	0.324	28	33	127	243	410	630
11	80036	3	1	70010	4	0.346	0.402	0.368	38	55	139	271	400	550
12	80037	3	1	70041	1	0.321	0.462	0.372	31	44	112	230	380	550

图 6-1　fm 数据集的部分数据

6.2.1　单性状分析

以 5 年生的树高 *h5* 为目标性状，进行单性状分析。将区组 *Rep* 作为固定效应，家系 *Fam* 和小区 *Plot* 作为随机效应，只对种植密度 *Spacing* 的水平“3”进行分析。

分析代码如下：

```
############ 代码清单 6.2.1a ############

setwd("d:\\asreml_data\\data")  # 指定文件路径
library(asreml)                 # 载入 asreml 程序包

df <-asreml.read.table(file='fm.csv', header=T, sep=',')  # 读入数据
# names(df); head(df); str(df); summary(df)               # 数据集结构

# 分析模型如下
fm <-asreml(h5 ~ 1 + Rep,               # 固定效应
        random= ~ Fam + Plot,           # 随机效应
        data=df,                        # 目标数据集
        subset=Spacing == '3',          # 目标数据选择
        maxit=30                        # 最大迭代次数
    )
#结果提取命令
plot(fm)                                # 查看数据是否合理
wald(fm)                                # 查看固定效应中因子的显著性
summary(fm)$varcomp                     # 查看方差分量
coef(fm)$random                         # 查看随机效应值
coef(fm)$fixed                          # 查看固定效应值
```

上述的代码含义，如所在行后面的注释部分。ASReml-R 分析的基本流程如下：

(1)模型运行后，判断似然值是否收敛

如未收敛，加大 maxit 值，或者修改模型。

```
> fm <-asreml(h5 ~1 + Rep, random = ~ Fam + Plot, subset = Spacing = = '3',
data = df )

asreml 3.0 -1 (31 August 2012), Library: 3.0hj (15 November 2011), IA32
     LogLik          S2        DF       wall        cpu
   -2671.0284   5274.2040    551    15:45:43     0.0 (1 restrained)
   -2668.2939   5295.5663    551    15:45:43     0.0 (1 restrained)
   -2667.7550   5319.8774    551    15:45:43     0.0 (1 restrained)
   -2667.7138   5330.6550    551    15:45:43     0.0 (1 restrained)
   -2667.7114   5332.7691    551    15:45:43     0.0 (1 restrained)
   -2667.7112   5333.2179    551    15:45:43     0.0
   -2667.7112   5333.3478    551    15:45:43     0.0
   -2667.7112   5333.3422    551    15:45:43     0.0

Finished on: Sun Aug 11 15:45:43 2013
LogLikelihood Converged
```

运行的迭代结果显示，进行了 8 次迭代后，似然值收敛(LogLikelihood Converged)。

(2)判断试验因变量数据是否合理

对于线性模型，因变量数据应当满足正态性、线性的原则。ASReml-R 通过 plot( ) 函数可以作出 4 幅图(图 6-2)，用于正态性、线性的判断。图 6-2(a)、图 6-2(b)是判断因变量数据是否成正态分布，图 6-2(a)中的柱形图应呈正态分布，图 6-2(b)中的图形是 Q－Q 图，Q－Q 图中的点应落在 45°的直线上。图 6-2(c)、图 6-2(d)是判断因变量与自变量是否成线性关系，图中的点应随机分布于直线两旁。上述的 4 幅图均表明，试验数据符合正态性和线性的原则。

```
> plot(fm)
```

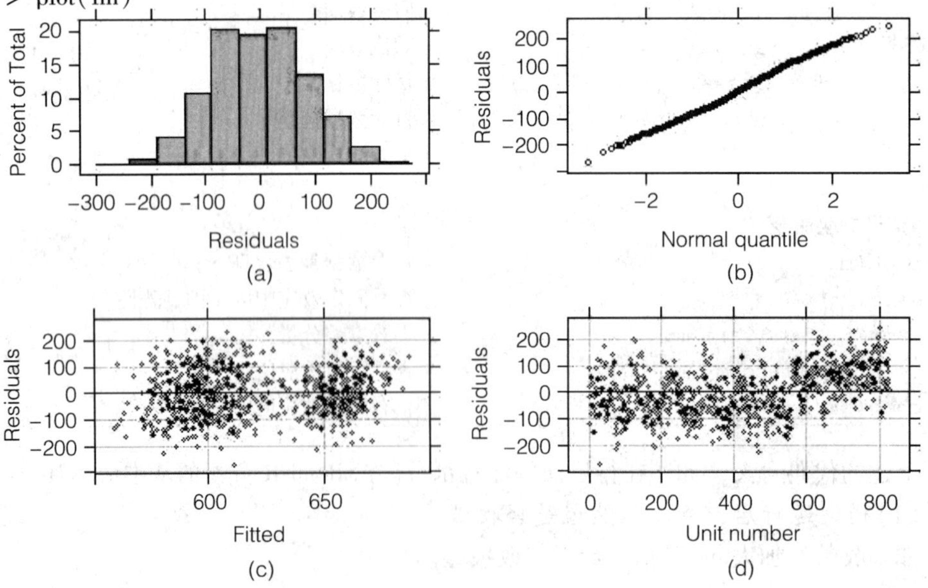

图 6-2　残差图

(3)判断固定效应中的因子是否显著(*F* 检验)

如不显著，剔除后，重新运行模型。

```
> wald(fm)
Wald tests for fixed effects
Response: h5

Terms added sequentially; adjusted for those above

              Df Sum of Sq Wald statistic Pr(Chisq)
(Intercept)    1 103078397        19327.2 < 2.2e-16 ***
Rep            4   1497380          280.8 < 2.2e-16 ***
residual (MS)         5333
---
Signif. codes:  0 '***' 0.001 '**' 0.01 '*' 0.05 '.' 0.1 ' ' 1
```

对于固定效应，*F* 统计结果表明，因子 *Rep* 的 *F* 值 = 280.8，*p* 值 = 2.2e − 16 < 0.001，显示区组 *Rep* 的效应极显著。

(4)判断随机效应中的因子是否显著

简单判断：z. ratio≥1.5，就认定该因子效应显著。如有不显著的因子时，去掉后，重新运行模型。更为精确的检验方法是 LRT 检验。

```
> summary(fm)$varcomp
                       gamma    component    std.error   z.ratio constraint
Fam!Fam.var     8.287372e-02 4.419939e+02 1.871792e+02  2.361341   Positive
Plot!Plot.var   1.011929e-07 5.396963e-04 3.412361e-05 15.815922   Boundary
R!variance      1.000000e+00 5.333342e+03 3.372135e+02 15.815922   Positive
```

方差分量提取结果表明，因子 *Plot* 为 boundary，即其方差分量值非常小或负值，需舍弃。而家系 *Fam* 和误差 R 均为 positive，且 z. ration 均大于 1.5，显示家系和误差的方差分量显著。方差分量值为 component 所在列的数值。

因此，去掉不显著的因子 *Plot*，重新运行模型(修改前后模型的迭代情况类似)，并获取方差分量，结果如下：

```
> summary(fm)$varcomp
                 gamma component std.error   z.ratio constraint
Fam!Fam.var 0.08287373  441.9941  187.1784  2.361353   Positive
R!variance  1.00000000 5333.3441  337.2136 15.815920   Positive
```

从结果可知，去掉 *Plot* 后，家系 *Fam* 和误差 R 的方差分量值并未发生显著变化。需要注意的是，有时家系 *Fam* 的 z. ratio 可能小于 1.5，在这种情况下，因家系 *Fam* 是目标变量，所以即便其 z. ratio 小于 1.5，也应保留。

对于随机效应显著性的基本判断方法：如结果显示为 boundary 时，直接舍弃；如为 positive 时，根据 z. ration 不小于 1. 5 和实际情况，再定去留。

(5) 计算单株遗传力

遗传力(heritability)是重要的遗传参数之一，可简单理解为亲本性状遗传给子代的能力。在本例中，家系为半同胞家系，考虑到单株遗传力比家系遗传力更有实际应用价值，因此，只计算单株遗传力(individual heritability)。

方法一，手动计算遗传力：

$$h_i^2 = 4V_f/(V_f + V_e) = 4 \times 441.9941/(441.9941 + 5333.3441) = 0.306$$

方法二，通过编程计算遗传力及其误差，代码如下：

```
pincalc <-dget("d:/pin.R")              # 载入 pin 函数
summary(fm)$varcomp[ ,1:3]              # 提取方差分量
pincalc( fm, h2 ~ 4 *  V1 / (V1 + V2))# 计算遗传力
```

运行结果如下：

```
> pincalc( fm, h2 ~ 4 * V1 / (V1 + V2))
    Estimate        SE
h2 0.3061252 0.1239232
```

从运行的结果可知，方法二比方法一好，方法二不但可以算出遗传力，还可得到误差。此外，方法二还可以用于遗传相关、表型相关等指标的计算。pin( )函数的代码如下所示，保存为 pin. R。使用 pin( )函数前，通过 dget( )函数载入 pin. R 文件。

```
###### pin()函数代码 ######
function (object, transform)
{
  pframe <-as.list(object$gammas)
  names(pframe) <-paste( "V", seq( 1, length(pframe) ), sep = "" )
  tvalue <-eval(deriv(transform[[length(transform)]], names(pframe)),
                pframe)
  X <-as.vector(attr(tvalue, "gradient"))
  X[object$gammas.type == 1] <-0
  tname <-if (length(transform) == 3)
    transform[[2]]
  else ""
  n <-length(pframe)
  i <-rep(1:n, 1:n)
  j <-sequence(1:n)
  k <-1 + (i > j)
  Vmat <-object$ai
  se <-sqrt(sum(Vmat * X[i] * X[j] * k))
  data.frame( row.names = tname, Estimate = tvalue, SE = se )
}
```

(6)提取育种值

育种值(breeding value)是另一重要的遗传参数，是决定数量性状的基因加性效应值。从理论上讲，育种值是能 100% 地遗传给下代的，但毕竟是根据表型值进行间接估计推导出来的，所以育种值也称为估计育种值。计算育种值的目的是预测选择育种的效果。ASReml 利用 BLUP 方法可以获得较精确的育种值。

ASReml-R 提取育种值的部分结果如下：

```
> coef(fm) $ random
                   effect
Fam_70001      -4.8627845
Fam_70002       7.0716240
Fam_70003      -3.2965300
Fam_70004     -13.4163219
Fam_70005      -2.9936053
Fam_70006      12.2379264
Fam_70007     -17.8974327
Fam_70008      -5.3405846
Fam_70009     -14.2814921
Fam_70010      -4.2185406
Fam_70011      14.2496541
Fam_70012      -8.5259029
Fam_70015      -3.2158516
Fam_70016      -1.4967663
Fam_70017       8.9747632
Fam_70018      -4.4080512
……
```

如果参试材料很多时，可以利用 write. csv( ) 函数将育种值保存到 csv 文件中，方法也很简单，代码如下：

```
random.effect <-coef(fm) $ random
write.csv( random.effect, file =”bv.csv” )
```

当然，有时我们会将家系 *Fam* 作为固定效应，这时可以通过 coef(fm) $ fixed 的命令来获取家系 *Fam* 的固定效应值，即预测表型值。预测表型值(固定效应值)和育种值(随机效应值)是有区别的，两者的估计方法不同，值也不同，含义也不同。预测表型值是评估当前家系的表现，而育种值是评估家系未来的表现。因此，某个家系某个性状的预测表型值比较大时，不等于其育种值也高。此外，育种值的使用，一般是通过育种值大小的排名，而不是育种值本身。

在 R 语言中，除了 ASReml-R 程序包外，lme4、nlme 和 MCMCglmm 程序包也可以进行类似 ASReml-R 的数据分析，后者均为免费且开源，只是在估算遗传参数方面，功能薄弱些，而且代码与结果格式没有 ASReml-R 的简洁明了。下文简单介绍一下各程序包的使用。

(1)程序包 lme4

分析代码如下：

```
############ 代码清单 6.2.1b ############
library(lme4)  # 载入 lme4 程序包

m1.lmer <-lmer( h5 ~ 1  + Rep +                      # 固定效应
                (1  | Fam ) ,                        # 随机效应
                subset = Spacing = = '3' ,           # 目标数据选择
                data = df                            # 数据集
          )

print( m1.lmer, corr = F )   # 总体结果
anova( m1.lmer )             # 固定效应方差分析
ranef( m1.lmer )             # 随机效应值
fixef( m1.lmer )             # 固定效应值
```

从程序代码来看，lme4 中固定效应和随机效应没有分开显示，随机效应以(1 | factors)的形式表示。运行结果如下：

```
> print(m1.lmer, corr = F )  # 总体结果
   Linear mixed model fit by REML
   Formula: h5 ~ 1  + Rep +  (1  | Fam)
      Data: df
 Subset: Spacing = = "3"
   AIC  BIC logLik deviance REMLdev
 6362 6392   -3174     6377     6348
   Random effects:
    Groups   Name         Variance Std. Dev.
    Fam      (Intercept)  441.99   21.024
    Residual              5333.34  73.030
   Number of obs: 556, groups: Fam, 55

   Fixed effects:
            Estimate Std. Error t value
   (Intercept) 547.772    8.037   68.15
   Rep2          2.021   10.421    0.19
   Rep3        109.833   10.138   10.83
   Rep4         93.284   10.114    9.22
   Rep5        -11.508   10.095   -1.14
> anova(m1.lmer)  # 固定效应方差分析
```

```
Analysis of Variance Table
      Df  Sum Sq Mean Sq F value
  Rep  4 1497423  374356  70.192
> ranef(m1.lmer)    # 随机效应值
$Fam
              (Intercept)
  70001        -4.8626870
  70002         7.0714488
  70003        -3.2964689
  70004       -13.4161995
  70005        -2.9937226
  70006        12.2376915
  70007       -17.8969546
  70008        -5.3404574
  70009       -14.2813478
  70010        -4.2188203
  70011        14.2490555
  70012        -8.5251642
  70015        -3.2157817
  70016        -1.4968764
  70017         8.9744603
  70018        -4.4082689
  ……
```

从 lme4 的运行结果看，lme4 的算法也是采用 REML 方法。与 ASReml-R 的结果比较，就可发现，lme4 分析所得的结果，总体与 ASReml-R 基本一致。但是 lme4 中，看不到模型运行的迭代情况，而且无论固定效应还是随机效应，都无法直接判断各因子的显著性。对于固定效应，只是给了 *F* 值，还得自己进行 *F* 值比较。对于随机效应，就只能通过比较不同模型的 AIC 或 BIC 值了，因为 lme4 直接给出了 AIC 和 BIC 值，随机效应中因子的显著性就不难检验了。此外，方差分量中，lme4 给出的是标准差(standard deviation, SD)，而 ASReml-R 给出的是标准误(standard error, SE)。

(2)程序包 nlme

分析代码如下：

```
############ 代码清单 6.2.1c ############

library(nlme)        # 载入 nlme 程序包
m1.lme <-lme( h5 ~ 1 + Rep,                    # 固定效应
              random = ~ 1 | Fam,              # 随机效应
              subset = Spacing == '3'          # 目标数据选择
              data = na.omit(df)               # 数据集
       )
```

```
print( m1. lme, corr = F)     # 总体结果
anova( m1. lme )              # 方差分析
ranef( m1. lme )              # 随机效应值
fixef( m1. lme )              # 固定效应值
```

从程序代码上看，nlme 程序的格式更接近 ASReml-R，但需要注意的是 data = na. omit(df)，na. omit(df) 表示删除全部含有 NA 的行，这与 ASReml-R 和 lme4 不同。换言之，nlme 程序包，无法对含有缺失值的数据集直接进行线性模型分析。

运行结果如下：

```
> print( m1. lme, corr = F )  # 总体结果
Linear mixed-effects model fit by REML
  Data: na. omit(df)
  Subset: Spacing = = "3"
  Log-restricted-likelihood: -381. 9306
  Fixed: h5 ~ 1 + Rep
(Intercept)        Rep2        Rep3        Rep4        Rep5
  532. 66527  -250. 17201  191. 07346  155. 93110   40. 43024

Random effects:
Formula: ~1 | Fam
        (Intercept) Residual
StdDev:    53. 54393 55. 61844

Number of Observations: 71
Number of Groups: 41

> anova (m1. lme)    # 方差分析
            numDF denDF  F-value p-value
(Intercept)     1    40 3567. 526  <. 0001
Rep             4    26   29. 435  <. 0001
> ranef (m1. lme) # 随机效应值
           (Intercept)
   70001    -42. 615119
   70002     26. 894296
   70003    -16. 228431
   70004      8. 338056
   70005    -51. 145832
   70006     17. 441776
   70007    -49. 898638
   70010     32. 388204
   70012    -57. 432564
   70018    -93. 158574
   ......
```

对于程序包 nlme 来说，无法对含有缺失值 NA 的数据集进行分析，于是采用了 na. omit(df)，这样做，就删除了所有含有 NA 的行数据，因此从运行的结果第一部分，就可看到，试验数据仅有 71 个，家系为 41 个。这与 lme4 中的 556 个观测值，55 个家系，相差甚远，所以，所得结果与 ASReml-R 和 lme4 的结果就差异很大。此时，可以对 df 里的所有 NA 值以 0 来替换，重新构建数据集 df. na，让原先 df 里的所有 NA 都等于 0。程序代码如下：

```
df.na <-df
df.na [ is.na ( df.na ) ] <-0
```

然后将 nlme 模型中的 na. omit(df)替换为 df. na，重新运行程序，结果如下：

```
> print ( m1.lme, corr = F )
Linear mixed-effects model fit by REML
  Data: df.na
  Subset: Spacing = = "3"
  Log-restricted-likelihood: -3251.848
  Fixed: h5 ~ 1 + Rep
(Intercept)        Rep2        Rep3        Rep4        Rep5
  548.34201   -13.31911   108.90301    91.31030   -13.04512

Random effects:
Formula: ~1 | Fam
        (Intercept) Residual
StdDev:    29.13747 80.56117

Number of Observations: 559
Number of Groups: 55
> anova (m1.lme) # 方差分析
            numDF denDF  F-value p-value
(Intercept)     1   500 12457.345  <.0001
Rep             4   500    62.129  <.0001
> ranef (m1.lme) # 随机效应值
              (Intercept)
    70001      -5.0401394
    70002      11.4457269
    70003      -2.1172938
    70004     -15.8476074
    70005      -2.6086698
    70006      16.2681299
    70007     -20.5280831
    70008      -6.3496935
```

```
70009      -15.9945360
70010       -2.8866696
70011       19.2644146
70012      -11.3429593
70015       -2.9740539
70016        0.1219940
70017       13.9844519
70018       -2.9559497
……
```

经过了缺失值 NA 以 0 的替换后，运行的结果，就比替换前的好多了，但结果仍与 ASReml-R 和 lme4 的差异较大。而且，nlme 运行的结果没有给出方差分量，这对于后续遗传参数的估算非常重要。因此，对于遗传试验评估，无论有无缺失值存在，nlme 程序包都没有什么优势。此外，nlme 程序包是 R 中处理混合线性模型最早的程序包，这可能也是其分析混合模型效果一般的原因之一。

(3)程序包 MCMCglmm

分析代码如下：

```
############ 代码清单 6.2.1d ############
library(MCMCglmm)

df.2 <-subset(df, Spacing == '3')          # 目标数据选择
m1.glmm <-MCMCglmm(h5 ~ 1 + Rep,           # 固定效应
                   random = ~ Fam,          # 随机效应
                   pr=T,                    # 获取固定效应值和随机效应值
                   family='gaussian',       # 概率分布为正态(高斯)分布
                   data=df.2 )

summary(m1.glmm)                   # 总体结果
posterior.mode(m1.glmm$VCV)  # 显示方差分量
HPDinterval(m1.glmm$VCV)       # 显示方差分量置信区
posterior.mode(m1.glmm$Sol)  # 显示固定效应值和随机效应值

#计算遗传力
h2.glmm <-4 * m1.glmm$VCV[,'Fam'] / (m1.glmm$VCV[,'Fam'] + m1.glmm$VCV[,'
units'])

#plot(h2.glmm)
posterior.mode(h2.glmm)     # 显示遗传力
HPDinterval(h2.glmm)          # 显示遗传力置信区
```

MCMCglmm 程序包的代码格式最接近 ASReml-R，只是在提取结果方面的代码格式，相对而言比较怪异。不过，MCMCglmm 包也可进行方差结构(R 结构、G 结构)的设计，以及谱系的使用，只是比 ASReml-R 的要复杂些，本书不做介绍，感兴趣的读者

可自行研究 MCMCglmm 程序包的使用手册。

运行结果如下：

```
> summary(m1.glmm)
Iterations = 3001:12991
Thinning interval  = 10
Sample size  = 1000
DIC: 6383.063

G-structure:  ~Fam
    post.mean l-95% CI u-95% CI eff.samp
Fam   423.4   48.23   798.7   562.4

R-structure:  ~units
      post.mean l-95% CI u-95% CI eff.samp
units    5391    4740    6086    1000
Location effects: h5 ~ 1 + Rep
            post.mean l-95% CI u-95% CI eff.samp  pMCMC
(Intercept)  547.752  532.525  561.726    1000 <0.001 ***
Rep2           1.728  -18.201   21.979    1000  0.864
Rep3         109.777   91.097  129.268    1000 <0.001 ***
Rep4          93.091   73.579  111.545    1000 <0.001 ***
Rep5         -11.519  -29.131    8.163    1000  0.256
---
Signif. codes:  0 '***' 0.001 '**' 0.01 '*' 0.05 '.' 0.1 ' ' 1

> posterior.mode(m1.glmm$VCV)  # 方差分量
     Fam     units
341.0643 5111.7196
> HPDinterval(m1.glmm$VCV)  # 方差分量置信区
          lower     upper
Fam     48.22635  798.6819
units 4740.11125 6085.9486
attr(,"Probability")
[1] 0.95

> posterior.mode(h2.glmm)  # 遗传力
     var1
0.2250925

> HPDinterval(h2.glmm)  # 遗传力置信区
          lower     upper
var1 0.03300287 0.5255044
attr(,"Probability")
[1] 0.95
```

MCMCglmm 代码的运行结果可知，运行过程可见但速度较慢，结果显示的格式比较独特，且方差分量值比 ASReml-R 和 lme4 的要小些，所得的遗传力也偏小(0.225)，ASReml-R 计算的遗传力结果为 0.306。对于 MCMCglmm，固定效应中因子的显著性检验在 summary 结果的最后部分；而随机效应中因子的显著性检验，则只能通过不同模型的比较，利用 summary 结果中 DIC 值来比较，DIC 值小的模型更为合适。

通过上述不同程序包的分析代码和运行结果比较来看，ASReml-R 的确具有明显优势，无论是代码格式，提取结果格式，或是模型判断，还是运行速度。如果仅仅是简单的模型分析，lme4 也是个不错的选择，但对于更为复杂的模型，从免费的角度来说，只能选择 MCMCglmm 了。程序包 nlme 基本可以不用考虑，因其结果没有方差分量，无法估算遗传参数。

上述内容简单介绍了单性状的分析过程，下文将介绍双性状的分析，其分析过程与单性状的类似，只是要涉及方差结构的定义。由于 lme4、nlme 难以分析多性状，因此，下文也只采用 ASReml-R 和 MCMCglmm 程序包，进行双性状分析的演示。至于 2 个性状以上，分析模型与双性状的类似，本书不做介绍，感兴趣的读者，可自行尝试分析。

6.2.2 双性状分析

数据集与单性状的一样，以心材密度 *dj* 和 5 年生树高 *h5* 为目标性状，进行双性状的分析。

在做双性状分析前，一般先对各性状进行独自的单性状分析，获得各自的最佳模型，并得到各性状的加性遗传方差和误差方差，这对于后续双性状分析的模型，可用于 R 结构和 G 结构的初始值设置。

ASReml-R 双性状分析的代码如下：

```
############ 代码清单 6.2.2a ############
library(asreml)
fm.2 <-asreml( cbind( dj, h5 ) ~ trait + trait : Rep,         # 固定效应
                            random = ~ us(trait) : Fam,       # G 结构
                            rcov = ~ units : us(trait),       # R 结构
                            maxit =100,                       # 最大迭代次数
                            data =df,                         # 数据集
                            subset =Spacing = = '3'           # 目标数据选择
               )
summary(fm.2) $varcomp  # 方差分量
wald(fm.2)              # 固定效应显著性分析
coef(fm.2) $ random     # 育种值
```

程序代码的说明：与单性状分析相比，双性状分析中，函数 asreml( )使用 cbind( )函数将 *dj*、*h5* 联合起来，并使用了新参数“trait”。在固定效应中，trait 替代了单性状分析中的“1”，同时固定效应以“trait:Rep”的形式表示。此外，还涉及了 G 结构、R 结构的方差矩阵设置。本例中，采用了 us 矩阵(方差协方差矩阵)，G 结构中以“us(trait):Fam”的形式表示，R 结构中以“units:us(trait)”的形式表示，初始值均采用默认值。需

要注意的是，单性状分析中，R 结构可以省略，采用默认设置；而在双性状或多性状分析中，必须指定 R 结构，程序才能运行。

运行结果如下：

```
> summary(fm.2)$varcomp# 方差分量
                              gamma        component     std.error      z.ratio
trait:Fam!trait.dj:dj  6.392972e-05  6.392972e-05 2.209498e-05   2.893405
trait:Fam!trait.h5:dj  7.547191e-02  7.547191e-02 4.645840e-02   1.624505
trait:Fam!trait.h5:h5  4.560441e+02  4.560441e+02 1.897371e+02   2.403558
R!variance             1.000000e+00  1.000000e+00           NA         NA
R!trait.dj:dj          4.978785e-04  4.978785e-04 3.142438e-05  15.843704
R!trait.h5:dj         -2.129037e-01 -2.129037e-01 7.361576e-02  -2.892093
R!trait.h5:h5          5.325492e+03  5.325492e+03 3.364866e+02  15.826759
                       constraint
trait:Fam!trait.dj:dj   Positive
trait:Fam!trait.h5:dj   Positive
trait:Fam!trait.h5:h5   Positive
R!variance                 Fixed
R!trait.dj:dj           Positive
R!trait.h5:dj           Positive
R!trait.h5:h5           Positive
> wald(fm.2)        # 固定效应显著性分析
Wald tests for fixed effects
Response: y

Terms added sequentially; adjusted for those above

              Df Sum of Sq Wald statistic Pr(Chisq)
trait          2     70667          70667 < 2.2e-16 ***
trait:Rep      8       373            373 < 2.2e-16 ***
residual (MS)            1
---
Signif. codes:  0 '***' 0.001 '**' 0.01 '*' 0.05 '.' 0.1 ' ' 1
> coef(fm.2)$random# 随机效应值
                         effect
trait_dj:Fam_70001 -8.291279e-03
trait_dj:Fam_70002 -1.895423e-03
trait_dj:Fam_70003 -8.473590e-04
trait_dj:Fam_70004 -3.198284e-03
trait_dj:Fam_70005  3.894355e-04   } 家系 dj 性状的育种值
trait_dj:Fam_70006  1.567450e-03
trait_dj:Fam_70007  4.936646e-03
trait_dj:Fam_70008  3.264833e-03
trait_dj:Fam_70009 -3.500462e-03
trait_dj:Fam_70010 -8.938504e-03
……
```

```
trait_h5:Fam_70001 -1.180198e+01 ┐
trait_h5:Fam_70002  4.697574e+00 │
trait_h5:Fam_70003 -3.599515e+00 │
trait_h5:Fam_70004 -1.443880e+01 │
trait_h5:Fam_70005 -2.290498e+00 │
trait_h5:Fam_70006  1.206186e+01 ├ 家系 h5 性状的育种值
trait_h5:Fam_70007 -1.117458e+01 │
trait_h5:Fam_70008 -1.570330e+00 │
trait_h5:Fam_70009 -1.546446e+01 │
trait_h5:Fam_70010 -1.006793e+01 ┘
......
```

上述结果的方差分量中，分别包含了性状 *dj*、*h5* 的加性遗传方差（trait：Fam！trait. dj：dj，trait：Fam！trait. h5：h5）与协方差（trait：Fam！trait. h5：dj），以及 *dj*、*h5* 的误差方差（R！trait. dj：dj，R！trait. h5：h5）与协方差（R！trait. h5：dj）。从加性协方差（trait：Fam！trait. h5：dj）的 z. ratio = 1. 624 > 1. 5，可初步判断 *dj* 和 *h5* 两性状之间的遗传相关显著，这个也可以从下文计算的遗传相关值和误差进一步验证。固定效应部分，*F* 统计表明，因子 *Rep* 效应显著。在育种值结果部分，给出了各性状的家系育种值。

有了性状的加性遗传方差与协方差，以及误差方差与协方差，就很容易计算各性状的遗传力，以及性状间的遗传相关、表型相关与环境相关。由于表型相关在实际应用中指导价值不大，所以一般都只计算遗传相关。

遗传力和遗传相关计算的代码如下：

```
############ 代码清单 6.2.2b ############

pincalc <-dget("d:/pin.R") # 载入 pin() 函数
summary(fm.2) $varcomp[ ,1:3]

# 遗传力计算
pincalc( fm.2, h2_A ~ 4 * V1 / ( V1 + V5 ))  # A 性状的个体遗传力
pincalc( fm.2, h2_B ~ 4 * V3 / ( V3 + V7 ))  # B 性状的个体遗传力

# A、B 性状的遗传相关
pincalc( fm.2, gCORR ~ V2 / sqrt( V1 * V3 ))

# A、B 性状的表型相关
pincalc( fm.2, pCORR ~ ( V2 + V6 ) / sqrt(( V1 + V5 )* ( V3 + V7 )))

# A、B 性状的环境相关
pincalc( fm.2, eCORR ~ V6 / sqrt( V5 * V7 ))
```

运行结果如下：

```
> pincalc(fm.2, h2_A ~ 4 * V1 /(V1 + V5))
      Estimate        SE
h2_A 0.4551711 0.1450985
> pincalc(fm.2, h2_B ~ 4 * V3 /(V3 + V7))
      Estimate        SE
h2_B 0.3155176 0.1251766
> pincalc(fm.2, gCORR ~  V2 /sqrt(V1 * V3))
       Estimate        SE
gCORR 0.4420084 0.2573905
> pincalc(fm.2, pCORR ~ (V2 + V6) /sqrt((V1 + V5)* (V3 + V7)))
          Estimate         SE
pCORR -0.07625554 0.04494997
```

从运行的结果可知，A 性状 *dj* 的遗传力为 0.455 ±0.145，B 性状 *h5* 的遗传力为 0.316 ±0.125，遗传相关为 0.442 ±0.257，表型相关为 -0.076 ±0.044。相关的显著性，可以通过相关值和误差的大小进行判断，方法如表 6-1 所示，计算相关误差 SE 对应各显著水平的临界值，当相关值大于某显著水平的临界值时，就代表该相关值在此显著水平上显著相关。本例中，遗传相关 =0.442 > $r_{0.05}$(0.373)，说明 *dj* 和 *h5* 之间的遗传相关在 0.05 的水平上显著正相关，而表型相关值 = 0.076 > $r_{0.05}$(0.064)，说明 *dj* 和 *h5* 之间的表型相关在 0.05 的水平上显著负相关。此外，还可通过 LRT 方法来验证相关的显著性，只需将模型中的 us(trait) 替换为 diag(trait)，通过卡方检验计算模型变化的 *p* 值，即可知道相关的显著水平。diag 矩阵是对角矩阵，diag(trait) 即表示仅保留各性状的遗传方差，没有协方差。

表 6-1 相关的显著性判断

误差 SE	显著水平 α		
	3	2	1
—	0.001	0.01	0.05
—	SE ×3.09	SE ×2.326	SE ×1.45
0.257	0.794	0.598	0.373
0.044	0.136	0.102	0.064

对于多性状分析，R 中的程序包 MCMCglmm 也可进行 ASReml-R 的类似分析，只是代码更为复杂。

(1) MCMCglmm 双性状分析

分析代码如下：

```
############ 代码清单 6.2.2c ############
library( MCMCglmm )

df.2 <-subset( df, Spacing = = '3' )
phen.var <-matrix( c( var( df.2 $dj, na.rm=T) , 0, 0,
```

```
                    var( df.2 $h5, na.rm=T )), 2, 2)
prior <-list( G=list( G1 =list( V=phen.var / 2, n=2 )),     # G结构初始值
                      R=list( V=phen.var / 2, n=2 ))        # R结构初始值

m2.glmm <-MCMCglmm( cbind(dj, h5) ~ trait -1 + trait : Rep,       # 固定效应
                              random = ~ us(trait) : Fam,          # G结构
                              rcov = ~ us(trait) : units,          # R结构
                              data = df.2,
                              family = c( "gaussian", "gaussian" ),
                              nitt =130000, thin =100, burnin =30000,
                              prior = prior, verbose = F
                     )

# 结果提取
summary(m2.glmm)
posterior.mode(m2.glmm $ VCV)
#HPDinterval(m2.glmm $ VCV)

# 计算遗传力
A.h2.glmm <-4 * m2.glmm $ VCV[ ,'dj:dj.Fam'] / ( m2.glmm $ VCV[ ,'dj:dj.Fam'] +
m2.glmm $ VCV[ ,'dj:dj.units'])
posterior.mode(A.h2.glmm)

B.h2.glmm <-4 * m2.glmm $ VCV[ ,'h5:h5.Fam'] / (m2.glmm $ VCV[ ,'h5:h5.Fam'] +
m2.glmm $ VCV[ ,'h5:h5.units'])
posterior.mode(B.h2.glmm)

# 计算遗传相关
gCorr.glmm < -m2.glmm $ VCV[ ,'h5:dj.Fam'] / sqrt( m2.glmm $ VCV[ ,'dj:dj.Fam']
*  m2.glmm $ VCV[ ,'h5:h5.Fam'] )
posterior.mode(gCorr.glmm)

# 计算表型相关
pCorr.glmm <-(m2.glmm $ VCV[ ,'h5:dj.Fam'] + m2.glmm $ VCV[ ,'h5:dj.units'] ) /
sqrt(( m2.glmm $ VCV[ ,'dj:dj.Fam'] + m2.glmm $ VCV[ ,'dj:dj.units'] ) *  ( m2.glmm
$ VCV[ ,'h5:h5.Fam'] + m2.glmm $ VCV[ ,'h5:h5.units'] ))
posterior.mode(pCorr.glmm)
```

运行结果如下：

```
> posterior.mode(m2.glmm $ VCV) # 方差分量
  dj:dj.Fam     h5:dj.Fam     dj:h5.Fam     h5:h5.Fam   dj:dj.units
 7.723708e-05  4.709730e-02  4.709730e-02  6.967567e+02  4.945213e-04
  h5:dj.units   dj:h5.units   h5:h5.units
 -1.887868e-01 -1.887868e-01  5.417873e+03
```

```
> posterior.mode(A.h2.glmm)# dj 遗传力
     var1
 0.4764733

> posterior.mode(B.h2.glmm)   # h5 遗传力
     var1
 0.5959831

> posterior.mode(gCorr.glmm) # 遗传相关
     var1
 0.2416088

> posterior.mode(pCorr.glmm) # 表型相关
      var1
 -0.0980515
```

比较 ASReml-R 和 MCMCglmm 分析的结果可以发现，性状 *dj* 的方差分量、遗传力结果都比较接近，而对于 *h5*，MCMCglmm 所得的方差分量偏大。两性状之间的遗传协方差和误差协方差、表型相关结果基本一致，但遗传相关，MCMCglmm 所得结果偏小。结果差异的原因，应该在于两者对于缺失值处理的方法不同，ASReml 可直接处理缺失值的数据集，而 MCMCglmm 在设置 G 结构、R 结构初始值时，去除了缺失值。此外，MCMCglmm 模型中，加入"pr = *T*"，使用命令"posterior. mode(m2. glmm $Sol)"即可输出家系的育种值。因此，对于 R 语言，MCMCglmm 除了免费和开源的优点外，其代码格式、运行速度和运行结果，基本都不如 ASReml-R。

6.3 林业试验常用模型

根据 Luis A. Apiolaza 的 ASReml-R 使用手册(http://apiolaza.net/asreml-r/)，林业试验中常用到的一些基本模型，包括亲本模型和个体模型，如下所示：

```
## 读入数据和谱系
dat <-asreml.read.table( file = 'data.csv', sep = ',', header = T )  # 数据文件
ped <-asreml.read.table(file = 'ped.csv', sep = ',', header = T )  # 谱系文件
```

(1) 完全随机区组、半同胞的亲本模型

```
## 亲本模型(多株小区)
dbh.1 <-asreml( dbh  ~ 1, random = ~ Block + Block:Plot + Mom,
                data = dat)

## 亲本模型(单株小区)
dbh.2 <-asreml( dbh  ~ 1, random = ~ Block + Mom,
                data = dat)
```

(2) 完全随机区组、全同胞的亲本模型

```
dbh.3 <-asreml(dbh ~ 1, random = ~ Block + Block:Plot + Mom + and(Dad),
                        data = dat)
```

(3) 完全随机区组、多株小区、个体模型

```
## 谱系的逆矩阵
pedinv <-asreml.Ainverse(ped) $ginv

## 个体模型
dbh.4 <-asreml(dbh ~ 1, random = ~ Block + Block:Plot + ped(Tree),
                        data = dat,
                        ginverse = list(Tree = pedinv) )
```

(4) 不完全区组、单株小区、个体模型

```
dbh.5 <-asreml(dbh ~ 1, random = ~ Rep + Rep/Iblock + ped(Tree),
                        data = dat, ginverse = list(Tree = pedinv) )
```

(5) 双列杂交

```
## 不完全区组、多株小区、亲本模型
fm1 <-asreml(dbh ~ 1, random = ~ Rep + Rep/Iblock + Plot + Dad + and(Mom) +
                      Family + Mom + Recipro,
                      data = dat)
## 不完全区组、多株小区、个体模型
fm2 <-asreml(dbh ~ 1, random = ~ Rep + Rep/Iblock + Plot +
                      ped(Tree) + Family + Mom + Recipro,
                      data = dat, ginverse = list(Tree = pedinv))
```

(6) 无性系试验

```
## 不完全区组、单株小区、个体模型
dbh.6 <-asreml(dbh ~ 1, random = ~ Rep + Rep/Iblock + ped(Tree) + ide(Tree),
                        data = dat,
                        ginverse = list(Tree = pedinv))
```

(7) 单性状、多地点试验

```
## 不完全区组、单株小区、个体模型
dbh.7 <-asreml(dbh ~ Site, random = ~ Site:Rep +
                     Site:Rep:Iblock + ped(Tree),
                     rcov = ~ at(Site):units,
                     data = dat,
                     ginverse = list(Tree = pedinv))
```

（8）多性状分析

```
##简单的多性状模型
fm3 <-asreml( cbind(y1, y2, y3) ~ trait,
                            random = ~ diag(trait):Id,
                            rcov = ~ units:diag(trait),
                            data = dat)
```

上述模型中，各参数的含义请参阅 Luis A. Apiolaza 的 ASReml-R 使用手册(http://apiolaza.net/asreml-r/)。其中，试验数据和谱系的读入采用 asreml.read.table( )函数，该函数将对所有以大写字母开头命名的变量视为因子。此外，对于双列杂交模型，Recipro 是杂交组合代码，比如 11 × 22 和 22 × 11，Recipro 可编码为 1122、2211，但家系编码是一样的(因为两组杂交子代的基因组成一样)，可编码为 F10011。此外，双列杂交中的个体模型可能有误，应该将 Mom 从模型中移去。笔者在一份双列杂交的试验分析中，发现 Mom 的存在，模型无法收敛。个体模型中不应含有亲本效应。

不过，上述模型并未包含空间分析和复杂的多地点试验(G × E 分析)。不论是空间分析还是复杂的多地点试验分析，均已成当前国际林业领域内的研究热点之一。空间分析模型比传统的试验设计分析，能更有效、准确地分离与估计环境误差，进而提高了遗传参数估算的准确性。复杂的多地点试验，不但可以分析基因型与环境的交互作用，而且还可以筛选出适合不同地点的最佳遗传材料或者适合所有试验地点的通用遗传材料。ASReml 软件能通过空间自回归或者因子分析的方法，轻松处理空间分析模型或者复杂的多地点试验，这部分内容将在下文中详细介绍。

6.4　遗传参数估算

对于农林业育种研究者来说，常常需要了解育种材料的遗传参数(比如遗传力、配合力、育种值、遗传相关等)，因此，需要通过一定的交配设计，产生具有亲缘关系的子代，对子代按照一定的试验设计进行田间对比试验及其性状测定，然后利用相关统计软件(比如 SAS、SPSS 等)进行遗传参数的估算，并解释遗传因素和环境因素的作用。这个过程称为遗传测定(genetic test)。对于林业来说，遗传测定分为子代测定和无性系测定。在林业上，通过遗传测定，可获得各种遗传参数，一方面可确定树种的育种方法，另一方面可进行优良家系、单株和无性系的选择，优良亲本的选择，并为种子园的建园或改造提供依据。本章节将介绍如何通过 ASReml-R 来估算子代(半同胞子代和全同胞子代)测定林和无性系测定林的遗传参数，之后再介绍空间分析、多地点试验分析(G × E 分析)和遗传相关估算。

6.4.1　半同胞子代测定

林业上，通过半同胞子代测定，可迅速获得母本性状的遗传信息，对初级种子园的改造、优良家系选择以及选配优良亲本进行控制授粉等方面，都具有重要作用。遗传参数估算的一般过程为：对观测性状的数据进行方差分析，列出期望均方表达式，得到相应的方差或协方差分量，进而估算遗传参数。

【例 6.4.1.1】华北落叶松 4 株优树的半同胞子代分别种植在 3 个地点，每个地点有 2 个区组，每区组随机测量 2 株树高，测定结果如表 6-2 所示，试计算该落叶松树高的遗传力。

表 6-2　华北落叶松半同胞子代树高　　单位：m

家系	地点 1				地点 2				地点 3			
	区组 1		区组 2		区组 1		区组 2		区组 1		区组 2	
1	9	7	5	8	4	3	2	5	5	4	7	5
2	6	5	5	3	6	5	4	8	3	2	4	3
3	6	9	8	9	4	2	5	4	4	3	3	2
4	8	6	6	5	7	8	8	9	6	8	8	7

分析代码如下：

```
##################### 代码清单 6.4.1.1 #####################
library(asreml)

df <-asreml.read.table( file = 'd6.4.1.1.csv', header = T, sep = ',' )
# str(df)

df.asr <-asreml( height ~ 1 + Site, random = ~ Fam + Site:Fam, data = df )
# df2.asr <-asreml ( height ~ 1 + Site + Site/Blk, random = ~ Fam + Site: Fam +
(Site/Blk):Fam, data = df )

summary(df.asr) $ varcomp
#wald(df.asr)
pincalc <-dget("pin.R")

summary(df.asr) $ varcomp[ ,1:3]
pincalc( df.asr, h2_i ~ 4* V1 / (V1 + V2 + V3 ))
```

运行结果如下：

```
> summary(df.asr) $ varcomp[ ,1:3]
                      gamma       component    std.error
Fam! Fam.var          0.2022222   0.3159722    1.2847057
Site:Fam! Site.var    1.7955556   2.8055556    1.8476112
R! variance           1.0000000   1.5625000    0.3682848
> pincalc( df.asr, h2_i ~ 4* V1 / (V1 + V2 + V3))
       Estimate       SE
h2_i 0.2698295 1.078149
```

程序代码说明：模型 2 中，包含所有试验因子，但 Site/Blk 和(Site/Blk)：Fam 作用不显著，故从模型中除去。此外，本例中仅计算了树高的单株遗传力。如果要计算家系遗传力，则可参照《实用 SAS 编程与林业试验数据分析》(黄少伟等，2001)中的期望均方表来计算家系遗传力。计算代码和结果如下：

```
 > pincalc( df.asr, h2_f ~ V1 / (V1 + V2 / 3 + V3 / 12 ))
     Estimate       SE
h2_f 0.228739 0.771261
```

从运行结果可知，该试验中，树高的单株遗传力为 0.27，家系遗传力为 0.23，两者的误差都较大。误差大的原因，是测量数据过少。

从上述的代码可知，家系遗传力的计算公式要比单株遗传力的复杂，另外，考虑到单株遗传力比家系遗传力更具有实际应用价值，故下文中，也只计算单株遗传力。

【例 6.4.1.2】某松树半同胞子代测定林，有 44 个家系，采用随机完全区组设计，设 5 个区组，5 株行式小区，目标性状为 10 年生的树高。试计算该松树树高的单株遗传力和母本一般配合力。

本例采用的线性模型为：

亲本模型：$y_{ijk} = \mu + B_i + M_j + BM_{ij} + BP_{(i)k} + e_{ijk}$

个体模型：$y_{ijk} = \mu + B_i + T_{ijk} + BP_{ik} + e_{ijk}$

式中，y_{ijk}为树高观测值；μ 为树高总体平均值；B_i为区组效应；M_j为母本效应；BM_{ij}为区组与母本的交互效应；$BP_{(i)k}$为区组内的小区效应；T_{ijk}为加性遗传效应；e_{ijk}为随机误差。此外，μ、B_i作为固定效应，其余都作为随机效应。

分析代码如下：

```
############### 代码清单 6.4.1.2 ###############
library(asreml)

hs <-asreml.read.table( file = 'op.csv', header = T, sep = ',' )
hs.ped <-hs[ ,1:3]  # 子代个体对应的谱系
hs.pedinv <-asreml.Ainverse(hs.ped) $ ginv  # 子代个体对应谱系的逆矩阵

# 亲本模型
hs.asr <-asreml( dbh10 ~1 + Rep, random = ~Mum + Rep:Mum + Rep:Plot, data = hs )

# 个体模型
hs2.asr <-asreml( dbh10  ~ 1  + Rep, random = ~ ped(TreeID) + Rep:Plot,
               data = hs, ginverse = list( TreeID = hs.pedinv ))

summary(hs.asr) $ varcomp
# wald(hs.asr)
# hs2.bv <-coef(hs2.asr) $ random      # 子代个体育种值和母本一般配合力
# write.csv( hs2.bv, file = 'hs2.bv.csv' )  # 输出结果

pincalc <-dget("pin.R")
```

```
# 亲本模型的单株遗传力
summary(hs.asr)$varcomp[ ,1:3]
pincalc( hs.asr, h2.i ~ 4 *  V1 / ( V1  + V2  + V4))

# 个体模型的单株遗传力
summary(hs2.asr)$varcomp[ ,1:3]
pincalc( hs2.asr, h2.it ~ V1 / ( V1  + V3 ))
```

运行结果如下:

```
> summary(hs.asr)$varcomp   # 亲本模型
                    gamma      component  std.error  z.ratio    constraint
Mum! Mum.var        0.25890703 1.26864847 0.32869273 3.859679   Positive
Rep:Mum! Rep.var    0.03093154 0.15156504 0.14469570 1.047474   Positive
Rep:Plot! Rep.var   0.01906388 0.09341329 0.06945742 1.344900   Positive
R! variance         1.00000000 4.90001553 0.25033244 19.574033  Positive

> pincalc(hs.asr, h2.i ~ 4 *  V1 / ( V1  + V2 + V4 ))  # 亲本模型的单株遗传力
     Estimate       SE
h2.i 0.802913 0.1703921

> summary(hs2.asr)$varcomp    # 个体模型
                    gamma      component  std.error  z.ratio    constraint
ped(TreeID)! ped    2.14990957 5.20560204 1.31618971 3.955055   Positive
Rep:Plot! Rep.var   0.03776019 0.09142921 0.06973289 1.311135   Positive
R! variance         1.00000000 2.42131209 0.70479720 3.435473   Positive

> pincalc( hs2.asr, h2.it ~ V1 / (V1  + V3) )  # 个体模型的单株遗传力
       Estimate       SE
h2.it 0.6825306 0.1162134
```

程序代码说明：本例中的亲本模型，虽然 Rep:Mum 和 Rep:Plot 的 z. ratio 没有超过 1.5，但根据实际研究的需要，保留了它们，可以降低误差的值。此外，对于亲本模型，通过 coef(hs. asr) $random 命令，可以输出母本育种值，即母本的一般配合力。而在个体模型中，不但可以输出母本育种值(或母本的一般配合力)，还可输出子代个体的育种值。这个在传统的分析方法中，是做不到的。

遗传力计算结果显示，无论是亲本模型，还是个体模型，单株遗传力均较高，表明该松树的树高性状遗传主要是受遗传控制的。不过，亲本模型所得的单株遗传力要高于个体模型，其原因是由于亲本模型中所得的表型方差分量要比个体模型的小。与上一例子相比，可知本例所得遗传力的误差值较小，说明观测数据的多少也会影响遗传力计算结果的准确性。

此外，输出的母本一般配合力结果显示(表 6-3)，虽然亲本模型和个体模型计算得到的母本一般配合力值的大小有所不同(亲本模型值约为个体模型值的一半)，但各母本配合力值的相对排名情况基本一致，除了母本 214、209 和 156、222 以外，这两组母

本的配合力排名也只是前后交错差异 1 名。实际应用当中，也是根据育种值的排名来筛选亲本或优良家系、单株和无性系，因此，无论采用哪种模型，所得的母本一般配合力结果都是可行的。对于半同胞家系来说，母本的育种值和家系的育种值结果是一样的。因此，优良家系的选择可以直接通过母本配合力的相对排名来进行筛选。

表 6-3　母本一般配合力的相对排名

排名	Fam(亲本模型)	bv1	Fam(个体模型)	bv2
1	Mum_ M_ 148	2. 494	ped(TreeID)_ M_ 148	5. 098
2	Mum_ M_ 134	1. 553	ped(TreeID)_ M_ 134	3. 176
3	Mum_ M_ 151	1. 330	ped(TreeID)_ M_ 151	2. 703
4	Mum_ M_ 214	1. 244	ped(TreeID)_ M_ 209	2. 560
5	Mum_ M_ 209	1. 240	ped(TreeID)_ M_ 214	2. 535
6	Mum_ M_ 144	1. 225	ped(TreeID)_ M_ 144	2. 498
7	Mum_ M_ 149	1. 187	ped(TreeID)_ M_ 149	2. 422
8	Mum_ M_ 154	1. 079	ped(TreeID)_ M_ 154	2. 208
9	Mum_ M_ 153	0. 879	ped(TreeID)_ M_ 153	1. 795
10	Mum_ M_ 135	0. 736	ped(TreeID)_ M_ 135	1. 515
11	Mum_ M_ 156	0. 631	ped(TreeID)_ M_ 222	1. 341
12	Mum_ M_ 222	0. 628	ped(TreeID)_ M_ 156	1. 286
13	Mum_ M_ 140	0. 568	ped(TreeID)_ M_ 140	1. 161
14	Mum_ M_ 136	0. 503	ped(TreeID)_ M_ 136	1. 028
15	Mum_ M_ 143	0. 495	ped(TreeID)_ M_ 143	1. 015
16	Mum_ M_ 157	0. 455	ped(TreeID)_ M_ 157	0. 933
17	Mum_ M_ 212	0. 406	ped(TreeID)_ M_ 212	0. 828
18	Mum_ M_ 211	0. 384	ped(TreeID)_ M_ 211	0. 776
19	Mum_ M_ 226	0. 376	ped(TreeID)_ M_ 226	0. 751

ASReml 软件的优点之一，在于个体模型中，输入了子代对应的谱系，因此通过 MME 方程的求解，即可同时获得子代个体和母本的育种值。通过子代个体育种值的排名情况，可以直接筛选优良单株。本例中，输出了育种值排名前 29 名的子代个体及其对应家系，比较表 6-3(可视为家系育种值的排名)和表 6-4 可以发现，在 1100 棵子代个体中，育种值排名最高的子代个体 3297 所对应的家系是 M149，而不是家系育种值排名最前的 M148。在子代育种值排名前 29 名中，排 15 名的子代个体 3312 对应的家系是 M138，其并未出现在家系育种值排名前 19 名中。不过，在表 6-4 中，家系育种值排名最前 2 名的 M148 和 M134，其子代约占了 50%。由此可见，对于半同胞家系而言，子代个体育种值和家系育种值(或母本配合力)的排名情况会有所差异，但整体上而言，家系育种值排名靠前的，其子代的育种值排名也会相对靠前。当然，一个家系育种值排名靠后的，也不等于其所有个体都表现不好。换句话说，母本表现好的，其子代(即家系)一般也表现不错，但是一个家系整体表现不好的，也会有个体表现不错的。

表 6-4　半同胞家系子代个体育种值的相对排名

排名	子代个体	育种值	家系
1	ped(TreeID)_ 3297	4.847	M149
2	ped(TreeID)_ 4111	4.688	M148
3	ped(TreeID)_ 4001	4.372	M144
4	ped(TreeID)_ 3479	4.369	M148
5	ped(TreeID)_ 3278	4.205	M148
6	ped(TreeID)_ 3478	4.194	M148
7	ped(TreeID)_ 4200	4.172	M134
8	ped(TreeID)_ 3481	3.983	M148
9	ped(TreeID)_ 3876	3.949	M154
10	ped(TreeID)_ 3674	3.813	M148
11	ped(TreeID)_ 3964	3.661	M148
12	ped(TreeID)_ 4109	3.630	M148
13	ped(TreeID)_ 3676	3.611	M148
14	ped(TreeID)_ 3692	3.519	M214
15	ped(TreeID)_ 3312	3.487	M138
16	ped(TreeID)_ 3324	3.486	M144
17	ped(TreeID)_ 3204	3.472	M153
18	ped(TreeID)_ 3675	3.276	M148
19	ped(TreeID)_ 3545	3.222	M214
20	ped(TreeID)_ 3857	3.187	M156
21	ped(TreeID)_ 3873	3.173	M154
22	ped(TreeID)_ 3883	3.120	M222
23	ped(TreeID)_ 3230	3.117	M134
24	ped(TreeID)_ 3237	3.023	M135
25	ped(TreeID)_ 4199	3.011	M134
26	ped(TreeID)_ 4110	2.978	M148
27	ped(TreeID)_ 3229	2.975	M134
28	ped(TreeID)_ 3852	2.970	M214
29	ped(TreeID)_ 3445	2.969	M209
…	…	…	…

6.4.2　全同胞子代测定

林业上，在一树种改良之初，一般均经过较大量的半同胞子代测定，获得亲本的一般配合力，而后设计合适的交配方案开展全同胞子代测定，以了解更多关于双亲、子代的遗传信息，并获得更丰富的育种资源，这对于促进多性状联合育种以及高世代育种是非常必要的。

6.4.2.1　非完全双列杂交的全同胞试验

【例 6.4.2.1】某松树全同胞子代测定林，有 46 个家系，采用随机完全区组设计，设 7 个区组，5 株行式小区，目标性状为 10 年生的树高。试计算该松树树高的单株遗传力、亲本一般配合力和特殊配合力。

本例采用的线性模型为：

亲本模型：$y_{ijk} = \mu + B_i + M_j + D_k + MD_{jk} + e_{ijk}$

个体模型：$y_{ijk} = \mu + B_i + T_{ijk} + MD_{jk} + e_{ijk}$

式中，y_{ijk}为树高观测值；μ 为树高总体平均值；B_i为区组效应；M_j为母本效应；D_k为父本效应；MD_{jk}为显性效应；T_{ijk}为加性遗传效应；e_{ijk}为随机误差。此外，μ 作为固定效应，其余都作为随机效应。

分析代码如下：

```
############## 代码清单 6.4.2.1 ##############
library(asreml)

fs <-asreml.read.table( file ='cp.csv', header =T, sep =',' )
fs.ped <-hs[ ,1:3]  # 子代个体对应的谱系
fs.pedinv <-asreml.Ainverse(fs.ped) $ginv  # 子代个体对应谱系的逆矩阵

# 亲本模型
fs.asr <-asreml( dbh10 ~ 1, random = ~ Rep + Mum + Dad + Fam2, data =fs)
# fs.asr <-asreml( dbh10 ~ 1, random = ~ Rep + Mum + Dad, data =fs)

# 个体模型
fs2.asr <-asreml( dbh10 ~ 1, random = ~ Rep + ped(TreeID) + Fam2,
              data =fs, ginverse =list( TreeID =fs.pedinv ))

summary(fs2.asr) $varcomp
wald(fs.asr)
fs.bv <-coef(fs2.asr) $random  # 育种值
write.csv( fs.bv, file ='fs3.bv.csv' )

pincalc <-dget("pin.R")

# 亲本模型的单株遗传力
summary(fs.asr) $varcomp[ ,1:3]
pincalc( fs.asr, h2.mi ~ 4 *  V2 / ( V2 + V4 + V5))           # 母本单株遗传力
pincalc( fs.asr, h2.di ~ 4 *  V3 / ( V3 + V4 + V5))           # 父本单株遗传力
pincalc( fs.asr, h2.fi ~ 2 *  ( V2 +V3 ) / ( V2 +V3 +V4 +V5))  # 全同胞单株遗传力

# 个体模型的全同胞单株遗传力
summary( fs2.asr) $varcomp[ ,1:3]
pincalc( fs2.asr, h2.ti ~ V2 / (V2 + V3 + V4))
```

分析代码说明：本例中的亲本模型，Fam2 实际上就是 Mum: Dad 交互作用，代表显性效应，属于非加性效应。为了演示一个典型的亲本模型，模型中保留了 Mum、Dad 和 Fam2，事实上，运行结果显示，Fam2 的存在，Dad 的方差分量就不显著，如果去除 Fam2，Dad 的方差分量就变为显著。对于个体模型，Fam2 的存在，同样使得 ped(TreeID）的方差分量不显著。因此，模型中的因素去留，应根据研究的需要有选择性地保留

或去除。

运行结果如下：

```
# 亲本模型的运行结果
> summary(fs.asr)$varcomp
                   gamma        component   std.error   z.ratio     constraint
Rep!Rep.var        0.051304060 0.22049707  0.1396648   1.57875919  Positive
Mum!Mum.var        0.107580038 0.46236269  0.3134217   1.47520973  Positive
Dad!Dad.var        0.003347048 0.01438511  0.2047983   0.07024035  Positive
Fam2!Fam2.var      0.108178541 0.46493497  0.3493805   1.33074111  Positive
R!variance         1.000000000 4.29784841  0.1649284   26.05887849 Positive
> pincalc(fs.asr, h2.mi ~ 4 * V2 / (V2 + V4 + V5))  # 母本单株遗传力
      Estimate        SE
h2.mi 0.353952 0.2366152
> pincalc(fs.asr, h2.di ~ 4 * V3 / (V3 + V4 + V5))  # 父本单株遗传力
        Estimate        SE
h2.di 0.01204488 0.1715049
> pincalc(fs.asr, h2.fi ~ 2 * (V2 + V3) / (V2 + V3 + V4 + V5))  # 全同胞单株遗传力
      Estimate        SE
h2.fi 0.1819811 0.1440686

# 个体模型的运行结果
> summary(fs2.asr)$varcomp
                   gamma       component   std.error   z.ratio     constraint
Rep!Rep.var        0.0545518   0.2194627   0.1390647   1.5781345   Positive
ped(TreeID)!ped    0.1351021   0.5435181   0.8393095   0.6475776   Positive
Fam2!Fam2.var      0.1696118   0.6823509   0.4240795   1.6090165   Positive
R!variance         1.0000000   4.0230159   0.4504594   8.9309173   Positive
> pincalc(fs2.asr, h2.ti ~ V2 / (V2 + V3 + V4))  # 单株遗传力
      Estimate        SE
h2.ti 0.1035492 0.1588187
```

本例中，父本单株遗传力偏低，其原因是由于显性效应 Mum:Dad 的显著性而遮盖了父本的遗传方差分量。与例 6.4.1.2 一样，本例不计算家系遗传力，如需计算，可参考《林木遗传学基础》(第 2 版)(张志毅，2012)书中的期望均方表，方法也很简单，只需列出各变异来源对应的系数，即可按照类似单株遗传力的方法进行换算。

最后，输出了双亲的一般配合力和特殊配合力以及个体育种值的相对排名情况，结果如表 6-5 所示。亲本模型和个体模型计算得到的双本一般配合力值和特殊配合力的大小有所不同。母本配合力值的相对排名情况基本一致，除了母本 M214、M402 以外，这两组母本的配合力排名也只是前后交错差异 2 名。而父本配合力排名前 15 名中，除了 D234(亲本模型中排第 14)、D214(个体模型中排第 9)以外，其余父本系号是一致的，但父本配合力排名变化比母本的大，不过假设从 38 个父本和母本中按 20% 的入选率选择亲本，则父母本的入选系号基本一致。特殊配合力的情况与父本配合力的情况相似，

但不论哪个模型，特殊配合力排名前 6 名的父母本组合都是一样的。此外，特殊配合力排名前 2 名的杂交组合也不是父母本配合力排名前 2 名的组合。

与半同胞子代分析类似，通过个体模型，即可同时获得子代个体和亲本的育种值(或配合力)与特殊配合力。子代个体育种值的排名情况如表 6-5 所示，列举了育种值排名前 30 名的子代个体。家系的代码与特殊配合力的代码是一样的，即家系育种值也是亲本的特殊配合力。本例中，家系 M_ 250_ D_ 245 虽然在家系育种值中排名第 3，但其优良个体占了个体育种值排名前 30 名的 70%，同时，家系育种值排名前 3 的优良个体占了 80%。由此可见，在本例的全同胞家系中，子代个体育种值和家系育种值(或母本配合力)的排名情况类似，整体上，家系育种值排名靠前的，其子代的个体育种值排名也会相对靠前。

表 6-5　全同胞家系亲本配合力与子代个体育种值的相对排名

模型	rank	Mum	GCA_m	Dad	GCA_d	MD	SCA	rank	Tree	bv	Fam
亲本模型	1	M_ 250	1.035	D_ 245	0.046	M_ 136_ D_ 441	1.262	1	7191	0.974	M_ 250_ D_ 245
	2	M_ 213	0.968	D_ 441	0.040	M_ 213_ D_ 202	0.868	2	7858	0.972	M_ 250_ D_ 245
	3	M_ 109	0.744	D_ 236	0.021	M_ 250_ D_ 245	0.813	3	8329	0.863	M_ 250_ D_ 245
	4	M_ 206	0.588	D_ 240	0.018	M_ 109_ D_ 236	0.674	4	8114	0.851	M_ 250_ D_ 245
	5	M_ 233	0.576	D_ 131	0.013	M_ 233_ D_ 240	0.579	5	7635	0.849	M_ 250_ D_ 245
	6	M_ 224	0.521	D_ 137	0.011	M_ 224_ D_ 213	0.523	6	8328	0.832	M_ 250_ D_ 245
	7	M_ 136	0.450	D_ 228	0.011	M_ 208_ D_ 245	0.435	7	7190	0.816	M_ 250_ D_ 245
	8	M_ 402	0.396	D_ 230	0.011	M_ 402_ D_ 131	0.398	8	7632	0.811	M_ 250_ D_ 245
	9	M_ 211	0.375	D_ 202	0.010	M_ 211_ D_ 234	0.376	9	7189	0.797	M_ 250_ D_ 245
	10	M_ 208	0.334	D_ 121	0.009	M_ 101_ D_ 137	0.357	10	8113	0.794	M_ 250_ D_ 245
	11	M_ 214	0.309	D_ 231	0.008	M_ 206_ D_ 228	0.346	11	7857	0.788	M_ 250_ D_ 245
	12	M_ 216	0.271	D_ 213	0.007	M_ 109_ D_ 230	0.344	12	7859	0.776	M_ 250_ D_ 245
	13	M_ 239	0.197	D_ 221	0.006	M_ 214_ D_ 224	0.310	13	8112	0.775	M_ 250_ D_ 245
	14	M_ 108	0.137	D_ 234	0.005	M_ 144_ D_ 121	0.295	14	8116	0.775	M_ 250_ D_ 245
	15	M_ 203	0.133	D_ 124	0.004	M_ 206_ D_ 231	0.245	15	8627	0.761	M_ 109_ D_ 236
个体模型	1	M_ 250	0.736	D_ 245	0.661	M_ 136_ D_ 441	1.373	16	8514	0.747	M_ 109_ D_ 236
	2	M_ 213	0.716	D_ 441	0.547	M_ 213_ D_ 202	1.341	17	7391	0.736	M_ 109_ D_ 236
	3	M_ 109	0.523	D_ 236	0.376	M_ 250_ D_ 245	1.141	18	8232	0.730	M_ 213_ D_ 214
	4	M_ 206	0.404	D_ 240	0.318	M_ 109_ D_ 236	0.943	19	7147	0.728	M_ 213_ D_ 202
	5	M_ 233	0.318	D_ 230	0.249	M_ 233_ D_ 240	0.799	20	7193	0.727	M_ 213_ D_ 202
	6	M_ 224	0.312	D_ 228	0.221	M_ 224_ D_ 213	0.783	21	7192	0.715	M_ 213_ D_ 202
	7	M_ 136	0.264	D_ 131	0.214	M_ 250_ D_ 238	0.706	22	8654	0.709	M_ 213_ D_ 202
	8	M_ 214	0.237	D_ 231	0.183	M_ 109_ D_ 230	0.624	23	8617	0.709	M_ 213_ D_ 214
	9	M_ 211	0.221	D_ 214	0.181	M_ 214_ D_ 224	0.595	24	8513	0.703	M_ 213_ D_ 214
	10	M_ 402	0.214	D_ 137	0.176	M_ 206_ D_ 228	0.555	25	7312	0.698	M_ 136_ D_ 441
	11	M_ 208	0.170	D_ 202	0.141	M_ 211_ D_ 234	0.554	26	7388	0.698	M_ 136_ D_ 441
	12	M_ 216	0.109	D_ 221	0.099	M_ 402_ D_ 131	0.537	27	8619	0.696	M_ 213_ D_ 214
	13	M_ 239	0.099	D_ 121	0.093	M_ 206_ D_ 231	0.459	28	7969	0.685	M_ 206_ D_ 228
	14	M_ 108	0.063	D_ 213	0.088	M_ 213_ D_ 214	0.456	29	7292	0.681	M_ 208_ D_ 245
	15	M_ 203	0.061	D_ 124	0.063	M_ 101_ D_ 137	0.442	30	7861	0.681	M_ 208_ D_ 245

注：rank 是排名，Mum、Dad 是母本和父本，GCA_m、GCA_d 是母本和父本一般配合力，MD 是父母本组合，SCA 是特殊配合力，bv 是育种值，Fam 是家系。

通过与上节的半同胞子代分析比较可知，全同胞子代分析，不但可以获得母本一般配合力，还可获得父本一般配合力以及亲本特殊配合力。在遗传力方面，可获得父本、母本单株遗传力和全同胞单株遗传力。因此，开展全同胞子代测定，不但可了解更多关于双亲、子代的遗传信息，而且还可获得更丰富的育种资源，同时，对于继续深入开展树种的遗传改良也是十分必要的。

关于亲本模型需要补充说明的一点，本例中采用 Fam2 来代表 Mum:Dad，而不是直接使用 Mum:Dad，虽然这两者的模型运行结果一样，但在输出育种值时，是有差异的。直接使用 Mum:Dad 的模型，将输出 Mum 和 Dad 之间的所有组合的育种值，大大超出本例中亲本的杂交组合，当然多出的杂交组合，其育种值等于零，不过这会对后续亲本特殊配合力或家系育种值的排名造成不必要的麻烦，因此采用 Fam2 即可避免该问题。

此外，关于全同胞的父母本代码编码，需要注意的是，如果不是完全双列杂交时，父母本代码必须不一样，即假如父本 1 编码为 001，母本 1 就不可编码为 001，否则生成谱系的逆矩阵时，就会出错。本例中的编码方式为，父本 1 编码为 D001，母本 1 编码为 M001，可供读者参考。当然，还有文献指出，对于动物而言，是父系遗传为主，所以谱系的编排顺序为子代、父本和母本；而林木是母系遗传为主，故谱系的编排顺序为子代、母本和父本。但笔者在所分析过的试验数据中，发现父母本的编排顺序，并未影响分析结果，不论是哪种排列方法，所得的分析结果都是一样的。笔者建议，读者在分析自己的试验数据时，可以尝试父母本不同编排的方式，看看所得试验结果是否会有差异。

6.4.2.2 完全双列杂交的全同胞试验

【例 6.4.2.2】某林木有 8 个亲本，进行双列杂交，采用随机完全区组设计，设 2 个区组，单株小区，目标性状为 10 年生的胸径。试计算该树种胸径的单株遗传力、亲本一般配合力和特殊配合力。

本例采用的线性模型为：

亲本模型：$y_{ijkl} = \mu + B_i + M_j + D_k + MD_{jk} + \text{Fam}_l + e_{ijkl}$

个体模型：$y_{ijkl} = \mu + B_i + T_{ijkl} + MD_{jk} + \text{Fam}_l + e_{ijkl}$

式中，y_{ijkl} 为胸径观测值；μ 为树高总体平均值；B_i 为区组效应；M_j 为母本效应；D_k 为父本效应；MD_{jk} 为杂交组合效应；Fam_l 为家系效应；T_{ijkl} 为加性遗传效应；e_{ijkl} 为随机误差。此外，μ 作为固定效应，其余都作为随机效应。

分析代码如下：

```
############## 代码清单 6.4.2.2 diallel mate ##############
library(asreml)

dm <-asreml.read.table( file = 'dimate.csv', header = T, sep = ',' )
dm.ped <-dm[ ,1:3]  # 子代个体对应的谱系
dm.pedinv <-asreml.Ainverse(dm.ped) $ginv  # 子代个体对应谱系的逆矩阵
```

```
# 亲本模型
dm.asr <-asreml( dbh ~ 1, random = ~ Block + Male + and(Female) + Fam +
                                        Female + Recipro, maxit =50, data =dm)

# 个体模型
dm2.asr <-asreml( dbh ~ 1, random = ~ Block + ped(Tree) + Fam + Recipro, maxit
=50,
                 data =dm, ginverse =list( Tree =dm.pedinv ))

summary(dm.asr) $varcomp

coef(dm.asr, pattern ='Male')        # 父本育种值或父本一般配合力
coef(dm.asr, pattern ='Female')      # 母本育种值或母本一般配合力
coef(dm.asr, pattern ='Recipro')     # 杂交组合育种值或特殊配合力
coef(dm.asr, pattern ='Fam')         # 家系育种值

pincalc <-dget("pin.R")

# 亲本模型的单株遗传力
summary(dm.asr) $varcomp[ ,1:3]
pincalc(dm.asr, h2.mi ~4 *  V2 / (V2 +V3 +V4 +V5 +V6))        # 母本单株遗传力
pincalc(dm.asr, h2.di ~4 *  V4 / (V2 +V3 +V4 +V5 +V6))        # 父本单株遗传力
pincalc(dm.asr, h2.fi ~2 *  (V2 +V4) / (V2 +V3 +V4 +V5 +V6)) # 全同胞单株遗传力

# 个体模型的全同胞单株遗传力
summary( dm2.asr) $varcomp[ ,1:3]
pincalc( dm2.asr, h2.ti ~ V2 / (V2 + V3 + V4 + V5))
```

运行结果如下：

```
########## 亲本模型 ##########
 > summary(dm.asr) $varcomp # 方差分量
                         gamma   component std.error  z.ratio constraint
Block! Block.var       0.00591629 0.01996032 0.1032074 0.1934001   Positive
Male! Male.var         2.01274534 6.79057951 4.1035712 1.6547975   Positive
Fam! Fam.var           0.62227576 2.09942755 1.7345587 1.2103525   Positive
Female! Female.var     1.36716171 4.61251611 3.2528596 1.4179881   Positive
Recipro! Recipro.var1.23917287 4.18070869 1.8172940 2.3005131   Positive
R! variance            1.00000000 3.37378971 0.6011222 5.6124861   Positive
 > coef( dm.asr, pattern ='Male' ) # 父本育种值
             effect
Male_G1     2.8419922
Male_G2    -0.8390384
Male_G3     4.4844745
Male_G4    -1.3457288
```

```
Male_G5      -1.2762229
Male_G6       0.1061856
Male_G7      -2.9641414
Male_G8      -1.0075208
> coef(dm.asr, pattern='Female') # 母本育种值
               effect
Female_G1     0.1570306
Female_G2    -0.9412692
Female_G3    -2.4065105
Female_G4     3.4034672
Female_G5     1.1377920
Female_G6     1.2131451
Female_G7    -0.8119395
Female_G8    -1.7517159
> coef(dm.asr, pattern='Fam') # 家系育种值
                 effect
Fam_F003       3.025424
Fam_F030       1.541527
Fam_F009       1.060469
Fam_F019       0.963962
Fam_F031       0.890541
Fam_F036        0.54594
Fam_F029       0.388941
Fam_F014       0.306498
Fam_F034       0.301787
Fam_F001        0.28038
Fam_F022       0.235321
Fam_F017       0.226409
Fam_F026        0.22207
Fam_F035       0.024409
Fam_F024       0.015127
Fam_F027       0.005187
Fam_F016       -0.04148
Fam_F028       -0.08359
......
> coef(dm.asr, pattern='Recipro') # 特殊配合力
                           effect
Recipro_G3G6          4.087852297
Recipro_G1G3           3.17754153
Recipro_G3G1          2.847264176
Recipro_G2G2          2.111810412
Recipro_G8G4          2.089605226
```

```
    Recipro_G3G2            1.988737186
    Recipro_G5G8            1.851784154
    Recipro_G6G1            1.816587913
    Recipro_G6G6            1.773415799
    Recipro_G2G7            1.648497555
    Recipro_G7G5            1.224561356
    Recipro_G8G5             1.21800148
    Recipro_G3G4            1.165955095
    Recipro_G8G8            1.087180106
    Recipro_G4G7            0.758712401
    Recipro_G1G7            0.670801053
    Recipro_G8G3            0.649662826
    Recipro_G2G4            0.631980616
    ……
    ########## 个体模型 ##########
    > summary(dm2.asr)$varcomp
                              gamma    component    std.error    z.ratio constraint
Block!Block.var            494.6555 1.169428e-02  0.139595901 0.08377235   Positive
ped(Tree)!ped           292407.7987 6.912887e+00 59.349500783 0.11647760   Positive
Fam!Fam.var              13971.9378 3.303141e-01  3.585697639 0.09211991   Positive
Recipro!Recipro.var     327841.8433 7.750593e+00 66.578430582 0.11641297   Positive
R!variance                   1.0000 2.364126e-05  0.001909406 0.01238147   Positive
    > coef( dm2.asr, pattern='Recipro' )
                                 effect
    Recipro_G3G6             7.44962102
    Recipro_G3G1             7.28854983
    Recipro_G1G3             5.57143013
    Recipro_G8G4             4.50043309
    Recipro_G3G4             4.44542581
    Recipro_G8G5             3.24995041
    Recipro_G3G2             3.07922637
    Recipro_G6G6             3.05471813
    Recipro_G2G2             2.83392396
    Recipro_G1G4             2.44573584
    Recipro_G2G4             2.41311266
    Recipro_G6G1             1.98669566
    Recipro_G6G4             1.91556985
    Recipro_G7G5              1.8609812
    Recipro_G1G1             1.78776233
    Recipro_G5G8             1.61459831
    Recipro_G2G7             1.46501819
    Recipro_G4G4             1.01221225
    ……
```

```
>coef( dm2.asr, pattern='Tree' )
                          effect
ped(Tree)_G1         4.686919175
ped(Tree)_G2        -2.13710585
ped(Tree)_G3         5.488336729
ped(Tree)_G4         0.368457481
ped(Tree)_G5        -1.1452426
ped(Tree)_G6         0.983456445
ped(Tree)_G7        -5.3251617
ped(Tree)_G8        -2.91966045
ped(Tree)_81         8.096156751
ped(Tree)_89         7.939240503
ped(Tree)_19         7.491428415
ped(Tree)_3          7.446561472
ped(Tree)_67         5.979050142
ped(Tree)_65         5.751784461
ped(Tree)_43         5.630745252
ped(Tree)_70         4.844405057
ped(Tree)_22         4.569934788
ped(Tree)_17         4.563698994
ped(Tree)_1          4.419313102
ped(Tree)_91         4.285861667
ped(Tree)_107        4.163233922
ped(Tree)_83         3.823930688
ped(Tree)_30         3.736828604
ped(Tree)_27         3.553386598
ped(Tree)_69         3.545575863
ped(Tree)_75         3.328445449
ped(Tree)_68         2.909419439
ped(Tree)_97         2.86050618
ped(Tree)_110        2.830820448
......
```

程序代码说明：Male 是父本，Female 是母本，Fam 是家系，Recipro 是父本与母本的杂交组合。

本例中，个体模型运行结果不佳，但这里也给出了相关模型和命令，供读者参考。对于亲本模型，从方差分量的结果中可知，8 个亲本，分别做父本和母本时，其方差分量不同，而且所得的亲本育种值（或亲本一般配合力）也有所不同，具体表现为：G3、G1 作为父本时，一般配合力比较高；G4、G5 和 G6 作为母本时，一般配合力比较高。对于特殊配合力，最高的组合是 G3G6，即父本为 G3、母本为 G6；特殊配合力排名前 10 中的杂交组合 G2G2，各自亲本一般配合力表现一般，但杂交组合却表现不错，这也充分体现了杂种优势。此外，对于家系来说，育种值最高的是 F003，为杂交组合 G3G1

和 G1G3 的子代，虽然 G3G6 组合的特殊配合力最高，但 G6G3 组合的特殊配合力一般，导致其家系 F019 育种值排名下降至第 4。这个结果也说明了双列杂交所得的家系分化程度比较大。其他结果可参考例 6.4.2.1 的全同胞分析。

6.4.3 无性系测定

无性系育种(clonal breeding)是相对于有性选育过程而言的。对于易无性繁殖的树种，从普通林分、人工林分或杂种群体中选出的优良单株，用无性繁殖形成无性系，按育种目标和要求对各无性系进行比较鉴定，评选出最优无性系，最后推广应用于生产。自 20 世纪 70 年代以来，树木的无性繁殖应用在林木遗传改良上取得了很大的进展，开辟了无性系林业的新阶段。据统计，目前世界上已有几十个国家都开展了林木树种无性繁殖和无性系造林的研究。

对于林木育种研究者，在种源选择或优良表型选择的基础上，采用优良种源的实生苗，种子园中自由授粉或控制授粉的优良家系实生苗为基础材料，经过无性系测定，筛选出优良无性系，将成百上千的无性系混合后分为若干组，再进行多系混合造林，是当前常用的无性系育种与推广方法之一。

以往，林木育种研究者在进行无性系测定时，只能估算重复力，并将重复力作为广义遗传力的上限，其原因是基因型方差中仍含有永久性环境方差。重复力一般用于确定树木性状可靠估计时所需的测量次数，以及预测个体最可能的生产力等。而今，对来源于优良家系实生苗的无性系测定，可知道无性系对应的谱系，即可利用 ASReml 分别估算遗传力和重复力。

【例 6.4.3】某杉木无性系测定林，采用拉丁方田间设计，14 行、30 列，共 420 个格子，并测定了树高 *h*（m）、胸径 *dbh*（cm）、材积 *v*（m^3）、心材比例 *cpro*（%）、木材基本密度 *wd*（kg/m^3）、木材吸水率 *wpro*（%）、管胞长度 *tl*（μm）、管胞宽度 *tw*（μm）和管胞长宽比 *lrt* 等 9 个性状，以管胞长度 *tl* 为目标性状，试估算其遗传力和重复力。

分析代码如下：

```
############## 代码清单 6.4.3 clone analysis ##############
library( asreml )
ca <-asreml.read.table( file = 'ca.csv', header = T, sep = ',' )  # 读入目标数据
ca.ped <-asreml.read.table( file = 'ca.ped.csv', header = T, sep = ',' )  # 读入无性系的谱系
ca.pedinv <-asreml.Ainverse(ca.ped) $ginv  # 无性系谱系的逆矩阵
#names(ca);str(ca)

ca.asr <-asreml( tl ~ 1, random = ~ ped(Tree) + ide(Tree) + units,
          rcov = ~ ar1(Row):Col, maxit = 100,
          data = ca, ginverse = list( Tree = ca.pedinv ))
```

```
summary(ca.asr)$varcomp
# plot(variogram(ca.asr))

pincalc <-dget("pin.R")
summary(ca.asr)$varcomp[ ,1:3]
pincalc( ca.asr, h2 ~ V1 / (V1 + V2 + V3 + V4 ))
pincalc( ca.asr, rep ~ V2 / (V1 + V2 + V3 + V4 ))
```

分析代码说明：本分析中也采用了空间分析模型(具体可见下一节的内容)，由于列(Col)的自回归不显著，所以采用行(Row)的一维自回归。此外，模型中的 units 代表独立的测量误差，或空间不相关的误差。ide(Tree)忽略谱系，并将个体 Tree 作为一个随机因子，其值代表永久性环境效应(permanent environment effects)。而 ped(Tree)则利用谱系，其值代表加性遗传效应(additive genetic effects)。此外，需要注意的是谱系文件的格式，与半同胞、全同胞子代测定的谱系文件不同，在无性系测定中，来源于同一无性系的个体，其代码是一样的，但在谱系文件中，只需保留单一无性系代码即可，否则生成谱系的逆矩阵就会出错。而在半同胞、全同胞子代测定中，不存在这个问题，因为每个子代个体都是唯一的。

运行结果如下：

```
> summary(ca.asr)$varcomp
                    gamma    component    std.error   z.ratio    constraint
ped(Tree)!ped   0.2932841 4.073835e+03 9.560976e+03 0.4260899      Positive
ide(Tree)!id    0.7490141 1.040411e+04 8.858866e+03 1.1744292      Positive
units!units.var 6.2235574 8.644774e+04 1.144595e+04 7.5526896      Positive
R!variance      1.0000000 1.389041e+04 9.495239e+03 1.4628812      Positive
R!Row.cor       0.7682181 7.682181e-01 2.180904e-01 3.5224750 Unconstrained

> pincalc(ca.asr, h2 ~ V1 / ( V1 + V2 + V3 + V4 ))
    Estimate         SE
h2 0.0354814 0.08228714
> pincalc(ca.asr, rep ~ V2 / ( V1 + V2 + V3 + V4 ))
      Estimate        SE
rep 0.09061544 0.0778636

> pincalc(ca2.asr, rep ~ V1 / ( V1 + V2 + V3 )) # 去除 ped(Tree)后
     Estimate        SE
rep 0.1189591 0.0531971
```

从运行结果可知，当模型中有 ped(Tree)和 ide(Tree)时，可分别计算遗传力和重复力，其值分别为 0.04 和 0.09。而当模型中仅有 ide(Tree)时，则只可计算重复力，其值为 0.12。从数值上看，后者算出的重复力约等于前者的遗传力和重复力之和，这点容易理解，因为前者遗传力中的加性遗传方差来源于后者重复力中的方差分量。因此，以往无性系测定中，估算的重复力往往偏大，其原因可能是重复力中包含了遗传力的值，

而遗传力未能被估算并分离出来。换句话说，对于知道谱系的无性系试验林，利用 ASReml 则可估算遗传力和重复力，而不仅限于以往的重复力，并且所得的试验结果更为准确、可靠。

6.4.4 空间分析

林木改良进程依赖于可重复的田间试验，以估算遗传参数和评价种源、家系和单株(个体)的表现。有时，参试遗传材料比较多，种植地点又不同，这时，要从环境因素中准确分离出遗传效应不太容易。地点的差异意味着环境因子的不同空间属性，比如土壤特性(包括土壤肥力、湿度、质地、深度等)、物候、地形、风压等。此外，同一地点内往往还会显示微环境(microenvironment)、块状(patch)或梯度型(gradient)的环境差异。这些环境差异往往同时出现，虽然有时仅有某个因素占主导作用。

林业上，常用的试验设计有随机完全区组(RCB)设计、裂区设计和随机不完全区组设计。当区组内的环境是一致的、区组间的差异代表环境差异时，随机完全区组设计是有效的。但是林业上所用的区组比较大，区组内的环境差异往往显著，这就大大降低了遗传方差与遗传参数估算的准确性。这时一般采用随机不完全区组(randomized incompleted blocks，RIB)，避免了 RCB 设计的缺陷。

然而，即便是再精细的试验设计，也很难根据地点差异的实际模式来确定设计单元(区组)的界线。因为，地点的差异可以是空间连续的，表现为土壤和小气候效应的相似模式；也可以是不连续的，表现为育林措施和测量方法的不同效应；还可以是随机的，表现为微环境的异质性。即使在同一块地点内，空间连续的差异还可以表现为块状或梯度型的空间差异。

空间分析(spatial anlaysis)已被用于农作物品种的田间试验，试验结果表明，与 RCB 或 RIB 设计相比，空间分析可以减少试验误差并提高农作物品种评估的准确性。林业试验与农作物品种试验有些相似，都需要考虑地点的差异性。然而，林业试验又不同于农业的，因为林业试验材料一般来源于杂交，而且试验材料需要更多的家系和个体数量。试验数量大，试验地多为山地，且常常设在不同地点，还有多次重复测定，这使得林业试验的环境差异更大。此外，林木育种家通过测定个体以选择优树来做杂交，而不仅限于试验材料的比较。因此，林木个体间的竞争比小区间的竞争更为重要。近年来，空间分析也已被应用于林业试验，试验结果表明，空间分析可明显提高种源、家系、亲本和无性系遗传效应估算的准确性。

(1)空间分析的基本原理

对于空间分析，将式(6.1.1)中的误差 e 进一步分解为 $e=\xi+\eta$。ξ 为空间相关的误差，η 为空间不相关的随机误差。η 反应了微环境差异、非加性遗传效应以及测量误差。

Authur 等(1997)将 ξ 设为行、列的自回归 AR1$\otimes$AR1，因此其方差协方差矩阵为：

$$\mathrm{Var}(\xi) = \sigma_{\xi}^{2}[\sum_{c}(\rho_c) \otimes \sum_{r}(\rho_r)]$$

式中，$\otimes$为矩阵的 Kronecker 乘法(kronecker product)；$\sum_{c}(\rho_c)$、$\sum_{r}(\rho_r)$ 为列、行的回

归矩阵，自回归参数分别为 ρ_c、ρ_r。

$\sum_c(\rho_c)$、$\sum_r(\rho_r)$ 回归矩阵具体 如下：

$$\sum_c = \begin{bmatrix} 1 & & & & \\ \rho_c & 1 & & & \\ \rho_c^2 & \rho_c & 1 & & \\ \vdots & \vdots & \vdots & \ddots & \\ \rho_c^{c-1} & \rho_c^{c-2} & \rho_c^{c-3} & \cdots & 1 \end{bmatrix}, \sum_r = \begin{bmatrix} 1 & & & & \\ \rho_r & 1 & & & \\ \rho_r^2 & \rho_r & 1 & & \\ \vdots & \vdots & \vdots & \ddots & \\ \rho_r^{r-1} & \rho_r^{r-2} & \rho_r^{r-3} & \cdots & 1 \end{bmatrix}$$

假定 η 随机误差是独立的，则误差方差协方差矩阵为：

$$\mathrm{Var}(e) = \sigma_\xi^2\left[\sum_c(\rho_c) \otimes \sum_r(\rho_r)\right] + \sigma_\eta^2 \boldsymbol{I}$$

式中，σ_ξ^2为空间相关的误差；σ_η^2为独立的误差；$\boldsymbol{I}$ 为单位矩阵。

空间分析的最佳模型往往并非唯一，而是多个合理的模型。一个合理的空间模型应当包含内在和外在的总体的变异来源。

(2)空间分析的示例

【例 6.4.4.1】以 ASReml 包自带的数据集 barley 为例，进行空间分析。该数据集含有 26 个大麦品种，拉丁方田间设计，6 次重复，10 行、15 列，共 150 个格子。

首先，按 5.1.10 节的代码，利用 R 绘制大麦品种产量的颜色等高图。从图 6-3 可知，局部产量高的连成一片(如圈 1)，局部产量低的连成一片(如圈 2)，说明可能存在着微环境的空间效应，这可为后续的空间分析提供一个直观的参考。

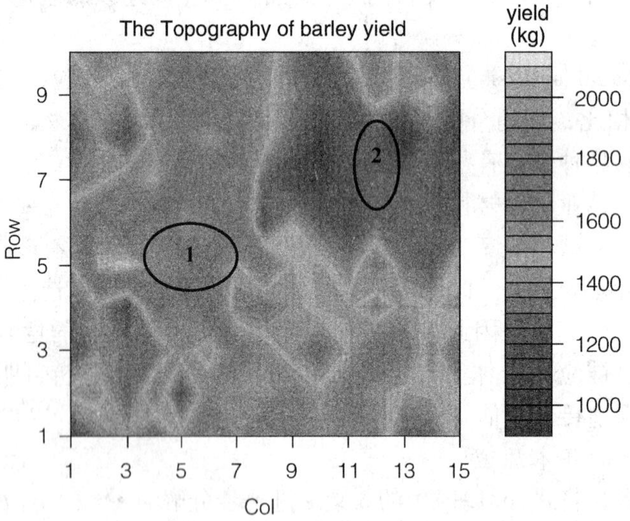

图 6-3　大麦品种产量的颜色等高图

分析代码如下：

```
############ 代码清单 6.4.4.1 ##########
library(asreml)
data(barley)

# 模型 1 二维空间分析 AR1⊗AR1
barley1.asr <-asreml( yield ~ Variety, rcov = ~ ar1(Row) : ar1 (Column), data =
barley )

summary(barley1.asr) $loglik
summary(barley1.asr) $varcomp
wald(barley1.asr)
plot ( variogram ( barley1.asr) )

# 模型 2 二维空间分析 AR1⊗AR1 +测量误差
barley2.asr <-asreml( yield ~ Variety, random = ~ units,
                      rcov = ~ ar1(Row): ar1 (Column), data =barley )

summary(barley2.asr) $loglik
summary(barley2.asr) $varcomp
wald(barley2.asr)
plot ( variogram ( barley2.asr) )

# 模型 3 不完全区组设计
barley3.asr <-asreml( yield ~ Variety, random = ~ Rep + RowBlk + ColBlk,
                      data =barley )

summary(barley3.asr) $loglik
summary(barley3.asr) $varcomp
wald(barley3.asr)
```

模型 1 的运行结果和生成的图 6-4 如下：

```
> summary(barley1.asr) $loglik
[1] -700.3225
> summary(barley1.asr) $varcomp
                 gamma     component     std.error   z.ratio    constraint
R! variance    1.0000000 3.875426e+04 7.752886e+03  4.998688      Positive
R! Row.cor     0.4585937 4.585937e-01 8.257402e-02  5.553729 Unconstrained
R! Column.cor  0.6837686 6.837686e-01 6.329549e-02 10.802801 Unconstrained

> wald(barley1.asr)
Wald tests for fixed effects
Response: yield

Terms added sequentially; adjusted for those above
```

```
               Df Sum of Sq Wald statistic Pr(Chisq)
(Intercept)     1  32975158          850.88 < 2.2e-16 * * *
Variety        24  12130549          313.01 < 2.2e-16 * * *
residual (MS)          38754
- - -
Signif. codes:  0 '* * *' 0.001 '* * ' 0.01 '* ' 0.05 '.' 0.1 ' ' 1
```

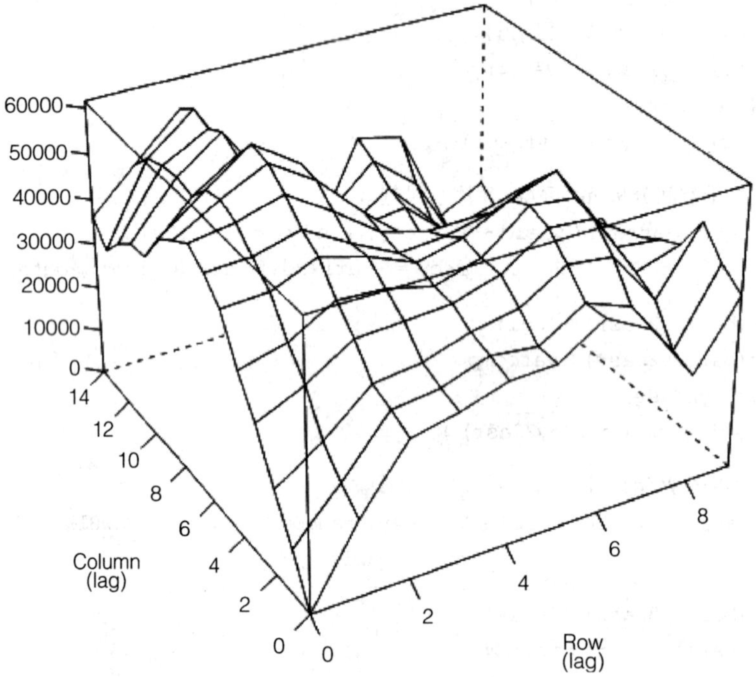

图 6-4　AR1 ⊗AR1 的残差方差图

从运行结果可知，模型 1，REML logL 值 = −700. 3225，column 和 row 回归系数值为 0. 68378 和 0. 45851。模型空间误差 = 38754. 26，z. ratio = 4. 998 > 1. 5，说明空间误差极显著。*F* 统计表明，品种 Variety 效应 *F* 值 = 313. 01，*p* 值 = 2. 2e − 16 < 0. 001，呈极显著。残差方差图表明，图形不规整，除了边缘的少数极端点外，图形基本符合空间分析的模型(图 6-4)。

对于典型的空间模型，误差仅有空间相关的误差时，除了在行列号较小的区域，残差方差图则是比较平坦。如果行号的残差方差明显大于相同列号的残差方差时，说明列效应显著，则需要在模型的随机因子中加入额外的列效应，可见表 6-7。反之，则需加入额外的行效应。

模型 2 的运行结果和生成的图 6-5 如下：

```
> summary(barley2.asr)$loglik
[1] -696.8227
> summary(barley2.asr)$varcomp
                      gamma    component     std.error   z.ratio    constraint
units!units.var   0.1061529 4.861357e+03 1.787499e+03  2.719642       Positive
R!variance        1.0000000 4.579580e+04 1.669801e+04  2.742591       Positive
R!Row.cor         0.6826846 6.826846e-01 1.022617e-01  6.675857 Unconstrained
R!Column.cor      0.8437932 8.437932e-01 6.842695e-02 12.331299 Unconstrained
> wald(barley2.asr)
Wald tests for fixed effects
Response: yield

Terms added sequentially; adjusted for those above

              Df Sum of Sq Wald statistic Pr(Chisq)
(Intercept)    1  11898273         259.81 < 2.2e-16 ***
Variety       24  11237789         245.39 < 2.2e-16 ***
residual (MS)        45796
---
Signif. codes:  0 '***' 0.001 '**' 0.01 '*' 0.05 '.' 0.1 ' ' 1
```

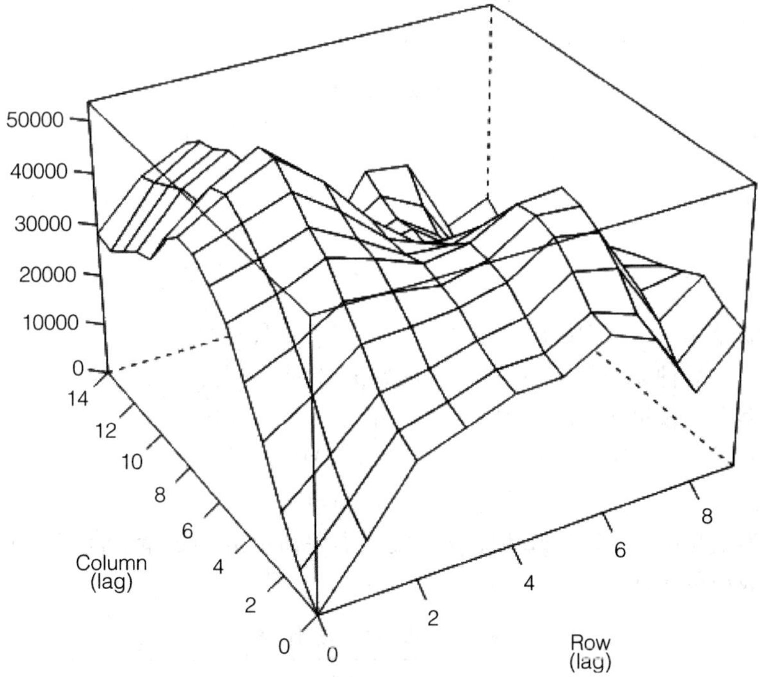

图 6-5 AR1 ⊗AR1 + units 的残差方差图

模型 2 的误差结构为：

$$\mathrm{Var}(e) = \sigma_{\xi}^{2}[\textstyle\sum_{c}(\rho_{c}) \otimes \sum_{r}(\rho_{r})] + \sigma_{\eta}^{2} I_{150}$$

模型 2 的运行结果可知，REML logL 值 = －696. 8227，比模型 1 的大了 3. 4998，column 和 row 回归系数值为 0. 8628 和 0. 6071。空间相关误差为 45795. 8，且 z. ration = 2. 743 >1. 5，随机误差为 4861. 357，且 z. ration =2. 719 > 1. 5，说明空间相关误差和随机误差均显著。由残差方差图(图 6-5)可知，与模型 1 非常相似，只是模型 2 局部块区稍微平滑一些(这是由于随机误差的存在造成的)。

模型 3 的运行结果如下：

```
> summary(barley3. asr) $ loglik
[1] -707. 7857

> summary(barley3. asr) $ varcomp
                        gamma component std. error   z. ratio constraint
Rep! Rep. var         0. 5287136   4262. 387  6890. 100 0. 6186249   Positive
RowBlk! RowBlk. var 1. 9344377 15595. 065  5090. 669 3. 0634608   Positive
ColBlk! ColBlk. var 1. 8372495 14811. 552  4865. 120 3. 0444368   Positive
R! variance           1. 0000000   8061. 808  1340. 461 6. 0142046   Positive

> wald(barley3. asr)
Wald tests for fixed effects

Response: yield

Terms added sequentially; adjusted for those above

               Df Sum of Sq Wald statistic Pr(Chisq)
(Intercept)     1   9805493        1216. 29  < 2. 2e-16 * * *
Variety        24   1711183         212. 26  < 2. 2e-16 * * *
residual (MS)          8062
---
Signif. codes:  0 ‘* * *’ 0. 001 ‘* *’ 0. 01 ‘*’ 0. 05 ‘.’ 0. 1 ‘ ’ 1
```

模型 3 的结果可知，REML logL 值 = －707. 7857，比模型 1、2 分别少了 7. 4632、10. 963。此外，品种 Variety 的 F 值也比模型 1、2 少。

由于模型 3 与模型 1、2 的随机因素差异大，无法直接进行模型之间的比较，这时可以计算 AIC 值，AIC 值越小的模型就越合适。AIC 值的计算公式如下：

$$AIC = -2 \times (\log L - \rho)$$

式中，logL 为模型的 REML logL 值；ρ 为模型中评估参数的数量。注意：AIC 值比较模型时，固定效应的参数需要一致。

表 6-6　模型之间的比较

模型	LogL 值	模型参数	AIC	品种 F 值
AR1⊗AR1	－700. 3225	3	1406. 645	313. 01
AR1⊗AR1 + units	－696. 8227	4	1401. 645	245. 39
不完全区组	－707. 7857	4	1423. 571	212. 26

由表6-6可知，不完全区组的AIC值最大，其次是AR1⊗AR1模型，AIC值最小的是AR1⊗AR1 + units模型。对于AR1⊗AR1 + units模型，不但AIC值最小，而且所有参数效应都显著，因此可认为比较合适的空间模型为AR1⊗AR1 + units模型。

此外，空间分析还可对行、列及其对应的函数转化加入模型的固定效应或随机效应，进行模型的修饰调整，如表6-7所示。

表6-7 空间模型的参数调整

方法	固定效应 fixed effects	随机效应 random effects
1	lin(row) + lin(col)	spl(row) + spl(col) + row + col
2	pol(row, -2) + pol(col, -2)	row + col

上述2种方法，结果基本一样。但需要注意的是，如果行、列号的值比较小时，空间分析的模型应该简单些，不宜过分调整(overfitting)，否则反而会加大试验误差。当然上述各项参数的去留，对于固定效应，则通过 *F* 统计量，保留显著的因子；对于随机效应，根据z. ration大于1.5的原则，保留显著的因子。

更多的空间分析资料，可查阅Burgueno等(2000)编写的 *User's guide for spatial analysis of field trials using ASReml* 和Dutkowski(2005)的博士论文 *Improved models for the prediction of breeding values in trees*。

【例6.4.4.2】某松树全同胞子代测定林，有46个家系，采用随机完全区组(RCB)设计，设7个区组，5株行式小区，整片试验林共35行、40列，目标性状为10年生的胸径，试进行空间分析。

本例中，空间分析的线性模型如表6-8所示。

表6-8 空间分析模型的选择

模型	线性混合模型
SM1: RCB	$y = \mu + rep + plot + tree + e$
SM2: AR1	$y = \mu + tree + \xi$
SM3: AR1η	$y = \mu + tree + \xi + \eta$
SM4: BaseAR1η	$y = \mu + rep + plot + tree + \xi + \eta$
SM5: AR1ηRep	$y = \mu + rep + tree + \xi + \eta$
SM6: PlotAR1η	$y = \mu + plot + tree + \xi + \eta$
SM7: AR1ηEx	$y = \mu + tree + \xi + \eta + pol(\mathrm{row}, -2) + pol(\mathrm{col}, -2)$

注：RCB是随机完全区组设计，AR1是空间自回归模型AR1⊗AR1，AR1η是模型AR1⊗AR1 + units(随机误差η)，BaseAR1η是AR1η模型与试验设计因子组合的混合模型，模型AR1ηRep、PlotAR1η与BaseAR1η模型相似，AR1ηEx模型是最佳模型AR1η的修饰模型。

上述所有模型均采用个体模型，其中μ表示总体平均值，*rep*表示区组效应，*plot*表示小区效应，*tree*表示加性遗传效应，η表示随机误差(或空间不相关误差)，ξ表示空间相关误差，*e*表示残差。上述因子中，除了μ、*pol*(row, -2)和*pol*(col, -2)作为固定效应外，其余都作为随机效应。模型的比较通过AIC值，AIC值越小，模型模拟得越好。最后，在各模型中加入Fam随机效应以计算单株遗传力。

分析代码如下：

```
############## 代码清单 6.4.4.2 ##############
sp <-asreml.read.table( file='sp.csv', header=T, sep=',' )
sp.ped <-sp[ ,c(1:3) ]  #生成谱系
sp.pedinv <-asreml.Ainverse(sp.ped)$ginv  #生成谱系的逆矩阵

SM1.asr <-asreml( dbh10 ~ 1, random = ~ Rep + Plot + ped(Tree),
                  data=sp, ginverse=list( Tree=sp.pedinv ))

SM2.asr <-asreml( dbh10 ~1, random= ~ped(Tree), rcov= ~ar1(Row):ar1(Col),
                  data=sp, maxit=100, ginverse=list( Tree=sp.pedinv ))

SM3.asr <-asreml( dbh10 ~ 1, random = ~ ped(Tree) + units, rcov = ~ ar1(Row):
ar1(Col),data=sp, maxit=100, ginverse=list( Tree=sp.pedinv ))

SM4.asr <-asreml(dbh10 ~ 1, random = ~ Rep + Plot + ped(Tree) + units, rcov =
~ ar1(Row):ar1(Col),data=sp, maxit=100, ginverse=list( Tree=sp.pedinv ))

SM5.asr <-asreml( dbh10 ~ 1, random = ~ Rep + ped(Tree) + units, rcov = ~ ar1
(Row):ar1(Col),data=sp, maxit=100, ginverse=list( Tree=sp.pedinv ))

SM6.asr <-asreml( dbh10 ~ 1, random = ~ Plot + ped(Tree) + units, rcov= ~ ar1
(Row):ar1(Col),data=sp, maxit=100, ginverse=list( Tree=sp.pedinv ))

SM7.asr <-asreml( dbh10 ~ 1 + pol(Row, -2) + pol(Col, -2),
                  random = ~ ped(Tree) + units,
                  rcov = ~ ar1(Row):ar1(Col), maxit=100,
                  data=sp, ginverse=list( Tree=sp.pedinv ))
summary(SM1.asr)$varcomp  #随机效应各变量的方差分量
plot(variogram(SM2.asr))  #绘制空间分析模型的残差方差图
bv <-coef(SM1.asr)$random #个体育种值和亲本育种值(或配合力)
write.csv( bv, file =‘SM1.bv.csv’ )
```

模型 SM1 的运行结果如下：

```
> summary(SM1.asr)$loglik
[1] -1605.97
> summary(SM1.asr)$varcomp
                    gamma     component     std.error  z.ratio constraint
ped(Tree)!ped   8.319732e-01 2.463809e+00 6.468593e-01 3.808880   Positive
Rep!Rep.var     6.396276e-02 1.894196e-01 1.227606e-01 1.543001   Positive
Plot!Plot.var   1.011929e-07 2.996731e-07 3.734002e-08 8.025521   Boundary
R!variance      1.000000e+00 2.961405e+00 3.689984e-01 8.025521   Positive
```

其他模型具体运行的结果都略去，在此仅将上述模型的运行结果整理成表 6-9。

表 6-9　不同分析模型的 AIC 值和参数估计值

模型	AIC	V_r	V_p	V_e	V_η	V_ξ	ρ_{row}	ρ_{col}	V_a	h_i^2
RCB	3218	$0.189^{1.5}$	ns	2.961^{8}					$2.464^{3.8}$	0.165
AR1	3164					$0.814^{1.2}$	0.975^{40}	0.980^{43}	7.620^{24}	0.903
AR1η	3148				2.792^{8}	$0.810^{1.3}$	0.975^{40}	0.979^{42}	$2.198^{3.8}$	0.237
BaseAR1η	3151	ns	ns		2.785^{8}	$0.818^{1.2}$	0.975^{41}	0.979^{42}	$2.201^{3.8}$	0.235
AR1ηEx	3144				$2.532^{6.8}$	0.303^{2}	$0.380^{1.5}$	$0.809^{5.7}$	$2.305^{3.8}$	0.272

注：V_r是区组方差，V_p是小区方差，V_e是残差，V_η是随机误差方差，V_ξ是空间相关误差方差，ρ_{row}、ρ_{col}是行、列自回归相关值，V_a是加性遗传方差，h_i^2是单株遗传力。ns 表示不显著。上标值是 t 检验统计量。$h_i^2 = V_a/(V_a + V_f + V_E)$，$V_a$、$V_f$是加性方差分量和家系方差分量，$V_E$是 V_e或 $V_\eta + V_\xi$。

不同模型的 AIC 值结果表明，随机区组设计(RCB)的模型模拟效果不佳(表 6-9)。AR1 空间模型显著提高了线性拟合效果，而且，AR1η 模型拟合的效果比 AR1 模型更好。BaseAR1η 模型模拟效果不如 AR1η 模型，而其他的 AR1ηRep 和 PlotAR1η 模拟结果都没 BaseAR1η 模型好，故在本文中均舍弃不考虑。由此可知，本试验空间分析的最佳拟合模型是 AR1η 模型。

模型拟合的参数估计值(表 6-9)结果表明，对于 RCB 模型，Plot 效应不显著。对于加性遗传方差(V_a)，所有参试的模型中，V_a都是显著的($p < 0.05$)。与 RCB 模型相比，AR1 模型，显著提高了 V_a的值，但在后续的最佳模型 AR1η 中，V_a的值又下降了，这说明 AR1 模型不准确而导致 V_a异常增大，与 Dutkowski (2005)的研究结果相似。误差方差方面，AR1 模型中，空间相关误差方差 V_ξ明显低于 RCB 的误差方差 V_e(也意味着 AR1 模型的不准确)，同时行、列自回归相关值的趋势类似且相关值接近 1。而最佳模型 AR1η 中，因 V_η和 V_ξ的比值为 3.4，可见误差方差主要是随机误差方差 V_η。遗传力方面，与 RCB 模型($h_i^2 = 0.165$)相比，空间分析模型，单株遗传力 h_i^2均提高了，而不准确的 AR1 空间模型 h_i^2(0.903)明显被高估。上述结果表明，合理的空间模型，可更精确地分离并估算环境误差，进而提高遗传参数估算的准确性。

残差方差图(图 6-6)结果显示，模型 SM4、SM5、SM6 的图形基本一致，也与最佳模型 SM3 的图形非常接近，至于 SM2 模型，相对而言，图形表面比较平滑。由最佳模型 SM3 延伸的修饰模型 SM7，可以看出残差方差图变化较大。而且，由 AIC 值可知，模型 SM7 的空间拟合效果优于 SM3，模型 SM7 估算的单株遗传力 h_i^2也比模型 SM3 的高些。不过，在不同性状中，并非所有的最佳模型均可得到合适的延伸修饰模型。

最后，关于育种值和配合力的情况，本书不做详细介绍，读者可按全同胞子代测定的类似方法自行分析。

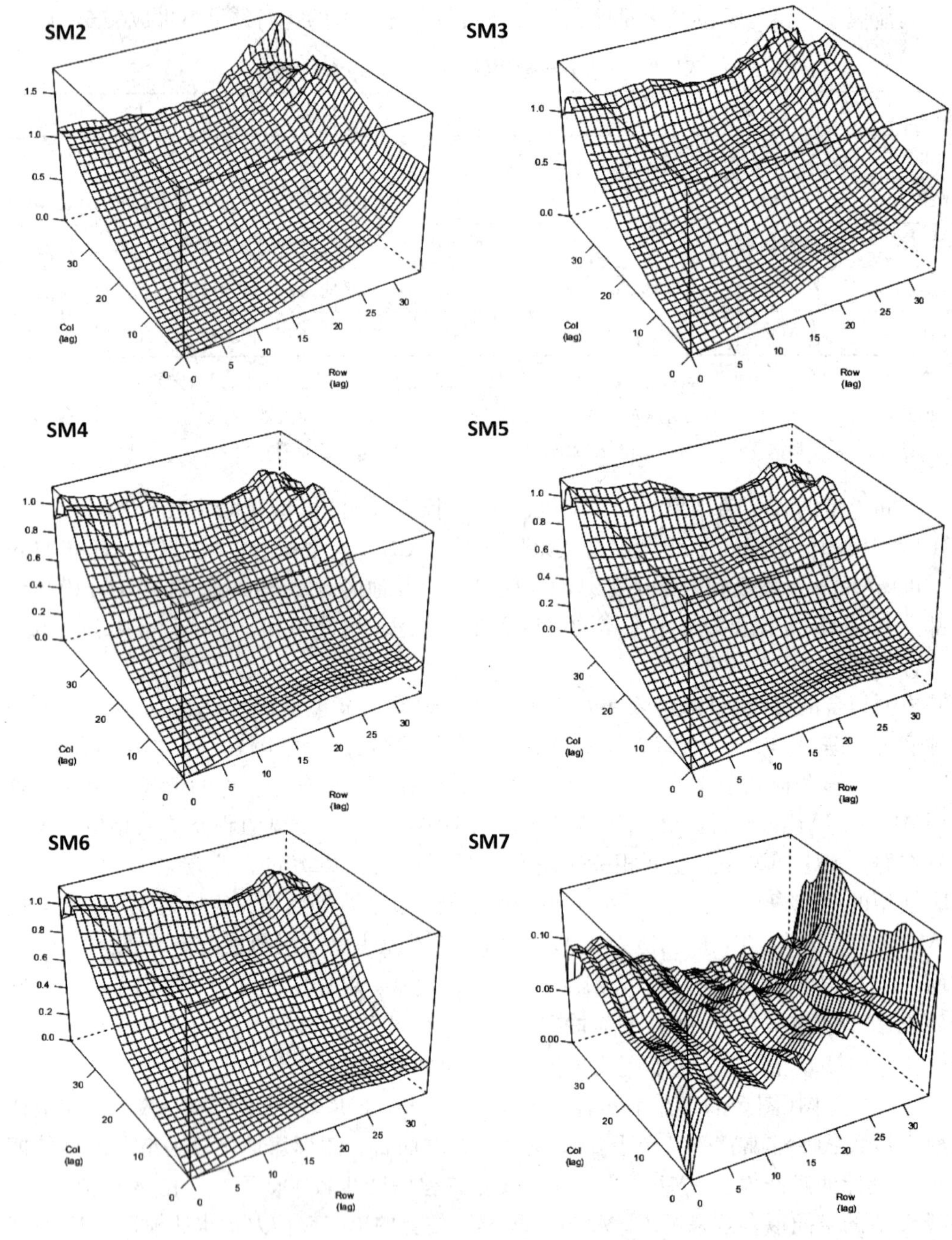

图 6-6　不同空间分析模型的残差方差图

6.4.5　多地点试验——G × E 分析

多地点试验(mulit-environment trials, MET)，一般分为 3 个阶段：首先为初试阶段，试验地点较少，试验重复也较少，但参试遗传材料较多；其次为中试阶段，试验地点 10 ~ 15 个，重复 3 ~ 4 次，参试遗传材料 30 ~ 50 个；最后为大规模试验阶段，试验区域更广、地点更多，而且多年份测定。在 ASReml 软件中，可以使用因子分析法(factor analysis)来进行多地点试验的分析，以寻找适合各地点的最佳遗传材料(“适地适材”)或所有试验地点的通用遗传材料(“通地通材”)。

【例 6.4.5】某植物有基因型 36 种，试验地点为 6 个，采用拉丁方田间设计，除了第 3 个地点为 9 行、12 列，其余地点均为 6 行、18 列，重复为 3 次，区组为 6 个，目标性状为产量 yield，试进行该多地点试验的分析。

本试验的通用线性模型为：

$$y_{ij} = \mu + S_i + SG_{i(j)} + \xi_i$$

式中，y_{ij}为第 i 个地点第 j 个基因型的观测值；μ 为所有观测值的平均值；S_i为地点效应；$SG_{i(j)}$为地点和基因型互作效应；ξ_i为第 i 个地点空间相关误差。其中，μ、S_i作为固定效应，其余都作为随机效应。

分析代码如下：

```
############## 代码清单 6.4.5 MET analysis #############
library(asreml)
MET <-asreml.read.table( file = 'MET.csv', header = T, sep = ',' )
MET $ yield <-MET $ yield * 0.001

m1 <-asreml( yield ~ Loc, random = ~ Genotype:Loc,
             rcov = ~ at(Loc):ar1(Col):ar1(Row), data = MET )

m2 <-asreml( yield ~ Loc, random = ~ Genotype:corh(Loc),
             rcov = ~ at(Loc):ar1(Col):ar1(Row), data = MET, maxiter = 100 )

m3 <-asreml( yield ~ Loc, random = ~ Genotype:fa(Loc, 1),
             rcov = ~ at(Loc):ar1(Col): ar1(Row), data = MET, maxiter = 100 )

m4 <-asreml( yield ~ Loc, random = ~ Genotype:fa(Loc, 2),
             rcov = ~ at(Loc):ar1(Col):ar1(Row), data = MET, maxiter = 100 )

m5 <-asreml( yield ~ Loc, random = ~ Genotype:us(Loc),
             rcov = ~ at(Loc):ar1(Col):ar1(Row), data = MET, maxiter = 100 )

summary(m1) $ loglik
summary(m1) $ varcomp
plot( variogram(m2), col = "blue", main = "Model 2 " )

m2b <-update( m2, random = ~ Genotype:corh(Loc) + units, maxit = 100 )
plot( variogram(m2b), col = "blue", main = "Model 2 new" )
```

运行结果如下：

```
> summary(m1)$loglik
[1] 246.5798
> summary(m1)$varcomp
                          gamma   component   std.error     z.ratio    constraint
Genotype:Loc!
Genotype.var         0.03036250  0.03036250 0.007551405  4.02077512      Positive
Loc_1!variance       0.13139962  0.13139962 0.020906265  6.28517914      Positive
Loc_1!Col.cor        0.01075603  0.01075603 0.112922567  0.09525134 Unconstrained
Loc_1!Row.cor       -0.02360206 -0.02360206 0.124081962 -0.19021348 Unconstrained
Loc_2!variance       0.20945012  0.20945012 0.034599328  6.05358928      Positive
Loc_2!Col.cor        0.17366267  0.17366267 0.109968817  1.57919922 Unconstrained
Loc_2!Row.cor        0.26819973  0.26819973 0.123496906  2.17171213 Unconstrained
Loc_3!variance       0.23021867  0.23021867 0.043819825  5.25375608      Positive
Loc_3!Col.cor        0.55976903  0.55976903 0.081920701  6.83305954 Unconstrained
Loc_3!Row.cor       -0.05805509 -0.05805509 0.137709863 -0.42157536 Unconstrained
Loc_4!variance       0.28493007  0.28493007 0.055105204  5.17065623      Positive
Loc_4!Col.cor        0.50165801  0.50165801 0.101856304  4.92515430 Unconstrained
Loc_4!Row.cor        0.13904260  0.13904260 0.117846134  1.17986557 Unconstrained
Loc_5!variance       0.09144657  0.09144657 0.014653872  6.24043770      Positive
Loc_5!Col.cor       -0.07459002 -0.07459002 0.136587304 -0.54609778 Unconstrained
Loc_5!Row.cor        0.01463514  0.01463514 0.127174887  0.11507889 Unconstrained
Loc_6!variance       0.08085428  0.08085428 0.013903188  5.81552086      Positive
Loc_6!Col.cor        0.33115676  0.33115676 0.100754941  3.28675458 Unconstrained
Loc_6!Row.cor        0.12230749  0.12230749 0.139721858  0.87536405 Unconstrained
> summary(m2)$loglik
[1] 266.7036
> summary(m2)$varcomp
                         gamma    component    std.error    z.ratio    constraint
Genotype:Loc!
Loc.cor           0.9622239976 0.9622239976 0.1586911544 6.06350115 Unconstrained
Genotype:Loc!
Loc.1             0.0548262389 0.0548262389 0.0230425770 2.37934493      Positive
Genotype:Loc!
Loc.2             0.0336970370 0.0336970370 0.0197732071 1.70417661      Positive
Genotype:Loc!
Loc.3             0.0489986729 0.0489986729 0.0228164049 2.14751943      Positive
Genotype:Loc!
Loc.4             0.0108908691 0.0108908691 0.0107125781 1.01664314      Positive
Genotype:Loc!
Loc.5             0.0344686098 0.0344686098 0.0156453650 2.20311957      Positive
Genotype:Loc!
Loc.6             0.0001211817 0.0001211817 0.0006916122 0.17521631      Positive
Loc_1!variance    0.1213970677 0.1213970677 0.0193531673 6.27272351      Positive
```

```
Loc_1! Col.cor    0.1014431856  0.1014431856  0.1060445875   0.95660880  Unconstrained
Loc_1! Row.cor    0.0453505299  0.0453505299  0.1175758008   0.38571313  Unconstrained
Loc_2! variance   0.2115020144  0.2115020144  0.0336520099   6.28497422       Positive
Loc_2! Col.cor    0.1261707587  0.1261707587  0.1037507062   1.21609542  Unconstrained
Loc_2! Row.cor    0.2822845798  0.2822845798  0.1190384999   2.37137212  Unconstrained
Loc_3! variance   0.2268967051  0.2268967051  0.0418047947   5.42752827       Positive
Loc_3! Col.cor    0.5377093272  0.5377093272  0.0804137688   6.68678182  Unconstrained
Loc_3! Row.cor    0.0110459058  0.0110459058  0.1327563817   0.08320433  Unconstrained
Loc_4! variance   0.3060878393  0.3060878393  0.0541520622   5.65237642       Positive
Loc_4! Col.cor    0.4633520283  0.4633520283  0.0950762846   4.87347639  Unconstrained
Loc_4! Row.cor    0.1508325353  0.1508325353  0.1065545525   1.41554285  Unconstrained
Loc_5! variance   0.0858977884  0.0858977884  0.0132865789   6.46500421       Positive
Loc_5! Col.cor   -0.0589425033 -0.0589425033  0.1246399018  -0.47290236  Unconstrained
Loc_5! Row.cor    0.0691777023  0.0691777023  0.1221918798   0.56613993  Unconstrained
Loc_6! variance   0.0952730708  0.0952730708  0.0145986008   6.52617825       Positive
Loc_6! Col.cor    0.3166093835  0.3166093835  0.0888742154   3.56244364  Unconstrained
Loc_6! Row.cor    0.1033317058  0.1033317058  0.1109395797   0.93142327  Unconstrained
> summary(m3)$loglik
[1] 269.06
> summary(m3)$varcomp
                                gamma    component   std.error      z.ratio     constraint
Genotype:fa(Loc, 1)!
Loc.1.var                 0.000000000  0.000000000          NA           NA       Boundary
Genotype:fa(Loc, 1)!
Loc.2.var                 0.012679518  0.012679518  0.021160969   0.59919361      Positive
Genotype:fa(Loc, 1)!
Loc.3.var                 0.024957366  0.024957366  0.019891761   1.25465844      Positive
Genotype:fa(Loc, 1)!
Loc.4.var                 0.028454524  0.028454524  0.023748689   1.19815136      Positive
Genotype:fa(Loc, 1)!
Loc.5.var                 0.000000000  0.000000000          NA           NA       Boundary
Genotype:fa(Loc, 1)!
Loc.6.var                 0.007157990  0.007157990  0.008292244   0.86321507      Positive
Genotype:fa(Loc, 1)!
Loc.1.fa1                 0.234271013  0.234271013  0.047834150   4.89756821  Unconstrained
Genotype:fa(Loc, 1)!
Loc.2.fa1                 0.173694828  0.173694828  0.057092790   3.04232509  Unconstrained
Genotype:fa(Loc, 1)!
Loc.3.fa1                 0.191262101  0.191262101  0.058552281   3.26651834  Unconstrained
Genotype:fa(Loc, 1)!
Loc.4.fa1                 0.117403972  0.117403972  0.059586367   1.97031599  Unconstrained
Genotype:fa(Loc, 1)!
Loc.5.fa1                 0.185815824  0.185815824  0.040812680   4.55289441  Unconstrained
Genotype:fa(Loc, 1)!
Loc.6.fa1                 0.018563196  0.018563196  0.034656737   0.53563022  Unconstrained
```

```
Loc_1! variance      0.121148617  0.121148617  0.018645747   6.49738602      Positive
Loc_1! Col. cor      0.100881741  0.100881741  0.106461883   0.94758554 Unconstrained
Loc_1! Row. cor      0.037657342  0.037657342  0.117536580   0.32038828 Unconstrained
Loc_2! variance      0.201183407  0.201183407  0.034996219   5.74871833      Positive
Loc_2! Col. cor      0.125890170  0.125890170  0.108419929   1.16113496 Unconstrained
Loc_2! Row. cor      0.282236346  0.282236346  0.124469105   2.26752129 Unconstrained
Loc_3! variance      0.220266872  0.220266872  0.043391964   5.07621348      Positive
Loc_3! Col. cor      0.599192899  0.599192899  0.079410941   7.54547037 Unconstrained
Loc_3! Row. cor      0.005045586  0.005045586  0.146857534   0.03435701 Unconstrained
Loc_4! variance      0.267848035  0.267848035  0.052115577   5.13950055      Positive
Loc_4! Col. cor      0.481505949  0.481505949  0.102211234   4.71089066 Unconstrained
Loc_4! Row. cor      0.156791032  0.156791032  0.118846687   1.31927137 Unconstrained
Loc_5! variance      0.085683755  0.085683755  0.012911777   6.63609313      Positive
Loc_5! Col. cor     -0.051977081 -0.051977081  0.123992951  -0.41919384 Unconstrained
Loc_5! Row. cor      0.062641166  0.062641166  0.122390474   0.51181406 Unconstrained
Loc_6! variance      0.087115386  0.087115386  0.015322537   5.68544125      Positive
Loc_6! Col. cor      0.325203793  0.325203793  0.093951627   3.46139607 Unconstrained
Loc_6! Row. cor      0.120870852  0.120870852  0.122267817   0.98857455 Unconstrained
> summary(m4)$loglik
[1] 275.6498
> summary(m4)$varcomp
                                      gamma    component  std. error   z. ratio    constraint
Genotype:fa(Loc, 2)!
Loc. 1. var                    5.700486e-07 5.700486e-07          NA         NA      Boundary
Genotype:fa(Loc, 2)!
Loc. 2. var                    1.402621e-02 1.402621e-02  0.02105781  0.6660812      Positive
Genotype:fa(Loc, 2)!
Loc. 3. var                    0.000000e+00 0.000000e+00          NA         NA      Boundary
Genotype:fa(Loc, 2)!
Loc. 4. var                    0.000000e+00 0.000000e+00          NA         NA      Boundary
Genotype:fa(Loc, 2)!
Loc. 5. var                    0.000000e+00 0.000000e+00          NA         NA      Boundary
Genotype:fa(Loc, 2)!
Loc. 6. var                    0.000000e+00 0.000000e+00          NA         NA      Boundary
Genotype:fa(Loc, 2)!
Loc. 1. fa1                    2.319794e-01 2.319794e-01  0.04729725  4.9047132 Unconstrained
Genotype:fa(Loc, 2)!
Loc. 2. fa1                    1.682522e-01 1.682522e-01  0.05619246  2.9942136 Unconstrained
Genotype:fa(Loc, 2)!
Loc. 3. fa1                    2.142218e-01 2.142218e-01  0.05560666  3.8524482 Unconstrained
Genotype:fa(Loc, 2)!
Loc. 4. fa1                    1.223297e-01 1.223297e-01  0.06789750  1.8016826 Unconstrained
Genotype:fa(Loc, 2)!
Loc. 5. fa1                    1.857521e-01 1.857521e-01  0.04134853  4.4923512 Unconstrained
Genotype:fa(Loc, 2)!
Loc. 6. fa1                    1.380642e-02 1.380642e-02  0.03870017  0.3567536 Unconstrained
```

```
Genotype:fa(Loc, 2)!
Loc.1.fa2              0.000000e+00  0.000000e+00          NA          NA         Fixed
Genotype:fa(Loc, 2)!
Loc.2.fa2              1.146971e-02  1.146971e-02  0.06751219   0.1698910 Unconstrained
Genotype:fa(Loc, 2)!
Loc.3.fa2             -1.183034e-01 -1.183034e-01  0.06104093  -1.9381004 Unconstrained
Genotype:fa(Loc, 2)!
Loc.4.fa2              2.009680e-01  2.009680e-01  0.06166077   3.2592517 Unconstrained
Genotype:fa(Loc, 2)!
Loc.5.fa2              3.840888e-02  3.840888e-02  0.05263345   0.7297429 Unconstrained
Genotype:fa(Loc, 2)!
Loc.6.fa2              1.056154e-01  1.056154e-01  0.03563026   2.9642065 Unconstrained
Loc_1!variance         1.235009e-01  1.235009e-01  0.01884968   6.5518801      Positive
Loc_1!Col.cor          1.170855e-01  1.170855e-01  0.10497676   1.1153469 Unconstrained
Loc_1!Row.cor          6.164550e-02  6.164550e-02  0.11568466   0.5328754 Unconstrained
Loc_2!variance         2.018144e-01  2.018144e-01  0.03519865   5.7335827      Positive
Loc_2!Col.cor          1.232347e-01  1.232347e-01  0.10895632   1.1310470 Unconstrained
Loc_2!Row.cor          2.870139e-01  2.870139e-01  0.12445200   2.3062214 Unconstrained
Loc_3!variance         2.195511e-01  2.195511e-01  0.04248448   5.1677946      Positive
Loc_3!Col.cor          5.944575e-01  5.944575e-01  0.07774851   7.6459021 Unconstrained
Loc_3!Row.cor          3.353072e-02  3.353072e-02  0.14032697   0.2389471 Unconstrained
Loc_4!variance         2.479609e-01  2.479609e-01  0.04604500   5.3851859      Positive
Loc_4!Col.cor          4.703509e-01  4.703509e-01  0.10033259   4.6879173 Unconstrained
Loc_4!Row.cor          1.403565e-01  1.403565e-01  0.11733314   1.1962221 Unconstrained
Loc_5!variance         8.473696e-02  8.473696e-02  0.01268572   6.6797140      Positive
Loc_5!Col.cor         -6.549859e-02 -6.549859e-02  0.12361792  -0.5298470 Unconstrained
Loc_5!Row.cor          7.003757e-02  7.003757e-02  0.12145968   0.5766322 Unconstrained
Loc_6!variance         8.307776e-02  8.307776e-02  0.01361579   6.1015766      Positive
Loc_6!Col.cor          3.489363e-01  3.489363e-01  0.09147728   3.8144583 Unconstrained
Loc_6!Row.cor          7.976436e-02  7.976436e-02  0.12082295   0.6601756 Unconstrained
> summary(m5)$loglik
  [1] 275.3944
  > summary(m5)$varcomp
                                 gamma    component   std.error      z.ratio constraint
Genotype:Loc!Loc.1:1       0.055383020  0.055383020 0.023992074   2.30838824          ?
Genotype:Loc!Loc.2:1       0.040996685  0.040996685 0.018424081   2.22516849          ?
Genotype:Loc!Loc.2:2       0.043601183  0.043601183 0.026215234   1.66320023          ?
Genotype:Loc!Loc.3:1       0.046752887  0.046752887 0.018434313   2.53618813          ?
Genotype:Loc!Loc.3:2       0.035012620  0.035012620 0.017973149   1.94805150          ?
Genotype:Loc!Loc.3:3       0.055767328  0.055767328 0.023911778   2.33221162          ?
Genotype:Loc!Loc.4:1       0.025445870  0.025445870 0.017773785   1.43165175          ?
Genotype:Loc!Loc.4:2       0.024227374  0.024227374 0.018414249   1.31568628          ?
Genotype:Loc!Loc.4:3      -0.000953089 -0.000953089 0.017250343  -0.05525044          ?
Genotype:Loc!Loc.4:4       0.052947927  0.052947927 0.028507285   1.85734725          ?
Genotype:Loc!Loc.5:1       0.044001093  0.044001093 0.015861437   2.77409243          ?
Genotype:Loc!Loc.5:2       0.033317929  0.033317929 0.015823730   2.10556737          ?
```

```
Genotype:Loc!Loc.5:3   0.034716511  0.034716511  0.015513108   2.23788237             ?
Genotype:Loc!Loc.5:4   0.028670013  0.028670013  0.015741874   1.82125798             ?
Genotype:Loc!Loc.5:5   0.038668612  0.038668612  0.017800565   2.17232499             ?
Genotype:Loc!Loc.6:1   0.003887828  0.003887828  0.010120942   0.38413695             ?
Genotype:Loc!Loc.6:2   0.001922073  0.001922073  0.010626380   0.18087753             ?
Genotype:Loc!Loc.6:3  -0.008811967 -0.008811967  0.010150624  -0.86812069             ?
Genotype:Loc!Loc.6:4   0.022641823  0.022641823  0.011473580   1.97338786             ?
Genotype:Loc!Loc.6:5   0.007345171  0.007345171  0.008746524   0.83978174             ?
Genotype:Loc!Loc.6:6   0.012768396  0.012768396  0.009533519   1.33931624             ?
Loc_1!variance         0.121596485  0.121596485  0.020365452   5.97072359      Positive
Loc_1!Col.cor          0.111150902  0.111150902  0.106256671   1.04606045 Unconstrained
Loc_1!Row.cor          0.047886301  0.047886301  0.119929667   0.39928653 Unconstrained
Loc_2!variance         0.202300141  0.202300141  0.035330809   5.72588483      Positive
Loc_2!Col.cor          0.109893643  0.109893643  0.110224101   0.99700194 Unconstrained
Loc_2!Row.cor          0.293370726  0.293370726  0.124303768   2.36011128 Unconstrained
Loc_3!variance         0.218868311  0.218868311  0.042612619   5.13623236      Positive
Loc_3!Col.cor          0.588036737  0.588036737  0.080675408   7.28892173 Unconstrained
Loc_3!Row.cor          0.025350826  0.025350826  0.139847058   0.18127536 Unconstrained
Loc_4!variance         0.248979093  0.248979093  0.046902595   5.30842895      Positive
Loc_4!Col.cor          0.472294598  0.472294598  0.101864743   4.63648743 Unconstrained
Loc_4!Row.cor          0.139329304  0.139329304  0.117518983   1.18558977 Unconstrained
Loc_5!variance         0.084240675  0.084240675  0.013522089   6.22985680      Positive
Loc_5!Col.cor         -0.069620937 -0.069620937  0.127227598  -0.54721568 Unconstrained
Loc_5!Row.cor          0.069560415  0.069560415  0.123492395   0.56327691 Unconstrained
Loc_6!variance         0.081986503  0.081986503  0.014118330   5.80709624      Positive
Loc_6!Col.cor          0.348888710  0.348888710  0.093247058   3.74155195 Unconstrained
Loc_6!Row.cor          0.080252864  0.080252864  0.124936974   0.64234679 Unconstrained
```

上述结果中，m5 模型中 US 方差协方差矩阵因参数过多[$6\times(6+1)/2=21$ 个参数]而无法收敛外，其他模型都可以收敛。因此，m5 模型所得的结果也不可靠，故在下文中舍弃不予考虑。同时，上述各模型经 LRT 检验[1 - pchisq(2 * (loglik2 - loglik1), df]，其中 loglik 是模型 logL 值，df 是两模型参数总数之间的差值，比较结果显示，m4 是最佳模型，m3 与 m2 模型结果相似，m1 模型最一般。

现在以 m4 模型的结果进一步进行分析。

其中，fa(Loc, 2)表示使用 2 个公共因子，Genotype:fa(Loc,2)!Loc.1.var 是地点 1 的特殊方差(special variances)，Genotype:fa(Loc,2)!Loc.1.fa1 是地点 1 在第一因子上的载荷(loadings)，Genotype:fa(Loc,2)!Loc.1.fa2 是地点 1 在第二因子上的载荷。

将 6 个地点的特殊方差、因子载荷分别组成下述的 $\boldsymbol{\psi}$ 对角矩阵(w2 = 0.0014)和 $\boldsymbol{\Gamma}$ 矩阵：

$$\begin{matrix}\boldsymbol{\psi}_1\\ \boldsymbol{\psi}_2\\ \\ \boldsymbol{\psi}=\\ \\ \\ \end{matrix}\begin{vmatrix} 0 & & & & & \\ & w2 & & & & \\ & & 0 & & & \\ & & & 0 & & \\ & & & & 0 & \\ & & & & & 0\end{vmatrix},\quad \boldsymbol{\Gamma}=\begin{vmatrix} 0.232 & 0.000 \\ 0.168 & 0.011 \\ 0.214 & 0.118 \\ 0.122 & 0.201 \\ 0.186 & 0.038 \\ 0.014 & 0.106 \end{vmatrix}\begin{matrix}\boldsymbol{\Gamma}_1\\ \boldsymbol{\Gamma}_2\\ \\ \\ \\ \\ \end{matrix}$$

地点的方差 $V_1=\boldsymbol{\Gamma}_1\times\boldsymbol{\Gamma}_1'+\boldsymbol{\psi}_1$，$V_2=\boldsymbol{\Gamma}_2\times\boldsymbol{\Gamma}_2'+\boldsymbol{\psi}_2$，协方差 $Cov_{12}=\boldsymbol{\Gamma}_1\times\boldsymbol{\Gamma}_2'$，相关值 $r_{12}=Cov_{12}/\sqrt{V_1\times V_2}$，其余依此类推，本书不具体计算。本书采用 ASReml-win 版本可直接得到下述的结果：

Covariance/Variance/Correlation Matrix XFA xfa(Loc, 2).Genotype

0.5382E-01	0.8164	0.8753	0.5201	0.9798	0.1300
0.3902E-01	0.4246E-01	0.6879	0.4719	0.8110	0.1610
0.4967E-01	0.3467E-01	0.5983E-01	0.4233E-01	0.7610	-0.3656
0.2841E-01	0.2289E-01	0.2438E-02	0.5544E-01	0.6803	0.9145
0.4310E-01	0.3169E-01	0.3530E-01	0.3038E-01	0.3596E-01	0.3256
0.3214E-02	0.3535E-02	-0.9528E-02	0.2294E-01	0.6578E-02	0.1135E-01

上述的结果中，对角线为各地点的方差，左下三角矩阵为各地点之间的协方差，右上三角矩阵为各地点之间的相关。利用此相关值，可以进行地点间的聚类分析，来了解地点间的变异模式。读者可按 4.12.1 章节的变量聚类方法，进行地点相关值的聚类分析（图 6-7），结果显示，地点 4 和 6 比较相似、聚为一类，地点 1、2、3、5 比较相似并聚为另一类。

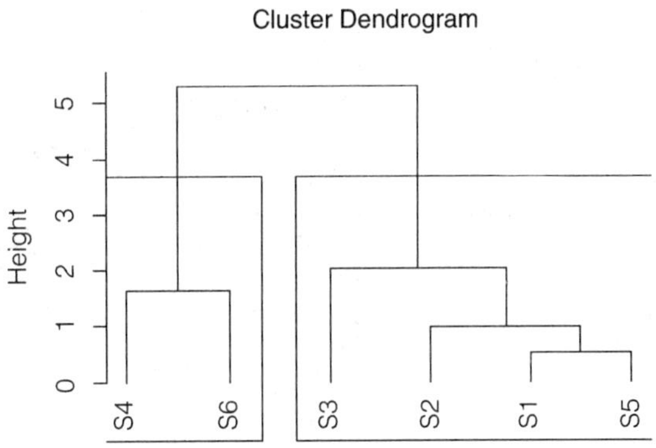

图 6-7　试验地点相关值的聚类图

此外，还可对各地点的因子载荷值与各基因型的育种值利用 R 语言的 biplot( ) 函数绘制因子分析图，以此来分析地点间的变异模式以及各基因型在各试验地点的表现，以筛选出“适地适树”和“通地通树”。这部分，本书不做介绍。

6.4.6　遗传相关分析

遗传相关（genetic correlation）是指同一生物群体两个性状之间、同一性状不同年份或不同地点之间由于遗传因素造成的相关。表型方差可分为遗传方差与环境方差，同样的表型协方差也可分为遗传协方差与环境协方差，因此可以计算与此相应的表型相关、遗传相关以及环境相关。林业上，开展林木相同性状早晚相关或不同性状间的遗传相关以及 B 型相关是遗传测定的重要内容之一，也是开展林木早期选择和间接选择的重要依据。

6.4.6.1 早晚相关

早晚相关(juvenile-mature correlation)是指同一性状在不同年份之间的遗传相关，也称年年相关(age-age correlation)，是早期选择的重要参数，记为 r_{aa}。一般来说，林木材性性状的早晚相关值高于生长性状的。当某性状的早晚相关值比较高时，就可通过早期选择来缩短育种的周期，对于轮伐期长的林木而言，尤为重要。

r_{aa}的计算公式如下：

$$r_{aa} = \frac{Cov_{a1,a2}}{\sqrt{V_{a1} \times V_{a2}}} \qquad (6.4.6.1)$$

式中，$Cov_{a1,a2}$为性状不同年份的协方差；V_{a1}、V_{a2}为性状不同年份的遗传方差。

ASReml 软件中，有 2 种方法获得遗传相关：方法一是设置 us 方差协方差矩阵，通过公式(6.4.6.1)计算相关值；方法二是设置 corgh 相关矩阵，直接获得相关值。

现以例 6.2 的数据进行树高 $h1$ 和 $h5$ 的早晚相关计算，分析代码如下：

```
########## 代码清单 6.4.6.1 age-age corr ##########
library(asreml)
df <-asreml.read.table( file = 'fm.csv', header = T, sep = ',' )
# names(df)
#### 方法一 us 矩阵 ###
h.asr <-asreml( cbind(h1, h5) ~ trait + trait:Rep, random = ~ us(trait):Fam,
             rcov = ~ units:diag(trait), maxit = 100, data = df )

summary(h.asr) $varcomp
wald(h.asr)

pincalc <-dget("pin.R")  #载入 pin()函数
summary(h.asr) $varcomp[ ,1:3]
pincalc( h.asr, r.aa ~ V2/sqrt(V1 * V3) )

#### 方法二 corgh 矩阵 ###
h.asr2 <-asreml(cbind(h1, h5) ~ trait + trait:Rep, random = ~ corgh(trait):Fam,
             rcov = ~ units:diag(trait), maxit = 100, data = df )

summary(h.asr2) $varcomp
```

运行结果如下：

```
> pincalc( h.asr, r.aa ~ V2/sqrt(V1 * V3) )  # 方法一
     Estimate        SE
r.aa 0.8013528 0.2392254
> summary(h.asr2) $varcomp  # 方法二
```

```
                              gamma     component   std.error    z.ratio    constraint
trait:Fam! trait.h5:
! trait.h1.cor            0.8013528     0.8013528   0.2392255   3.349780 Unconstrained
trait:Fam! trait.h1      12.1437061    12.1437061   3.0345862   4.001767      Positive
trait:Fam! trait.h5     250.3500330   250.3500330 153.2916532   1.633162      Positive
R! variance               1.0000000     1.0000000          NA         NA         Fixed
R! trait.h1.var          52.7821128    52.7821128   2.6918983  19.607767      Positive
R! trait.h5.var        7920.0599369  7920.0599369 404.6556103  19.572347      Positive
```

运行结果说明：方法一直接给出相关值和误差，方法二中也给出了相关值和误差，为 trait：Fam！ trait. h5：！ trait. h1. cor 所对应的 component（相关值）、std. error（误差值），后者还可以根据 z. ratio 判断相关的显著性水平。

由上可知，该试验中，2 种方法的计算结果一致，树高 *h1* 和 *h5* 的年年相关均为 0. 801 ± 0. 239，按表 6-1 的方法，很容易得知，树高 *h1* 和 *h5* 之间的年年相关为显著遗传相关。实际分析中，第一种方法更常用，即使用 us 方差协方差矩阵；第二种方法较少用，因为有时模型难以收敛，或者收敛了，但相关值未能得到。

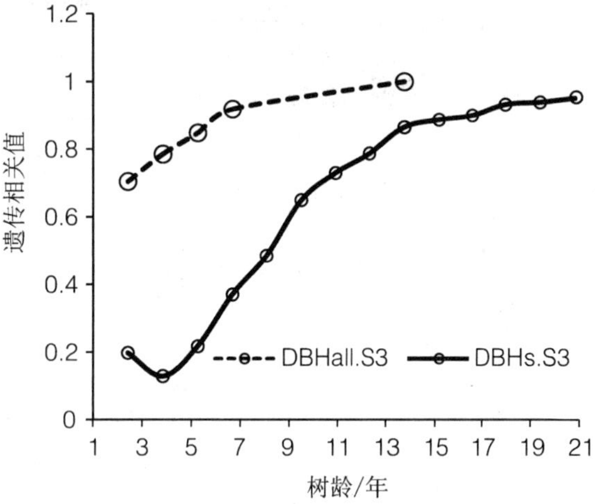

图 6-8　某松树胸径不同树龄的早晚遗传相关

用上述的第一种方法，笔者曾分析了某松树半轮伐期前和近轮伐期的胸径早晚相关，结果显示，早晚相关均随着树龄的增加而加大，如图 6-8 所示。在半轮伐期前，该松树胸径的早晚相关一直较大（ >0. 6）；而对于近轮伐期，则胸径的早晚相关在幼年期时比较小，直到第 7 年，相关值才超过 0. 6，之后早晚相关逐年增强。

6. 4. 6. 2　性状相关

性状相关（trait-trait correlation）是指不同性状之间的遗传相关，是间接选择的重要参数，记为 r_{tt}。一般来说，林木生长性状之间呈正相关，而与材性性状之间呈负相关。当两个性状之间呈强烈的正相关，且亲本在第一个性状上的育种值较高时，则其在第二个性状上的育种值也较高，于是通过该亲本就有可能同时改良这两个性状。

r_{tt}的计算公式如下：

$$r_{tt} = \frac{Cov_{t1,t2}}{\sqrt{V_{t1} \times V_{t2}}} \qquad (6.4.6.2)$$

式中，$Cov_{t1,t2}$为两性状的协方差；V_{t1}、V_{t2}为两性状的遗传方差。

现有某杉木种源试验的数据集 df，计算性状胸径 *dbh* 和密度 *wd* 之间的遗传相关。计算方法也有 2 种，与早晚相关类似。分析代码如下：

```
########## 代码清单 6.4.6.2 trait-trait corr ##########
df <-asreml.read.table( file = 'd6.4.6.2.csv', header = T, sep = ',' )

#### 方法一 us 矩阵 ###
r.asr <-asreml( cbind(dbh, wd) ~ trait + trait:Row, random = ~ us(trait):Prov,
                rcov = ~ units:diag(trait), maxit = 100, data = df )

summary(r.asr) $varcomp
wald(r.asr)

pincalc <-dget("pin.R")  # 载入 pin()函数
summary(r.asr) $varcomp[ ,1:3]
pincalc(r.asr, r.tt ~ V2 / sqrt(V1 *  V3))
### 方法二 corgh 矩阵 ###
r.asr2 <-asreml( cbind(dbh, wd) ~ trait + trait:Row, random = ~ corgh(trait):
Prov,
               rcov = ~ units:diag(trait), maxit = 100, data = df )

summary(r.asr2) $varcomp
```

运行结果如下：

```
> pincalc(r.asr, r.tt ~ V2 / sqrt(V1 *  V3))
      Estimate        SE
r.tt -0.3683832 0.5857017
> summary(r.asr2) $varcomp
                              gamma     component    std.error      z.ratio    constraint
trait:Prov! trait.wd:
! trait.dbh.cor          -0.3683847    -0.3683847    0.5859527   -0.6286936 Unconstrained
trait:Prov! trait.dbh     0.9492120     0.9492120    1.1808369    0.8038469      Positive
trait:Prov! trait.wd    190.8925096   190.8925096  126.8396760    1.5049905      Positive
R! variance               1.0000000     1.0000000           NA           NA         Fixed
R! trait.dbh.var         24.0326954    24.0326954    1.7890691   13.4330728      Positive
R! trait.wd.var        1796.4087343  1796.4087343  133.3317677   13.4732237      Positive
```

由运行结果可知，该杉木种源试验中，胸径 *dbh* 和木材密度 *wd* 之间的遗传相关为 -0.368 ±0.586，因为相关值小于误差值，所以，本例中胸径 *dbh* 和木材密度 *wd* 之间并未呈显著负相关。

6.4.6.3　B 型相关

B 型相关(type B correlation)是指同一性状在任意两个或多个不同环境之间的遗传相关，记为 r_b。B 型相关常用于林木家系或无性系与地点之间的 G×E 效应分析。当 B 型相关值接近 1 时，表明基因型在不同环境的表现几乎一致，G×E 效应甚微。一般认为，当 B 型相关值小于 0.7 时，即存在显著的 G×E 效应。有研究证实，当一个性状的遗传力比较高时，则家系与环境之间的 G×E 效应就比较弱。材性性状比生长性状具有更高的遗传力，因此，相对而言，材性性状的 G×E 效应就会变小，甚至不存在。从 B

型相关的研究结果来看，可判断出：对于林木，材性性状主要是受遗传因素控制，而受环境因素的影响比较低。

r_b的计算公式如下：

$$r_b = \frac{V_g}{(V_g + V_{gs})} \tag{6.4.6.3}$$

式中，V_g为遗传方差；V_{gs}为基因型与环境互作方差。

以例 6.4.5 的数据集为例，进行 B 型相关的计算。分析代码如下：

```
############## 代码清单 6.4.6.3 Type B corr #############
library(asreml)
MET <-asreml.read.table( file = 'MET.csv', header = T, sep = ',' )
MET $ yield <-MET $ yield* 0.001

m1.asr <-asreml( yield ~ Loc, random = ~ Genotype + Genotype:Loc,
              rcov = ~ at(Loc):ar1(Col):ar1(Row), data = MET )

pincalc <-dget("pin.R")  # 载入 pin()函数
summary(m1.asr) $ varcomp[ ,1:3]
pincalc(m1.asr, r.b ~ V1/(V1 + V2))
```

本例中，计算了基因型在 6 个地点之间的 B 型相关，r_b为 0.602 ± 0.146，按表 6-1 的方法，很容易得出 r_b值显著，而且 r_b < 0.7，表明存在显著的基因型与环境互作效应。当然，也可以计算基因型在任意两个地点之间的 B 型相关，再用 B 型相关做聚类分析，进而分析地点之间的变异模式。本书不做具体介绍，感兴趣的读者可自行分析。

6.5 综合案例分析

为系统地演示 ASReml 软件在林业试验中的分析优势，特以笔者在澳大利亚访学的辐射松种植密度试验为例(因涉及数据的知识产权问题，本章节的数据不对外提供)，做一个综合案例的分析。本分析结果已发表在 *For Ecol Manage* 期刊上。

为研究种植密度对辐射松生长性状的影响，以 55 个半同胞家系为试验材料，设置 3 种种植密度(S1：1m × 1m，S2：1m × 2m 和 S3：2m × 3m)，每种植密度下设置 5 个区组，4 株行式小区。试验设计为随机完全区组设计。在 28 年生的该试验林分，对所有存活树钻取 1.3m 处的木芯(15mm)，共 1456 个木芯。测量数据分两套：一套是早期生长性状(树高 *h* 和胸径 *dbh*)，另一套是存活树的生长性状(年轮宽度 *rw* 和胸径 *dbh*)。后者的胸径 *dbh* 数据是由年轮宽度 *rw*(从软件 WinDENDRO®分析获取)转换而来的。因本试验林初始种植密度较小，树木个体之间的竞争比较激烈，导致多数木芯中年轮的可数数量不超过 21 个，因此，本试验的第二套数据仅分析从第 2 个年轮到第 21 个年轮之间的数据。

本试验的通用线性模型为：

$$Y_{ijkl} = \mu + S_i + R_{(i)j} + F_k + SF_{ik} + e_{(ijk)l}$$

式中，Y_{ijkl}为树木性状的观测值；μ 为总体均值；S_i为种植密度效应；$R_{(i)j}$为内嵌于种植密度的区组效应；F_k为家系效应；SF_{ik}为家系与种植密度互作效应；$e_{(ijk)l}$为残差。其中，μ、S_i、$R_{(i)j}$为固定效应，其余为随机效应。

单株遗传力的计算公式如下：

$$h^2_{\ i} = \frac{4 \times \sigma_f^2}{\sigma_f^2 + \sigma_e^2}$$

式中，σ_f^2为家系遗传方差；σ_e^2为残差方差。

早晚相关的计算公式如下：

$$r = \frac{Cov_{fEL}}{\sqrt{\sigma_{fE}^2 \times \sigma_{fL}^2}}$$

式中，σ_{fE}^2、σ_{fL}^2为家系不同年份的遗传方差；Cov_{fEL}为家系不同年份的协方差。

家系稳定系数的计算公式如下：

$$DBH_{ik} = a_k + b_k \times DBH_i$$

式中，DBH_{ik}为每个种植密度下的每个家系 *dbh* 均值；DBH_i为每个种植密度下的所有家系 *dbh* 均值；a_k为回归常数；b_k为回归系数，即家系稳定系数。稳定系数 *b* 用于分析家系与种植密度互作效应。

首先，进行各家系年轮宽度 *rw* 的分析。代码如下：

```
############# 代码清单 6.5a #############
library(asreml)
RW <-asreml.read.table( file = 'RW.csv', header = T, sep = ',' )
RW.asr <-asreml(rw ~ ca, random = ~ diag(pol(ca)):Fam + spl(ca) + spl(ca):Fam ,
                Knots = 12, data = RW, subset = Spacing = = 2 )
rw.pv <-predict( RW.asr, classify = "spl(ca):Fam" )
xyplot( predicted.value ~ ca, data = rw.pv $predictions $pvals, groups = Fam,
type = "l" )
```

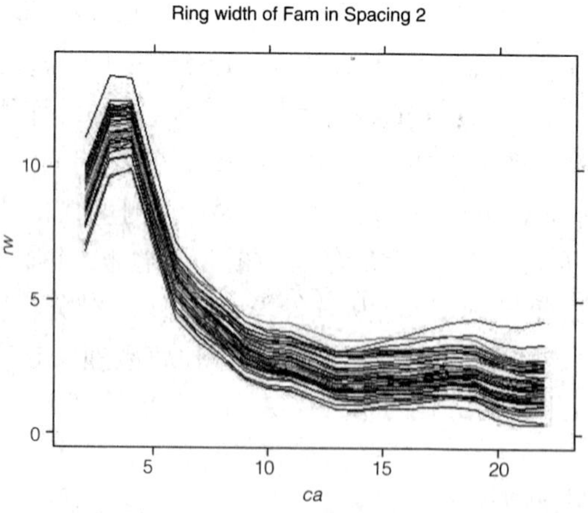

图 6-9　家系年轮宽度的无偏预测

上述代码是用于预测 55 个家系在第 2 种植密度下的年轮宽度变化趋势。运行后生成的图形如图 6-9 所示。

第二，估算家系单株遗传力。分析代码如下：

```
############# 代码清单 6.5b #############

library(asreml)

H <-asreml.read.table( file = 'earlygrowth.csv', header = T, sep = ',' ) # 读入第一套数据
H2 <-asreml.read.table( file = 'lategrowth.csv', header = T, sep = ',' ) # 读入第二套数据

H.asr <-asreml(h2 ~ 1 + Rep , random = ~ Fam , data = H, subset = Spacing = = 2 ) # 树高模型
H.asr2 <-asreml(dbh2 ~ 1 + Rep , random = ~ Fam , data = H, subset = Spacing = = 2 ) # 胸径模型

pincalc <-dget("pin.R")
summary(H.asr)$varcomp[ ,1:3]
pincalc( H.asr, hsq ~ 4 * V1/( V1 + V2) )  # 计算树高或胸径单株遗传力
```

通过上述的程序代码，容易得到各年份树高的单株遗传力，并可绘制出辐射松在 3 种种植密度下，早期测定的树高单株遗传力的变化趋势图，如图 6-10 所示。结果表明，树高早期单株遗传力都比较高，从第二年的 0.5 下降到第五年的 0.4，而且结合遗传力估算值的误差，可知这 3 种种植密度对树高遗传力没有显著的影响。

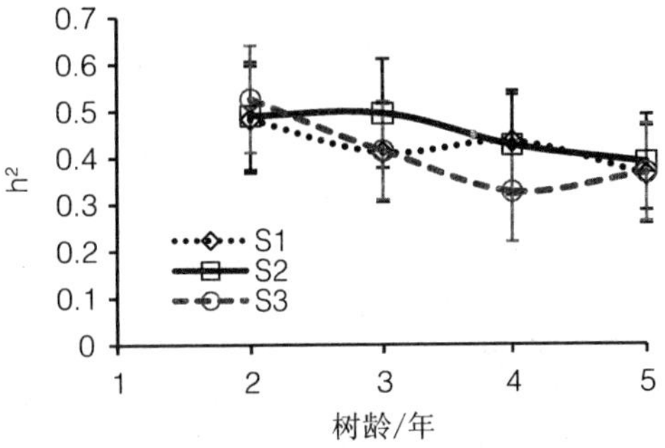

图 6-10　家系树高单株遗传力的早期变化

同理，可以分析早期和晚期辐射松胸径的单株遗传力随着树龄的变化趋势(图 6-11)。辐射松胸径早期和晚期的家系单株遗传力变化要比树高的复杂。早期测定时，由于 S1 和 S2 种植较密，树木之间的竞争导致遗传力下降。而在晚期测定时，S1 由于竞争过于激烈而致使多数树木死亡，进而导致遗传力的估算出现严重偏差。S2 和 S3 估算的遗传力相对合理。各种植密度具体对家系遗传力的影响，感兴趣的读者请查看笔者发表于 *Forest Ecology and Management* 的论文 *Effect of genotype by spacing interaction on radiata pine genetic parameters for height and diameter growth*。

第三，计算胸径的年年遗传相关。分析代码请参照 6.4.6.1 的程序代码。

家系胸径早晚相关的结果显示，如图 6-12 所示。早期测定时，不论哪种种植密度，与第 10 年生胸径的年年相关都比较高，而且随着树龄增加而加强，表明种植密度对早期胸径的年年相关没有影响。而在晚期测定中，除了 S3 胸径的年年相关变化曲线正常

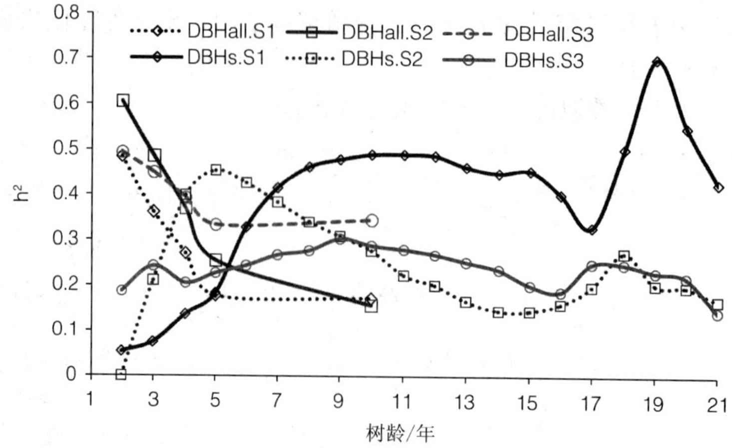

图 6-11　家系胸径单株遗传力的变化

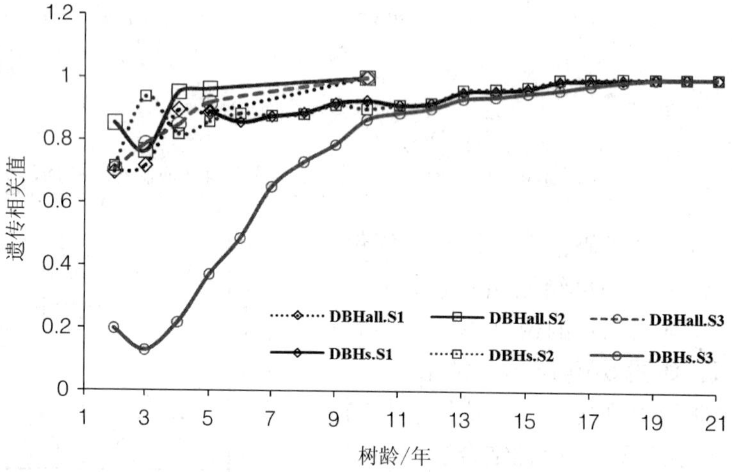

图 6-12　家系胸径早晚相关的变化

外，其余的 S1 和 S2，胸径的年年相关变化曲线均出现异常的偏差。这说明较激烈的树木竞争和较高的致死率会影响胸径年年相关的变化趋势。

第四，分析家系与种植密度之间是否存在显著的 G×E 效应。综合 3 种种植密度，统一分析 $V_{f\times s}$ 以及 $V_{f\times s}/V_f$ 比值随着树龄的变化趋势，以判断是否存在 G×E 效应。

分析代码如下：

```
############# 代码清单 6.5c #############
H2 <-asreml.read.table(file='lategrowth.csv', header=T, sep=',') # 读入第二套数据
H.asr3 <-asreml(dbh2 ~1 + Spa + Spa/Rep , random= ~ Fam + Spa:Fam, data=H2) # 胸径模型

summary(H.asr3)$varcomp   # 获取随机效应各变量的方差分量
wald(H.asr3)              # 获取固定效应的 F 统计检验量
```

对上述模型运行的结果，计算 $V_{f\times s}/V_f$ 比值，$V_{f\times s}/V_f$分别是家系与种植密度互作的方差、家系的方差分量。根据模型的运行结果，$V_{f\times s}$从第 5 年开始，一直到第 14 年，均显著，而家系效应一直不显著。在固定效应中，种植密度效应一直极其显著。现将 $V_{f\times s}/V_f$比值与树龄绘成图 6-13。从图中可知，$V_{f\times s}/V_f$比值先随着树龄的增加而变大，在第 10 年时，比值达到峰值，而后随着树龄的增加呈下降的趋势。$V_{f\times s}/V_f$ 比值在第 10 年时最大，而且 $V_{f\times s}$效应显著，这表明家系与种植密度互作效应(F×S)在第 10 年时最强烈。这点从图 6-14 中，也可提供佐证。家系 *dbh* 均值在不同种植密度下的排名发生变化，这是 G×E 中的秩次改变效应。

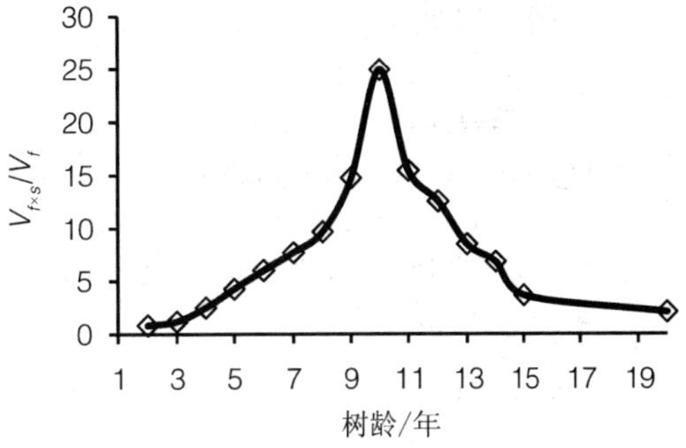

图 6-13　$V_{f\times s}/V_f$比值随树龄的变化趋势

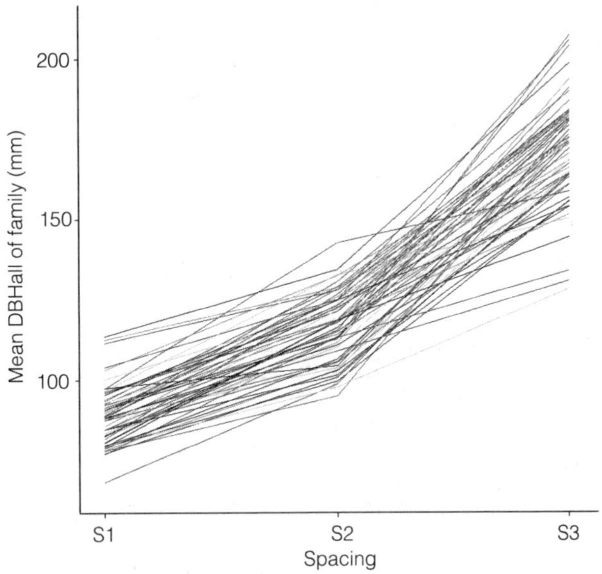

图 6-14　不同种植密度下 10 年生时家系胸径的均值

但本例中的 F×S 效应是否由少数家系引起的，还需计算家系的稳定系数 b。当 $b=1$ 时，表明该家系比较稳定，在各种植密度下表现属于平均水平；当 $b>1$ 时，表明该家系极不稳定，在相对好的环境当中表现优异；当 $b<1$ 时，表明该家系表现较差但比较稳定，适合于相对差的环境中。关于稳定系数 b，采用普通的线性回归，即可计算，本书不做介绍。具体的结果，感兴趣的读者请查阅笔者的论文 *Effect of genotype by spacing interaction on radiata pine genetic parameters for height and diameter growth*。

第五，分析家系育种值随种植密度或树龄的变化，可以研究家系与树龄的 G×E 效应。通过 ASReml 软件输出家系的育种值，然后利用 R 的强大绘图功能绘制家系育种值随种植密度或树龄的变化图，可以用于分析家系与树龄的 G×E 效应。

绘图代码如下：

```
############ 代码清单 6.5d ##########
library(lattice); library(asreml)
plot.data <-asreml.read.table(file='lattice. pdata.csv', header=T, sep=',' )
colors=c("red", "blue", "green")
points=c(15, 16, 17)

xyplot( rank ~ ca | reorder(Fam, Spacing), data=plot.data,     # xy 散点图
       type="b", groups=Spacing, pch=points, col=colors,
       main="Rank of dbh BV in Fam with ca",
       key=list( title="Spacing", space="right", cex=0.8,
                 text=list(levels(plot.data $ Spacing)),
                 points=list(pch=points, col=colors), border=T, lines=T)
)

levelplot( rank ~ Spacing* Fam | reorder(ca, Spacing), data=plot.data,   # 三维
水平图
          xlab="Spacing", subset=ca! = 5,
          main="dbh BV rank in Fam with Spacing of ca",
          col.regions=terrain.colors(100)
)
```

生成的图形如图 6-15 所示：

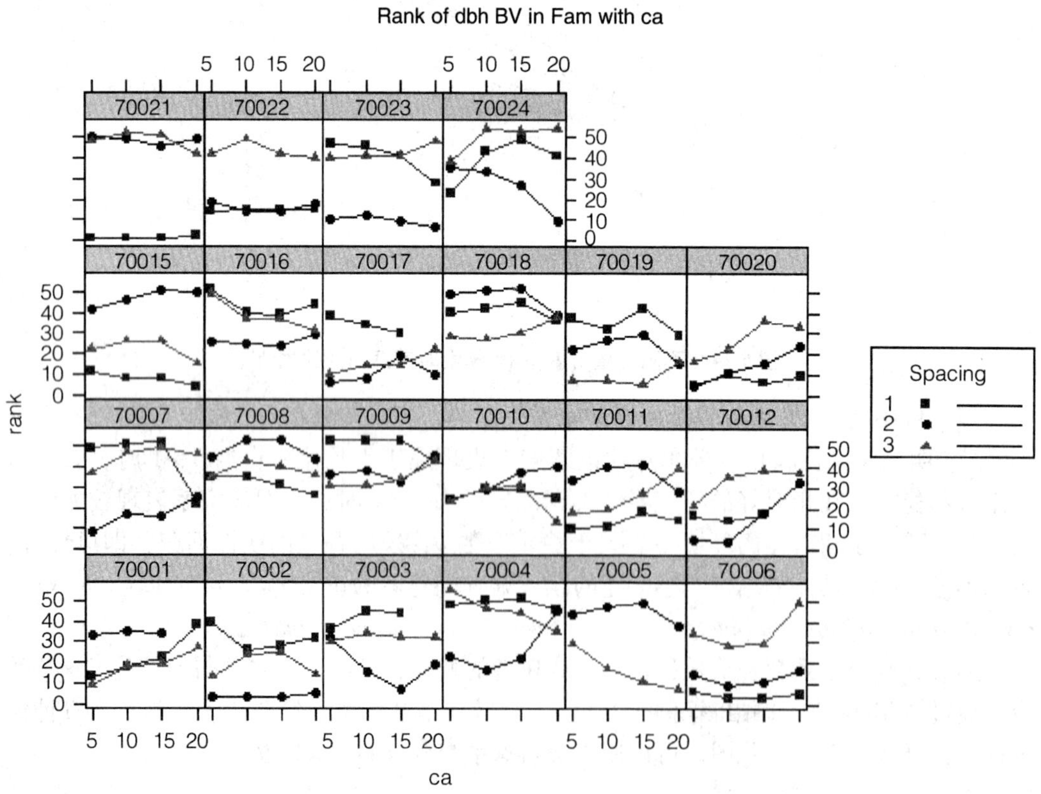

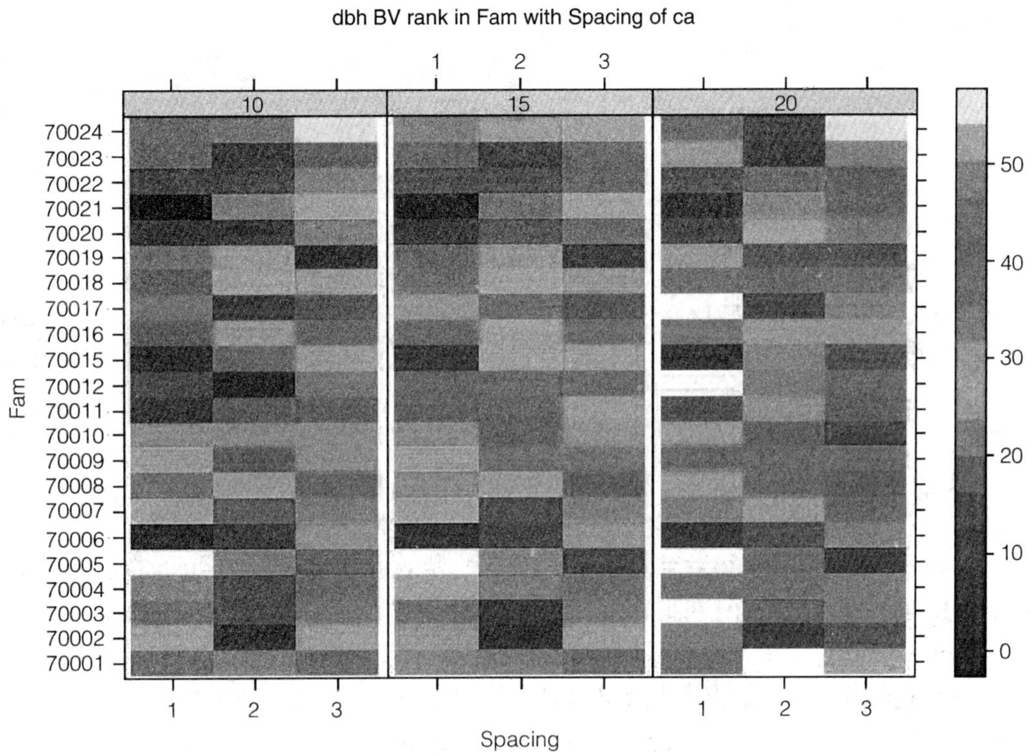

图 6-15　松树胸径育种值排名对树龄的 *xy* 散点图和三维水平图

关于上述两图，可以研究不同家系 Fam 在不同种植密度下，胸径育种值排名随着树龄所呈现的变化趋势。具体的含义，请查看章节 5.2.1。

▶▶▶常用网址

本书介绍了 R 的常用模块，包括 R 的数据创建、数据操作、基本统计和图形绘制以及 ASReml-R 与遗传参数估算。此外，R 也是一个庞大且不断完善的统计平台和编程语言，不断涌现新的程序包，频繁的程序更新，如何了解和掌握这些信息，也是 R 用户时常关心的内容。下文将罗列一些活跃的网站，这些网站里经常发布程序包更新、新程序包及其使用用法等内容。

R 的常用网址：

- R Project（http://www.r-project.org/）

  R 的官方网站，网站里有丰富的文档，包括 An introduction to R、R language definition 和 R data import/export 等。

- R Journal（http://journal.r-project.org/）

  关于 R 的免费期刊，内容涉及 R 及其程序包。

- R Bloggers（http://www.r-bloggers.com/）

  R 博客社区，网站聚集了很多 R 资深用户。

- Quick-R（http://www.statmethods.net/）

  一个关于 R 的很好简要教程网站，基本涉及了 R 的方方面面，是 R 初学者很好的一个指导网站。

- R-Help Main R Mailing List（https://stat.ethz.ch/mailman/listinfo/r-help/）

  R 求助的电子邮件列表，每天更新，是 R 求助的最佳场所。用户可以免费订阅每天的 R 求助的帖子和答案。

- R Graph Gallery（http://research.stowers-institute.org/efg/R/）

  网站收集了各种新颖的图形及其绘图源代码。

- R Graphics Manual（http://rgm3.lab.nig.ac.jp/）

  收集了几万张 R 绘制的图形，按图形主题、程序包名称和函数名的方式编排。

- R Cookbook（http://wiki.stdout.org/rcookbook/）

  一个不错的 R 学习的入门网站。

- 统计之都（http://cos.name/cn/）国内比较优秀且活跃的 R 社区。
- R 客（http://r-ke.info/）一个国内的 R 博客。

ASReml 的常用网址：

- ASReml forum（http://www.vsni.co.uk/forum/viewforum.php? f=7/）
- ASReml-R cookbook（http://apiolaza.net/asreml-r/）
- Luis blogger（http://www.quantumforest.com/category/asreml/）
- WAMWiki（http://www.wildanimalmodels.org/tiki-index.php/）

- 本书网盘（http://yzhlin-asreml. ys168. com/）
- 笔者博客（http://blog. sciencenet. cn/u/yzhlinscau/）

▶▶▶参考文献

Alberta Tree Improvement and Seed Centre (ATISC). Genetic test analysis report for region E White spruce tree improvement 15 year results [R]. Tech. Rpt ATISC 10 - 28. Canada: ATISC, 2010.

BURGUENO J, CADENA A, CROSSA J, BANZIGER M, GILMOUR A R, CULIIS B. User's guide for spatial analysis of field variety trials using ASReml. Mexico: CIMMYT, 2000.

BUTLER D G, CULLIS B R, GILMOUR A R, GOGEL B J. ASReml - R reference manual version 3. 0. VSN International Ltd. , Hemel Hempstead, UK, 2009.

DUTKOWSKI G W. Improved models for the prediction of breeding values in trees [D]. Ph. D. dissertation. Australia: University of Adelaide, 2005.

GILMOUR A R, GOGEL B J, CULLIS B R, THOMPSON R. ASReml User Guide. Release 3. 0. VSN International Ltd. , Hemel Hempstead, UK, 2009.

HADFIELD J. MCMCglmm Course Notes. http://cran. r - project. org/web/packages/MCMCglmm/, 2012.

KABACOFF R I. R in Action: data analysis and graphics with R [M]. USA: Manning Publication, 2011.

LIN Y Z, YANG H X, IVKOVIK M, GAPARE W J, MATHESON A C, WU H X. Effect of genotype by spacing interaction on radiata pine genetic parameters for height and diameter growth [J]. For Ecol Manage, 304: 204 - 211, 2013.

OAKEY H. Incorporating pedigree information into the analysis of agricultural genetic trials [D]. Ph. D. dissertation. Australia: University of Tasmania, 2008.

SARKAR D. Lattice: Multivariate Data Visualization with R [M]. USA: Springer Publication, 2008.

WHITE T L, ADAMS W T, NEALE D B. Forest Genetics [M]. USA: CAB Publication, 2007.

WICKHAM H. ggplot2: Elegant Graphics for Data Analysis [M]. USA: Springer Publication, 2009.

陈晓阳，沈熙环．林木育种学[M]．北京：高等教育出版社，2005.

杜荣骞．生物统计学[M]．北京：高等教育出版社，2001.

洪楠，侯军．MiniTAB 统计分析教程[M]．北京：电子工业出版社，2008.

胡良平．SAS 统计分析教程[M]．北京：电子工业出版社，2013.

KABACOFF R I. R 语言实战[M]．高涛，肖楠，陈钢，译．北京：人民邮电出版社，2013.

黄少伟，谢维辉．实用 SAS 编程与林业试验数据分析[M]．广州：华南理工大学出版社，2001.
明道绪．田间试验与统计分析[M]．北京：科学出版社，2005.
汤银才．R 语言与统计分析[M]．北京：高等教育出版社，2008.
TEETOR P．R 语言经典实例[M]．李洪成，朱文佳，沈毅诚，译．北京：机械工业出版社，2013.
谢益辉．R 现代统计图形．http://www.docin.com/p-493904255.html，2010.
张志毅．林木遗传学基础[M]．2 版．北京：中国林业出版社，2012.
钟伟华．林木遗传育种实践与探索[M]．广州：广东科技出版社，2008.

索　　引

▶▶▶程序包名单

第 2 章
foreign
Hmisc
RODBC

第 3 章
plyr
reshape2
VIM

第 4 章
agricolae
car
crossdes
DoE. base
effects
fpc
ggm
gplots
gvlma
HH
leaps
lsmeans
MASS
pastecs
psych
pwr
reshape

第 5 章
amap
corrgram
ggmap
ggplot2
hexbin
lattice
mapdata
mapproj
maps
maptools
plotrix
RColorBrewer
vcd
vioplot

第 6 章
asreml
lme4
MCMCglmm
nlme